信息与通信网络技术丛书

室内分布系统规划设计手册

Planning and Design of Indoor Distribution System

广州杰赛通信规划设计院◎主编

人民邮电出版社
北京

图书在版编目（CIP）数据

室内分布系统规划设计手册 / 广州杰赛通信规划设计院主编. -- 北京 : 人民邮电出版社, 2016.4（2022.3重印）
（信息与通信网络技术丛书）
ISBN 978-7-115-41513-4

Ⅰ. ①室… Ⅱ. ①广… Ⅲ. ①码分多址移动通信－通信系统－技术手册 Ⅳ. ①TN929.533-62

中国版本图书馆CIP数据核字(2016)第022292号

◆ 主　　编　广州杰赛通信规划设计院
　责任编辑　李　强
　责任印制　彭志环
◆ 人民邮电出版社出版发行　　北京市丰台区成寿寺路 11 号
　邮编　100164　　电子邮件　315@ptpress.com.cn
　网址　http://www.ptpress.com.cn
　北京天宇星印刷厂印刷
◆ 开本：787×1092　1/16
　印张：16.25　　　　2016 年 4 月第 1 版
　字数：376 千字　　　2022 年 3 月北京第 7 次印刷

定价：59.00 元

读者服务热线：(010)81055493　印装质量热线：(010)81055316
反盗版热线：(010)81055315

本书编委会

内容提要

本书首先对当前无线网络的室内覆盖进行了概要分析，然后介绍了室内分布系统的结构和使用器件，接着对室内分布系统的规划设计、优化维护、建设策略以及工程管理等进行了阐述，最后对室内分布系统新技术手段和趋势进行了分析和展望。

本书共分 10 章，第 1 章为室内无线通信规划设计概述，第 2 章介绍室内分布系统结构，第 3 章讲述室内分布系统器件，第 4 章阐述室内分布系统规划设计，第 5 章介绍面向 LTE 的室内分布系统建设，第 6 章是多系统共存室内分布系统设计，第 7 章为室内分布系统优化，第 8 章介绍室内分布系统典型场景的应用解决方案，第 9 章讲解室内分布系统的工程建设管理，第 10 章分析室内分布系统的新技术手段和发展趋势。

本书内容翔实、深入浅出、系统全面，适合从事室内分布系统规划设计、优化维护以及工程管理的技术人员使用，同时也可以作为通信及电子类专业的大学生或者其他相关工程技术人员的参考书。

序

一、室内覆盖发展历程

从1995年商用至今的二十余年，室内覆盖总体上可分为3个具有代表性的阶段，即初期补盲阶段、优化发展阶段以及协同规划阶段。

（1）初期补盲阶段。国内的民用移动通信业务起步于1995年，网络建设当时的目标主要是实现室外的连续覆盖，网上移动用户数量很少，对系统负荷以及业务质量的要求也是偏低的。因此，在移动通信起步的初始阶段还没有对室内覆盖的具体需求。随着移动通信技术的发展，手机的普及以及移动用户数量的逐步增加，用户行为习惯从过去在室内使用固定电话，在室外使用手机，逐步转变为在室内外都使用手机。用户行为习惯的改变，使得建筑物室内的网络覆盖质量越来越受到关注，用户对网络的要求也在不断提升。为了实现各种室内场景下的信号覆盖，刚开始多是直接采用直放站的形式引入室外信源信号，在实际操作中缺乏统一的规划指导，建设方案简单，只要能达到补盲目标覆盖区域的目的并提供语音和短信业务即可，该种方式也一直是网络建设初级阶段的核心建设思路。

（2）优化发展阶段。在2000—2009年近10年的发展中，随着移动通信技术的不断成熟，移动通信网络布局的逐步完善，移动用户数量获得了持续稳定的快速增长。同时，伴随着计算机、IT互联网技术的飞速发展，使得只提供语音和短信业务的室内覆盖已不能满足用户的需求。网络的建设不仅要满足不断增长的用户数量和业务需求，还需保障用户接入网络后的通信服务质量要求，并要提供一定的数据接入服务能力。这一阶段，室内网络覆盖建设的重要性逐步得到关注，对其建设的重视程度也逐渐达到与室外网络建设相同的级别。对于所建设的室内覆盖系统，其作用已经不仅仅是补盲，更加关注提升室内网络覆盖质量、有效地吸收话务量，从而分担室外基站的业务负荷。其间，室内覆盖系统开始使用基站（宏蜂窝、微蜂窝等）作为室内覆盖系统的信号源，并且引入监控系统，提升网络运行质量。另外，室内覆盖系统的新技术、新方法不断涌现，如覆盖收缩、小区分裂、多频段引入、新型设备器件等，也逐步应用到室内覆盖系统的建设中。

（3）协同规划阶段。2009 年 1 月，工业和信息化部（后面统称工信部）正式向中国移动、中国联通和中国电信三家运营商发放了 3G 牌照，中国正式进入 3G 时代。随后，在 2013 年 12 月工信部又向三家运营商发放了 4G 的 TD-LTE 牌照，并在 2015 年 2 月又向中国电信和中国联通发放了 FDD-LTE 的经营许可。这一阶段的特点是多种制式的通信网络并存，并且频段范围从 GSM 的 900MHz 到 TD-LTE 的 2.6GHz。这就要求在室内覆盖系统设计时需要考虑同时兼容各种制式、各种频段的通信系统。伴随着国家铁塔公司的成立，为深入贯彻国家对电信基础设施共建共享以及节能减排的要求，在提升网络性能的同时，室内覆盖系统逐步要求多制式网络共享合路的方式进行建设，以充分节约投资。与此同时，为提升网络整体效果，各电信运营商也越来越关注室内外网络的协同规划，以及多制式网络的统一规划设计，逐步将室内覆盖系统建设纳入室内外整体网络一并规划。

二、室内覆盖现状

现有的室内覆盖系统由于受到室外基站信号渗入室内的影响，大部分室内业务无法有效吸收，仍被室外宏站分担，所建设的室内覆盖系统利用率不高，进而引发室内覆盖系统建设投资回收周期长、投入产出比低的问题。另外，考虑到现阶段多网络制式的共同接入、共建共享和节能减排的要求，多网融合的室内覆盖建设势在必行。

经过多年对 2G/3G 网络的研究，当前的电信运营企业、科研院所及相关专业公司对传统的室内覆盖规划建设都有了较为深入的认识。但是，为了更好地适应现阶段的 LTE 室内覆盖建设需求和不久的将来的 5G 室内覆盖，就必须充分考虑到当前 LTE 网络以及未来 5G 网络的架构、技术、运行等特点，把现阶段的理论研究成果更多地用于工程实践，以起到良好的指导作用。

除此之外，当前室内覆盖还需要克服一系列的挑战，主要有：室内外无线信号传播预测、容量分析、泄漏控制、切换问题、监控维护以及室内外协同等。由于建设环境复杂，各种室内场景的结构、材料等对移动通信信号的传播会产生很大影响。在业务繁忙、人流密度大的各种大型室内场所，室内覆盖系统的容量可能不足以满足需求。泄漏和切换问题则要求对网络进行优质的规划设计，尽量避免信号的泄漏和频繁的切换。室内覆盖系统监控维护定位困难、实时性差以及物业协调难，导致室内覆盖系统的网络优化和维护工作难度均高于室外网络。室内外协同则要求使用灵活多样的技术手段，对室内外网络进行统一的规划设计。

总体上看，虽然现阶段的室内分布建设尚有不少问题有待解决，但是从未来趋势进行分析，室内覆盖的建设需求仍然迫切。技术手段的不断进步、建设策略的优化以及管理的规范，都有助于形成更加高效且科学合理的室内覆盖建设体系，从而全面提升网络性能和用户感知。

三、室内覆盖未来发展

从中长期来看，建设室内覆盖系统是电信运营企业增强信号覆盖、提升用户体验感知、优化网络质量和性能的行之有效的手段，对于打造一张全方位综合覆盖的优质网络有重要的保障意义。同时，大力建设室内覆盖还有助于提升品牌效益、增加用户黏性、促进市场发展。但是，由于室内覆盖复杂多变的环境状况和条件限制，要求在控制好经济成本的情况下做好覆盖，同时也要求充分发挥新技术、新方法的优势，提高工程建设质量，产生良好的经济效益。

从室内覆盖的未来发展进一步来看，伴随着移动通信技术的持续发展和演进、移动用户数量的持续增长，海量的信息和数据流量将更为集中地发生在人们活动密集的室内区域。网络负荷的加大以及业务需求井喷式的增长，使得室内场景不可避免地成为网络覆盖的热点区域，因此建设更加优质化的室内覆盖也成为必然趋势和要求。

在移动通信覆盖日益重要的大背景下，广州杰赛通信规划设计院在十多年从事室内覆盖系统规划设计所积累的丰富经验的基础上，及时编著了该本《室内分布系统规划设计手册》，将为移动通信网络建设同仁提供宝贵的参考借鉴。

中国电子学会广东分会天线与电波传播专业学会主任委员
广州杰赛科技股份有限公司总裁

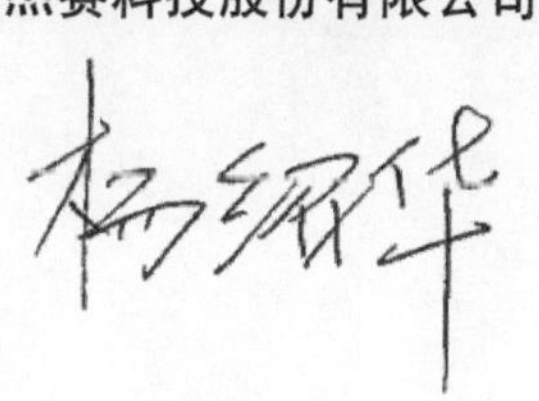
博士

前　言

随着移动通信技术的不断发展，近年来呈现出移动网络制式不断演进、智能手机高度普及以及基于无线通信的应用程序大量涌现的趋势。人们不仅对室外无线通信有较高的用户体验要求，而且对室内环境中的无线通信质量也有了更高的要求，这是由于现代生活中的信息化程度越来越高，而与生产、交流及日常生活相关的活动大多数都已经是在室内环境中发生的。因此，室内无线覆盖的优劣正日益受到重视。国外领先的运营商基于大数据的研究结果表明，有70%以上的话务量和90%以上的数据业务量都是在室内场景发生的。因此，为了满足室内通信日益增长的需求和不断提升用户感知，搭建优质的室内覆盖环境、增强室内场景的无线覆盖质量具有非常重要的意义。

本书基于当前室内分布（简称室分）系统规划设计的实际工作情况，首先对室分系统的组成架构进行了描述，然后全面详细地分析了室分系统规划设计的整体思路和方法，并对面向LTE的室分系统规划设计及多制式室分系统设计进行了阐述。同时，还就室分的网络优化、室分典型应用场景解决方案、室分工程建设管理进行了深入的探讨。最后，通过对现代室分规划建设中采用的各种新技术手段的描述，展望了未来室分的发展趋势。

全书分为10章。第1章概述了当前室内无线通信的总体发展趋势和重要性，并对室内无线覆盖的现状和挑战进行了分析，同时介绍了适用于室内无线覆盖的基础规划设计理念。第2章立足于室内分布系统的结构特征，按照有无源分类、信源分类、传输媒介分类以及建设模式分类对室内分布系统进行了详细的描述。第3章系统地介绍了室内分布系统中所使用的器件，涵盖了室分信源、室分无源器件、室分有源器件以及室分天线。第4章阐述了室内分布系统方案的全过程规划设计思路，介绍了室分系统的规划设计原则和工作流程，并对室分系统的信源设计、容量设计、无线传播理论、天馈线规划、信号外泄控制、小区规划、电源设计以及先进设计工器具的使用方法和特点进行了分析和探讨。第5章聚焦于面向LTE的室内分布系统建设，就当前 LTE 室分覆盖所面临的挑战、LTE 室分的建设策略以及 LTE 室分网络性能的影响因素进行了详细的分析和说明。第 6 章重点梳理多制式共存的室内分布系统设计，具体分析了室分多系统的干扰原理，并进行了多系统共享时隔离度的计算，最后还对多系统合路的设计关注点和多系统共存的未来演进趋势进行了探讨。第 7 章针对室内分布系统的网络优化从室分优化原则、流程、评测标准、优化整改、优化改造、多系统协同优化以及室内外协同优化等方面进行了综合的分析说明。第 8 章详细描述了室分系统典型场景的应用解决方案，主要分析的场景包含交通枢纽类场景、大型场馆类场景、商务楼宇类场景、住宅小区类场景、学校学院类场景以及其他类常见场景。第 9 章主要是进行室内分布系统的工程建设管理分析，分别就室分工程造价成本分析、室分工程全过程管理以及室分工程施工建设要求三大内容进行了论述。第 10 章介绍了当前室内分布系统采用的新技术手段和发展趋势，并重点分析了新型 DAS 系统、Small Cell 技术、室内外综合覆盖、CATV 多网融合以及 Wi-Fi 技术对未来室分建设可能产生的影响。

本书由广州杰赛通信规划设计院的朱南皓博士、吴学艳、丁超、张艳芹、徐永军、杜东、钱林共同编著。朱南皓博士编写第 1、2、8、9、10 章并对全书进行统稿和资料收集整理；吴学艳编写第 3 章；丁超编写第 4 章；张艳芹编写第 5 章；徐永军编写第 6 章；杜东、钱林编写第 7 章。

本书在编写过程中，得到了杰赛设计院总工程师沈文明、总工办主任孟新予的大力支持。同时，杰赛设计院的无线专业总工程敏、李建中，以及网优专业总工唐开华还对本书章节进行了审阅并对本书的编写提供了指导。在此，对他们的支持和帮助表示衷心的感谢和敬意。

书中相关内容和素材除了引自参考文献以外，还紧密结合实际工程问题和实地调研数据，达到理论联系实际的目的，使读者能在较短的时间内快速有效地了解和把握室分系统的规划设计、优化维护和工程管理工作，以及充分了解新技术、接触新理念。因此，本书适合从事室分系统规划设计工作的工程师、通信电子专业大类的大学生以及相关工程技术人员阅读。

由于编者水平有限，编写时间仓促，加之技术发展日新月异，书中难免有疏漏不妥之处，敬请广大读者批评指正。

编　者

目　录

第 1 章　室内无线通信规划设计概述……1
1.1　移动通信发展总体概述……1
1.2　室内覆盖的重要性……3
1.3　室内覆盖现状及策略分析……4
1.4　室内覆盖面临的挑战……7
1.4.1　室内传播问题……7
1.4.2　容量问题……8
1.4.3　泄漏问题……8
1.4.4　切换问题……8
1.4.5　高层问题……9
1.4.6　监控维护问题……9
1.4.7　室内外协同问题……9
1.4.8　LTE 室内覆盖问题……10
1.5　室内无线覆盖基础规划设计……11
参考文献……13
第 2 章　室内分布系统架构……14
2.1　室内分布系统简介……14
2.2　基于有无源分类的室内分布系统……15
2.2.1　无源室内分布系统……15
2.2.2　有源室内分布系统……16
2.3　基于信源分类的室内分布系统……17
2.3.1　宏蜂窝接入室内分布系统……17
2.3.2　微蜂窝接入室内分布系统……17
2.3.3　分布式接入室内分布系统……18

2.3.4 直放站接入室内分布系统 …… 18
2.4 基于传输媒介分类的室内分布系统 …… 19
2.4.1 同轴电缆室内分布系统 …… 19
2.4.2 泄漏电缆室内分布系统 …… 19
2.4.3 混合式光纤室内分布系统 …… 20
2.4.4 混合式五类线室内分布系统 …… 21
2.5 基于建设模式分类的室内分布系统 …… 22
2.5.1 单通道室内分布系统 …… 22
2.5.2 双通道室内分布系统 …… 22
参考文献 …… 23
第3章 室内分布系统器件 …… 24
3.1 室分系统器件概述 …… 24
3.2 室内分布系统信源 …… 25
3.2.1 宏蜂窝基站 …… 25
3.2.2 微蜂窝基站 …… 25
3.2.3 分布式基站 …… 26
3.2.4 直放站信源 …… 26
3.2.5 室内分布系统信源小结 …… 27
3.3 室内分布系统无源器件 …… 27
3.3.1 单位计算 …… 28
3.3.2 功分器 …… 29
3.3.3 耦合器 …… 30
3.3.4 合路器 …… 33
3.3.5 电桥 …… 34
3.3.6 衰减器 …… 35
3.3.7 馈线 …… 36
3.3.8 接头 …… 38
3.4 室内分布系统有源器件 …… 40
3.4.1 POI …… 40
3.4.2 干放 …… 41
3.5 室内分布系统天线 …… 42
3.5.1 全向吸顶天线 …… 44
3.5.2 定向吸顶天线 …… 45
3.5.3 定向壁挂天线 …… 45

3.5.4 对数周期天线……46
3.5.5 泄漏电缆……46
参考文献……49
第4章 室内分布系统规划设计……50
4.1 室内分布系统设计总体原则……50
4.1.1 工程设计原则……50
4.1.2 各制式网络技术指标……51
4.2 室内分布系统设计总体流程……56
4.2.1 初勘……57
4.2.2 初审……57
4.2.3 精勘与方案设计……57
4.2.4 方案评审……58
4.2.5 设计变更……59
4.3 室内分布系统勘测设计……59
4.3.1 查勘阶段……60
4.3.2 设计阶段……62
4.4 信源规划设计……64
4.4.1 信源设计原则……64
4.4.2 信源选取分析……65
4.5 室内容量设计……66
4.6 室内无线传播……67
4.6.1 室内无线传播特点……67
4.6.2 室内无线传播模型……68
4.6.3 室内传播模型小结……73
4.7 天馈规划布局……73
4.7.1 天线口功率设置要求……73
4.7.2 天线布放要求……74
4.7.3 各场景天线点位设置建议……74
4.8 室内切换与外泄控制……75
4.8.1 泄漏控制……75
4.8.2 切换设置……76
4.9 室内分布系统小区规划……77
4.9.1 邻区规划……77
4.9.2 频率规划……77

4.9.3 扰码规划……78
4.10 室内分布系统电源设计……78
4.10.1 供电系统……79
4.10.2 接地与防雷……80
4.11 室内覆盖设计工具……81
4.11.1 室分设计软件……81
4.11.2 室分仿真软件……82
参考文献……86
第5章 面向LTE的室内分布系统建设……88
5.1 LTE室内覆盖挑战……89
5.1.1 LTE频段高……89
5.1.2 设计复杂……90
5.1.3 LTE室内分布系统建设施工难度大……90
5.1.4 现有室内分布系统的改造利旧……91
5.1.5 多系统建设……92
5.1.6 节能减排……92
5.2 面向LTE的室内分布系统……92
5.2.1 LTE室内分布系统建设目标……93
5.2.2 LTE室内分布系统设计原则……93
5.3 LTE室内分布系统建设策略……94
5.3.1 LTE室内分布系统单双通道建设模式……94
5.3.2 LTE室内分布系统新建及改造方案……95
5.3.3 LTE室内分布系统多场景覆盖方案……100
5.3.4 LTE室内分布系统运营维护策略……105
5.4 LTE室分系统网络性能影响因素……106
5.4.1 多系统合路影响……106
5.4.2 室分系统器件质量影响……106
5.4.3 LTE室分系统单双通道影响……107
5.4.4 LTE室分系统施工建设过程影响……112
参考文献……112
第6章 多系统共存的室内分布系统设计……113
6.1 室内分布系统共建共享……114
6.2 室内分布多系统干扰原理……115
6.2.1 噪声干扰……115

6.2.2 邻频干扰……116
6.2.3 杂散干扰……117
6.2.4 互调干扰……117
6.2.5 阻塞干扰……117
6.3 室内分布多系统隔离分析……117
6.3.1 移动通信系统频段……118
6.3.2 杂散干扰分析及隔离度计算……119
6.3.3 互调干扰分析及隔离度计算……122
6.3.4 阻塞干扰分析及隔离度计算……124
6.3.5 干扰隔离小结……125
6.4 多系统合路设计……126
6.4.1 路由方案……126
6.4.2 覆盖场强……129
6.4.3 干扰控制……130
6.4.4 设备器件……131
6.5 多系统共存未来演进……132
参考文献……132
第7章 室内分布系统优化……133
7.1 室内分布系统优化原则和分类……133
7.1.1 工作内容……133
7.1.2 工作要求……134
7.1.3 测试要求……134
7.1.4 优化分类……135
7.2 室内分布系统优化流程……136
7.2.1 室内分布系统通用优化流程……136
7.2.2 室内分布系统专项整治流程……138
7.3 室内分布系统评测标准及方法……139
7.3.1 覆盖评估测试……139
7.3.2 业务性能测试……139
7.3.3 切换成功率测试……141
7.3.4 驻波比测试……142
7.3.5 无源器件抽检……143
7.3.6 天线口输出功率测试……144
7.3.7 双通道功率平衡性测试……144

7.3.8 上行干扰测试 145
7.4 室内分布系统优化问题及方案 145
7.4.1 覆盖问题分析及优化整改方案 146
7.4.2 高质差问题分析及优化整改方案 148
7.4.3 高干扰分析及优化整改方案 148
7.4.4 低接通分析及优化整改方案 148
7.4.5 超低和超高通话务量分析及优化整改方案 152
7.4.6 外泄问题分析及整改方案 152
7.4.7 切换问题分析及整改方案 155
7.4.8 掉话问题分析及整改方案 155
7.4.9 速率问题分析及整改方案 156
7.4.10 重定向问题分析及整改方案 159
7.4.11 CSFB 问题分析及整改方案 160
7.5 室内分布系统优化改造 161
7.5.1 天馈系统改造 162
7.5.2 信源改造与元器件选型 163
7.6 多系统间协同优化 164
7.6.1 多系统间协同部署原则 164
7.6.2 多系统间参数优化 164
7.6.3 多系统间话务优化 166
7.6.4 多系统间质量优化 167
7.7 室内外协同优化 168
7.7.1 室内外协同优化的原则和方法 168
7.7.2 协同提高覆盖率 168
7.7.3 协同提高连接成功率 169
7.7.4 协同降低掉线率 169
7.7.5 协同提高切换成功率 169
参考文献 170
第 8 章 室内分布系统典型场景应用解决方案 171
8.1 室内场景分类 171
8.2 室内覆盖考虑因素 172
8.3 交通枢纽类场景 172
8.3.1 机场 173
8.3.2 火车站、汽车站 175

8.3.3 地铁及隧道……176
8.4 大型场馆类场景……178
8.4.1 体育场馆……179
8.4.2 会展中心……182
8.5 商务楼宇类场景……183
8.5.1 商务写字楼……184
8.5.2 大型酒店宾馆……186
8.6 住宅小区类场景……187
8.6.1 别墅等高档小区……187
8.6.2 多层小区……188
8.6.3 高层小区……189
8.7 学校校园类场景……190
8.8 其他类场景……192
8.8.1 独立休闲场所……192
8.8.2 沿街商铺……194
8.8.3 地下车库……194
8.9 各场景覆盖手段小结……195
参考文献……197
第 9 章 室内分布系统工程建设管理……198
9.1 室内分布系统工程造价成本分析……198
9.1.1 工程项目建设成本结构……199
9.1.2 信源设备费用分析……200
9.1.3 室内分布系统费用分析……201
9.1.4 成本分析小结……207
9.2 室内分布系统工程全过程管理……207
9.2.1 预规划阶段……208
9.2.2 需求确认阶段……209
9.2.3 立项阶段……210
9.2.4 设计阶段……211
9.2.5 施工阶段……213
9.2.6 验收交付阶段……214
9.3 室分工程施工建设要求……216
9.3.1 线缆类施工建设要求……217
9.3.2 器件设备类施工建设要求……219

9.3.3 其他建设施工要求 221
参考文献 223
第10章 室内分布系统新技术及趋势 224
10.1 新型DAS 224
10.1.1 技术特征/优势 225
10.1.2 适用场景 225
10.1.3 发展趋势 226
10.2 Small Cell技术 226
10.2.1 技术优势/特征 227
10.2.2 适用场景 228
10.2.3 发展趋势 229
10.3 室内外综合覆盖 229
10.3.1 技术特征/优势 230
10.3.2 适用场景 231
10.3.3 发展趋势 233
10.4 CATV多网融合室内深度覆盖解决方案 233
10.4.1 技术特征/优势 234
10.4.2 适用场景 235
10.4.3 发展趋势 235
10.5 Wi-Fi强劲趋势 236
10.5.1 技术特征/优势 236
10.5.2 适应场景 237
10.5.3 发展趋势 237
参考文献 238

第1章 室内无线通信规划设计概述

1.1 移动通信发展总体概述

作为兴起于20世纪七八十代的移动通信技术而言，在短短几十年的时间内不仅改变了人们的日常生活、生产行为，并且对社会的进步做出了不可忽视的巨大贡献。移动通信发展至今，已经从最初的第一代移动通信技术演进到目前的第四代移动通信技术，并且在可预见的未来也会迅速演进到第五代移动通信技术，如图1.1所示。

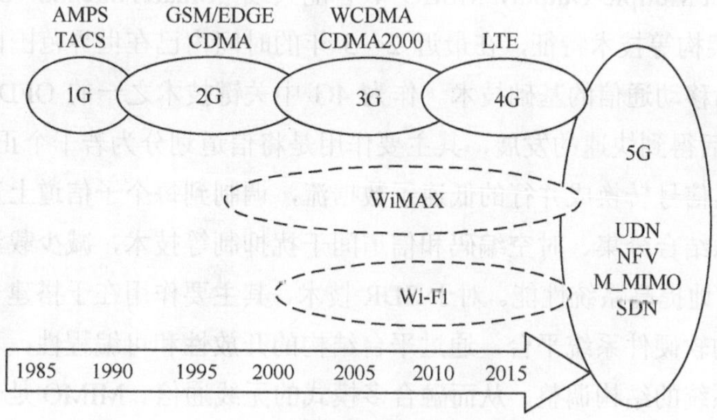

图1.1 移动通信发展历程及预测

第一代（1G）移动通信技术起源于20世纪七八十年代，当时美国贝尔实验室提出了有关蜂窝通信系统的概念和理论。随着理论的发展和应用，欧美国家率先研制出了基于这一概念的移动通话系统。系统以模拟调频、频分多址（Frequency Division Multiple Access，FDMA）的方式工作，使用频段为800～900MHz。同时，该系统被称为蜂窝式模拟移动通信系统，也被公认为第一代移动通信系统。进入20世纪80年代后期以后，其技术水平已经得到了不断的完善并逐步成熟。

第二代（2G）移动通信技术在20世纪90年代被提出，相比于第一代移动通信技术，第二代移动通信技术完成了模拟到数字转变，并且在系统容量和性能上都优于第一代系统。业界的两大国际标准为 GSM（Global System for Mobile Communication，全球移动通信系统）和 CDMA（Code Division Mutiple Access，码分多址），两者分别通过采用时分多址（Time Division Mutiple Access，TDMA）和 CDMA 的技术手段实现了数据业务的低速传输。在相当长的一段时间内第二代通信系统得到了广泛发展和应用，但是由于第二代通信系统的技术局限使得其难以满足不断高速增长的通信发展需求。

第三代（3G）移动通信技术从 20 世纪 90 年代中后期开始逐步从概念阶段进入实际的网络建设阶段。进入 2000 年以后，在开发和演进的过程中形成了 WCDMA、CDMA2000 和 TD-SCDMA 三大主流国际标准。第三代移动通信以分组交换体制为主，并采用数字传输、时分多址和码分多址技术，能够承载中等速率的数据业务。在处理音视频及图像时有较大的优势，同时还可以提供方便的互联网接入等信息服务。第三代移动通信系统成功地开启了传统无线通信与新兴互联网多媒体通信之间的连接，并为基于 LTE 长期演进的第四代移动通信技术的发展揭开了新的篇章。

第四代（4G）移动通信技术凭借正交频分复用（Orthogonal Frequency Division Mutiplexing，OFDM）、软件无线电（Software Defined Radio，SDR）、多输入多输出（Multiple-Input Mutiple-Output，MIMO）、智能天线（Smart Antenna，SA）以及基于 IP 核心网络架构等技术特征，在最近 2～3 年的时间内已在世界范围内大规模商用部署，并成为移动通信的基础技术。作为 4G 中关键技术之一的 OFDM 在进入 20 世纪 90 年代后得到快速的发展，其主要作用是将信道划分为若干个正交的子信道，并将高速数据信号转换成并行的低速子数据流，调制到每个子信道上进行传输。其优点在于可以结合分集、时空编码和信道间干扰抑制等技术，减少载波间的符号干扰，最大程度地提高系统性能。对于 SDR 技术，其主要作用在于搭建一个高度智能化、弹性化的软硬件系统平台，通过平台结构的开放性和可编程性，利用软件的更新实现硬件系统的结构调整，从而融合多模式的无线通信。MIMO 是一种天线分集技术，多天线可以并行地对信号进行收发处理，从而成倍地提升网络的通信性能。同时，SA 技术则通过天线阵、波束形成网络和波束形成算法产生定向波束对信号进行干扰抑制，从而提升通信传输速率和通信品质。最后，为了实现不同网络间的互联，4G 采用了基于 IP 的网络作为其核心网。得益于 IP 核心网灵活开放的特性，其允许各种空中接口的接入且无需考虑各种无线接入时所采用的协议和方式。

第五代（5G）移动通信技术作为未来发展趋势，目前在业界已获得广泛的关注。从 2014 年起，对于 5G 移动通信技术的探索研究开始变得极为活跃，对许多关键技术指标的要求正逐步趋于明确，基本支撑技术的探索进一步得到深化。随着对 5G 技术的研究不断深入，预计在 2016 年之后可转入标准化的前期研究，2018 年之后可进入标准化征集阶段，至 2020 年起 5G 将逐步形成规模商用的技术条件。就当前探索阶段而言，特别受到关注的 5G 移动通信热点技术有超密集组网（Ultra Dense Deployment，UDN）技术、大规模天线（Massive MIMO）技术、软件定义网络（Software Defined Network，SDN）以及网络功能虚拟化（Network Function Virtualition，NFV）技术等。除了新兴的技术以外，5G 移动通信将更注重用户感知体验，因为 5G 关键技术指标中已经拟包含用户体验平均速率、端到端传输时延等与用户体验密切相关的核心指标。同时，5G 移动通信还致力于把通信更多地拓展至物联领域，如大规模的传感器网络以及密集的车联网等场景。因此，5G 移动通信将在可以预见的未来引领通信的高速发展并更为深入地改变人类社会的行为方式。

1.2　室内覆盖的重要性

随着移动通信技术的不断发展，近年来呈现出移动网络制式不断演进、智能手机高度普及以及基于无线通信的应用程序大量涌现的趋势。人们不仅对室外无线通信有较高的用户体验要求，而且对室内环境中的无线通信质量也有了更高的要求，这是由于现代生活中的信息化程度越来越高，而与生产、交流以及日常生活相关的活动大多数都已经是在室内环境中发生。因此，室内无线覆盖的质量正日益受到重视。

据国外领先的运营商基于大数据的研究结果表明有 70%以上的话务量和 90%以上的数据业务量都是在室内场景发生的，如图 1.2 所示。然而在室内场景承载大量话务和数据量需求的情况下，实际中的室内通信环境的搭建还有很多不够完善的地方。例如：现代建筑基于钢筋混凝土以及玻璃幕墙的封闭框架结构使得室外宏站信号很难穿透到室内形成深度覆盖，同时此结构也容易增加室内无线信号的传播损耗。建筑物还存在高层覆盖不到信号或者信号杂乱，且底部楼层可能出现弱覆盖的情况，电梯以及地下停车厂等区域还可能由于完全的封闭出现无法通信的问题。此外，对于大型聚类场所（购物中心等地方），则可能由于人流密度过大导致局部网络容量不足，从而造成通信拥塞的问题。

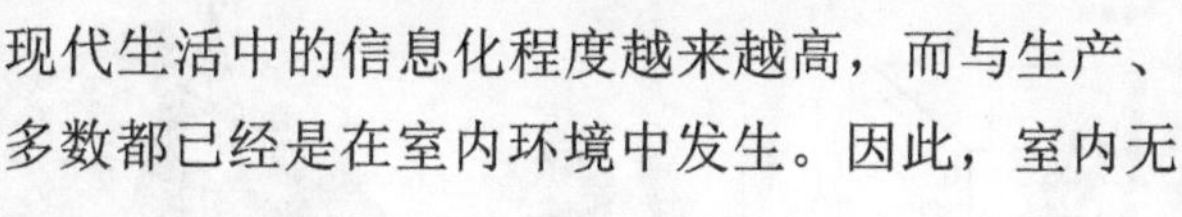

图 1.2　室内业务占比（国际电联统计数据）

因此，为了满足室内通信日益增长的需求，不断提升用户感知，搭建优质的室内覆盖环境，增强室内场景的无线覆盖质量，具有非常重要的意义。目前而言，解决室内覆盖难题的一种最佳手段就是使用室内分布系统对室内环境进行均匀和深度的覆盖。

1.3 室内覆盖现状及策略分析

近年来室内无线覆盖的重要性尽管已越来越得到关注，但是在实际的室内覆盖建设中依然存在一些问题，主要体现在用于室内无线覆盖的室内分布系统吸热不足导致的资源利用率低，以及业务吸收不足导致系统建设时投资回收周期慢。

建设的室内分布系统存在吸收业务量不足的问题，通常是由于室外信号的大量渗入导致大部分业务被室外宏站所吸收，如图 1.3 所示，相关数据显示被室外宏站吸收的业务量占到 90%，而被室内分布系统所吸收的部分只占到 10%左右。因而，造成了资源和成本的浪费问题。根据图 1.4 所示，从国内某省几个地市的室分小区业务量占比统计情况来看，确实也反映出室内覆盖吸热不足的现状。

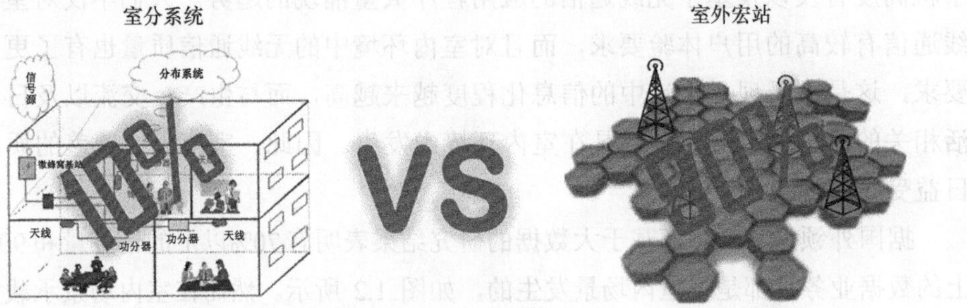

图 1.3 室内外业务量吸收对比

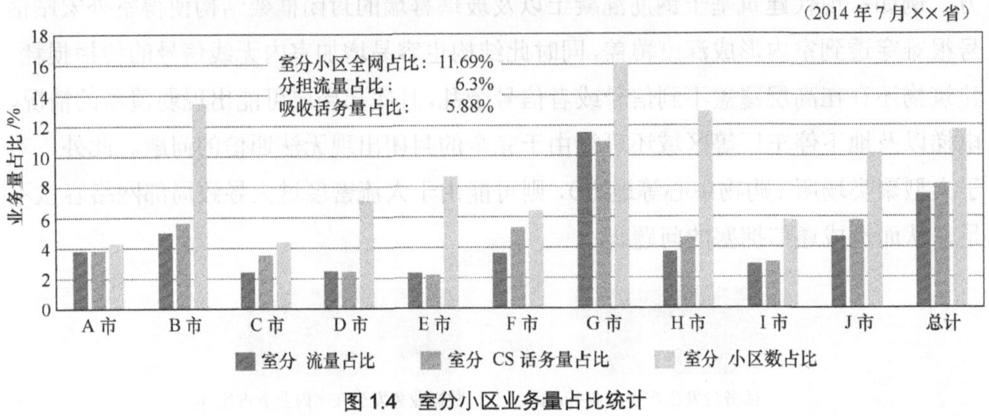

图 1.4 室分小区业务量占比统计

另外，对于不同的场景进行室内无线覆盖时，还会由于场景的差异造成建设室内分布系统时投资回收周期的不同，使得某些场景的投入成本大于产出，常年处于亏损状态。如图 1.5 所示，对某省会城市中大型购物中心、写字楼、商务酒店等场景的室内覆盖数据进行统计，发现该类场景室分系统的业务吸收较为充分，产出大于投入，从而保障了其投资回收期较短；而对于政府机关、医院、居民住宅等场景则由于业务吸收不充分导致资源使用的浪费，从而拖延了整体的投资回收周期。

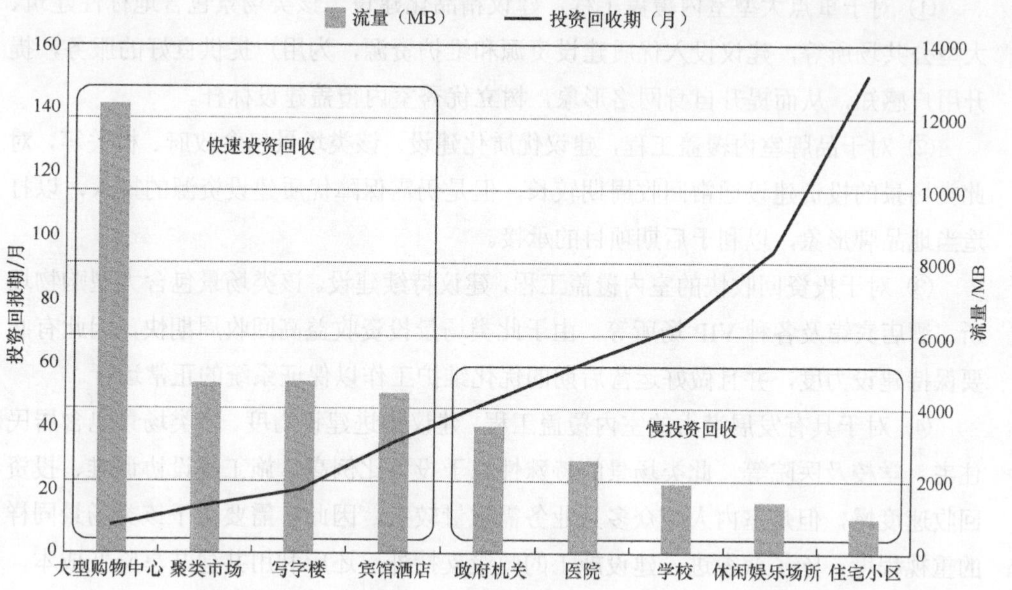

图 1.5　分场景室内覆盖对比

同样对于以上各场景，图 1.6 的统计还显示了基于投诉数量占比的用户感知情况。图 1.6 中的数据展示出对于吸热不足、投资回收慢的场景，同时也是投诉较多、用户感知欠缺的场景。

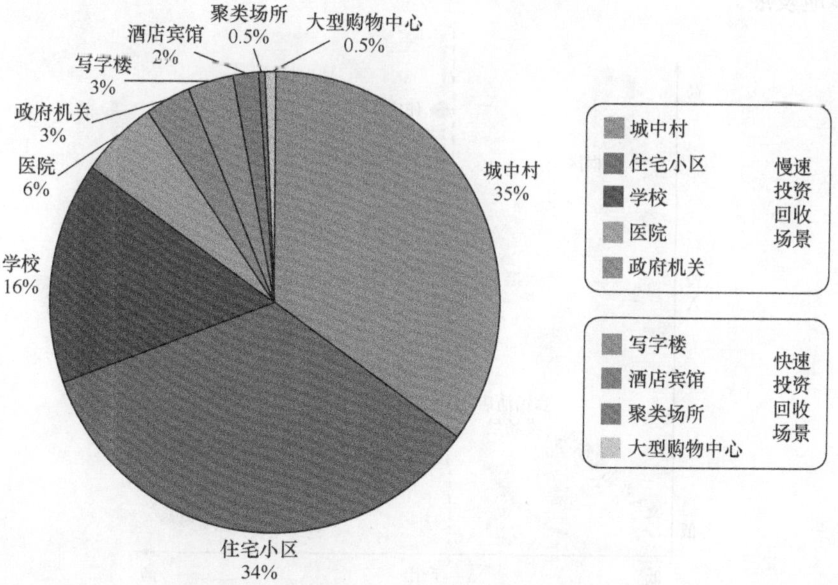

图 1.6　分场景用户投诉

目前，就室内无线覆盖业务吸收不足和室内覆盖建设投资回报慢的问题，建议采用的解决方案是对各场景采用具有针对性的建设策略，以保障室内覆盖的实用性建设、有效性建设、品牌性建设以及推动性建设。

① 对于重点大型室内覆盖工程，建议精品化建设。该类场景包含地标性建筑、大型公共场所等，建议投入优质建设资源和维护资源，为用户提供良好的服务，提升用户感知，从而提升自身网络形象，树立优秀室内覆盖建设标杆。

② 对于品牌室内覆盖工程，建议优质化建设。该类场景包含政府、机关等，对此类场景的投资建设通常回收周期较长，但是仍需保障优质建设资源的投入，以打造当地品牌形象，以利于后期项目的承接。

③ 对于投资回收快的室内覆盖工程，建议持续建设。该类场景包含大型购物场所、酒店宾馆及各种 VIP 场所等，由于此类场景投资收益高回收周期快，因此有必要保持建设力度，并且做好运营后期的优化维护工作以保证系统的正常运行。

④ 对于具有发展潜力的室内覆盖工程，建议推进建设力度。该类场景包含居民住宅、学校及医院等，此类场景的特殊性在于投诉比例高、施工建设协调难、投资回收速度慢，但是室内人数众多且业务需求量较大，因此，需要给予该类场景同样的重视程度。除了获得进入建设施工的政策支持外，还应利用共建共享降低成本，以大力推进和普及该类型场景中室内覆盖建设。

相关建设策略的合理选择，将直接有助于室内覆盖建设的业务吸收和投入产出比的提升。如图 1.7 所示，在各室内覆盖场景采用针对性建设策略后，预计效果能使现阶段室内覆盖建设亏损的场景逐步转变为获利场景，从而促进整个行业领域积极健康地发展。

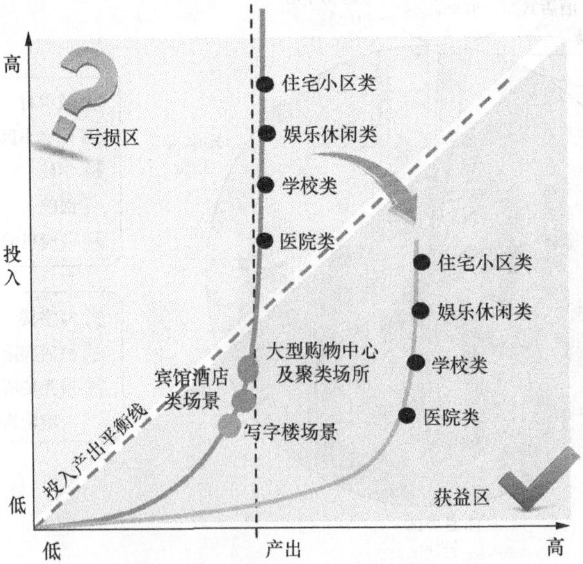

图 1.7　室内覆盖建设价值区域预测

1.4　室内覆盖面临的挑战

室内覆盖建设由于环境本身的复杂性，使得在实际的建设过程中不得不面临多方面的挑战。归纳起来通常有：室内传播问题、容量问题、泄漏问题、切换问题、高层问题、监控维护问题、室内外协同问题以及当前 LTE 室内覆盖建设时的各种问题，如图 1.8 所示。

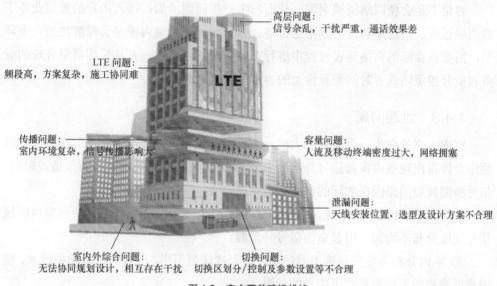

高层问题：
信号杂乱，干扰严重，通话效果差
LTE 问题：
频段高，方案复杂，施工协同难
LTE
传播问题：
室内环境复杂，信号传播影响大
容量问题：
人流及移动终端密度过大，网络拥塞
泄漏问题：
天线安装位置、选型及设计方案不合理
室内外综合问题：
无法协同规划设计，相互存在干扰
切换问题：
切换区划分/控制及参数设置等不合理

图 1.8　室内覆盖建设挑战

1.4.1　室内传播问题

与室外宏站建设相比，室内覆盖的建设环境更为复杂。各种现代建筑都可能会对信号产生屏蔽和吸收作用，再加上室内多隔断的结构，这些都会使信号在传播时产生巨大衰减，从而导致室内无线覆盖的不均匀。具体而言，室内无线传播虽不受天气因素的影响，但要受房屋架构形式、尺寸、室内布局及室内装饰的影响。室内障碍物，如钢筋水泥墙、砖墙、石膏板隔墙、木材、金属、玻璃、棉毛织物、电器、家具等对不同频谱的影响也都各不相同，同时对电波传播的影响也不相同。因此，室内通信设备传输方式、发射功率、天线高度与方位、站点选取，都需要有科学依据和工程数据的支持。

随着近十几年来通信技术的飞速发展，室内以及室外的无线传播环境都发生了显著的变化。其主要表现在无线通信体制增多、用户和设备数量激增，这些都导致了信号传播空间的愈加复杂。同时，室内环境中除了有室外宏蜂窝网络的渗透以外，各种新增的室内无线分布系统亦会导致室内干扰较为严重。另外，室内传播的复杂性还在于室内密集空间的多径效应比室外高很多，引起反射、折射、散射的因素也更为复杂，并且还存在多径信号矢量形成的杂散、交调、阻塞等干扰。

1.4.2 容量问题

在容量方面，随着室内通信业务需求量的上升，特别是在大型的聚类场所、购物中心、会议中心等场景，由于移动通信终端大密度的使用会导致室内覆盖中局部网络容量的不足，不能满足用户的接入需求，从而导致无线信道的通信拥塞。

容量不足会使网络资源紧张，从而产生一些问题。如：接入用户的数据业务下载速率过低、接通率和掉话率不达标等。容量问题作为室内覆盖急需解决的一个环节，需要在实际的网络建设过程中进行充分的前瞻性考虑，并且采用科学合理的业务容量分担策略或者时间差异性上的容量动态平衡机制。

1.4.3 泄漏问题

室内、室外作为一张整体的大网，不可避免地会相互影响。在实际网络建设过程中会经常出现室内覆盖信号外泄到室外，从而对室外宏站的覆盖及容量造成影响。信号泄漏问题的原因在实际的网络建设中通常有：

① 网络设计欠缺合理性，没有遵循“小功率、多天线”的原则，导致室内区域信号强度分布不均匀，引起室内信号外泄漏。

② 室内分布系统安装施工时的器件或天线选型不当，导致天线口功率过大，使得靠近窗户的天线容易产生信号的外泄。

③ 天线安装位置的不合理也会导致室内信号的外泄。

1.4.4 切换问题

切换问题对于室内覆盖而言同样是难以避免的，为了保持移动终端从室内小区移动到室外小区以及在室内不同的分层小区之间移动时不中断通信连接，需要进行切换。为移动终端在系统范围内提供连续的无中断通信服务及良好的通信质量，是切换的基本目标。切换作为影响网络性能的重要因素，若失败通常会导致掉话，而频繁切换则会引起大量网络资源的浪费。在实际网络建设中，由于切换而产生问题的主要原因如下。

① 建筑物高层空间信号较多且杂乱，极易存在无线频率的干扰，导致服务小区信号不稳定，出现乒乓切换效应，使得话音质量难以保证，并出现掉话现象。

② 不合理的邻小区配置以及切换参数的设置导致站点不能流畅地进行切换，降低切换成功率。

③ 切换分区的控制和划分不合理，可能导致频繁切换或者无法切换的情况。

1.4.5 高层问题

随着现代城市建设步伐的加快，大量新建的高层写字楼、酒店、高层住宅给室内覆盖建设带来了很多问题。特别是对于建筑物的高层，基于用户投诉的数据显示高楼层手机信号波动大，通话质量差，并且掉话现象较为严重。

具体而言，高层空间中宏站的无线信号非常杂乱且不稳定，高层楼宇窗口的开放性使得室内信号必然会受到室外信号的干扰，带来各种通话质量问题，通常有如下情况。

① 室内信号较弱，移动终端占用室外宏站信号，切换频繁、通话断续和掉话严重。

② 室内信号强，但仍然受到室外宏站信号的干扰，载干比低、话音质量差。

③ 室内外信号都较强，使得手机在窗口附近区域来回移动时，会发生乒乓切换，从而直接影响话音质量。

1.4.6 监控维护问题

安装室内分布系统对室内进行覆盖以后，后期的监控维护通常成为实际工程中的一大难题。其主要原因如下。

① 室内分布系统的维护基本上都需要与业主协调才能进入，并且在进行改造维护的同时还需要解决设备取电的问题以及施工时间选择的问题。

② 可能出现人为干扰，比如进行室内装修后环境的屏蔽效应发生变化、天线受损以及天馈系统受到影响等。

③ 室内覆盖系统末端采用无源器件，导致无法对这些器件进行有效的监控。

为了解决这些问题，常用的手段有网管监控、网优业务指标监控和定期人工 CQT 测试。然而所面临的问题在于传统手段属于被动监测，对可能发生问题的网络节点无法事先预测，导致实际的网络优化维护工作总是滞后于网络故障，并且也较难对故障进行准确定位。其次，现有的监测手段不足以反映服务质量的实时变化，并且针对重要客户或重要区域的监测手段也较为不足，无法保证提供差异化服务。最后，就人工测试的不足而言，通常存在频度低、强度大、成本高、效率低的问题，同时对数据分析人员也有较高要求。

1.4.7 室内外协同问题

一直以来，在移动通信网络的规划建设上，室内与室外网络都是各自独立进行，从而导致了实际网络建设中的不合理。室内外信号经常会存在局部相互干扰、系统利用率较低的现象，使网络覆盖效果及投资收益大打折扣。

为提升网络质量和用户感知，在当今城市飞速发展、网络规模日益增长和网络系统日渐复杂的环境下，特别是在当前 4G 高速发展的时代，室内外协同覆盖正在成为无线网络从规模建设向精细建设转型的重点。采用室内外协同覆盖手段要求移动网络室内分布系统应与室外宏站协同规划，将离散的室内覆盖与室外网络特定的环境结合起来，打造真正的室内外协同的无线覆盖。优质的协同规划建设可以减少能源和资源的重复利用和不必要的消耗。

尽管室内外协同覆盖方式越来越得到关注，并开始被广泛采用，但是在实际的网络建设中依然存在一些尚待解决的问题。

① 基于室内外协同的深度覆盖依然无法进行全面覆盖，因为很多住宅小区环境无法获得业主的许可进行天线的入户安装，仍然会存在弱覆盖区和盲区。

② 在协同规划初期，方案设计通常依靠人为经验，或者根据简单的仿真数据对室内外的天线点位进行布放，使得考虑问题不一定全面，从而导致在实际的网络建设中相关的性能无法得到保证。

③ 室内、室外的后期优化维护通常各自独立，使得在信号泄漏和信号漂移方面无法进行统一的控制和分析。

1.4.8 LTE 室内覆盖问题

当前，随着 LTE 的大规模建设和普及，在进行基于 LTE 的室内覆盖建设时不得不面临 LTE 由于频段高所引起的较大的自由空间损耗、穿透损耗、馈线损耗。对于 TD-LTE，其频段主要在 2.3GHz、2.6GHz，而获批的 LTE-FDD 频段在 1800MHz、2100MHz，其余国内 2G、3G 制式主要包括 CDMA800M、GSM900M、DCS1800M，TD-SCDMA 以及 WCDMA，这些制式基本处于 800～2200MHz 频段。在实际建设中，当从 800～900MHz 的 2G 网络过渡到 LTE 的高频段时，如表 1.1 和表 1.2 所示，各类损耗都会大幅增高。

表 1.1　　不同频段的自由空间损耗　　单位：dB

频段	1m	3m	5m	10m	15m	20m	25m
800MHz	30.5	40.05	44.48	50.5	54.03	56.53	58.46
900MHz	31.52	41.07	45.5	51.52	55.05	57.55	59.48
1800MHz	37.55	47.09	51.52	57.55	61.07	63.57	65.5
2100MHz	38.88	48.43	52.86	58.88	62.41	64.9	66.84
2300MHz	39.67	49.22	53.65	59.67	63.2	65.69	67.63
2600MHz	40.74	50.29	54.72	60.74	62.27	66.76	68.7

表 1.2　　百米馈线在不同频段上的损耗　　单位：dB

馈线类型	800MHz	1800MHz	1900MHz	2100MHz	2300MHz	2400MHz	2500MHz	2600MHz
1/2in	6	10	10.3	10.6	11.4	11.7	12.1	12.5
7/8in	4	5.7	5.85	6.1	6.6	6.9	7.1	7.3

注：1in=0.0254m。

除了频段高，LTE 室内覆盖还存在技术方案复杂、工程量大的缺点。作为 LTE 关键技术之一的 MIMO 技术能够成倍地提升网络速率，但是在目前室分双极化天线性能尚不明确且没有广泛应用的情况下，还应使用技术成熟的单极化天线进行 MIMO 建设。但使用单极化天线建设需要的天线数量是双极化天线的 2 倍，同时两路建设的天线需保持 10 个波长的间距且两路系统的功率差值需控制在 3～5dB，这对方案和施工都提出了较高要求。对于现有的单路室内分布系统而言，虽然可通过合路 1 路+新建 1 路的方法或者新建两路的方法来实现双路系统，但是会使工程量和建设成本增加 1～2 倍。因此，对于高性能 MIMO 室内覆盖的建设，需要对技术方案以及成本造价进行权衡。

为了推进室内 LTE 的覆盖，无论是在对现有室内分布系统进行改造或者是直接新建，都会由于辐射的问题导致室内的施工安装工作引起业主的抵触情绪。特别是对于工程量较大的双路系统建设，协调施工也是一个巨大的挑战。

1.5　室内无线覆盖基础规划设计

为了应对室内覆盖建设中的各种挑战，科学合理的室内无线覆盖的规划设计理念必不可少。

首先，规划设计的目标要求清晰明确，以便快速有效地指导网络的基础建设。在规划设计时，需要充分考虑中长期的目标，合理预测未来的业务需求和发展趋势，保证规划区内的连续覆盖和容量需求，对重要楼宇的覆盖建设尽量一步到位以避免网络在后期运营中的频繁调整。其次，对室内外网络进行统一的规划协调，控制好室内及室外的信号以避免干扰。再次，在实际的规划建设过程中需根据实际场景的覆盖需求、结构特征以及业务量大小等因素选择合适的分布系统。最后，鉴于目前室内覆盖建设的单位面积综合造价要高于室外宏站，所以从降低建设成本的角度出发，建议通过多层面的对比分析和实际场景需求分析来确定是以改造的方式还是新建的方式进行室内覆盖的建设，同时大力提升室内覆盖的共建共享使用率也是降低建网成本的有效方法。总体而言，只有采用科学合理的规划设计策略才能最大限度地去平衡实际网络建设中覆盖、质量、容量以及成本之间的差异性。

在规划设计方案的具体制定过程中，通常需要明确以下信息，从而保证方案制定的合理性和可实施性。

① 工程概况。工程概况需要明确的现有站点基本信息，如建筑物的位置、楼宇组成情况、楼宇功能、住户数量等。全面的信息评估还需要提供建筑物的相关照片、卫星地图、周边环境照以及建筑室内结构照片等，如图 1.9 所示。

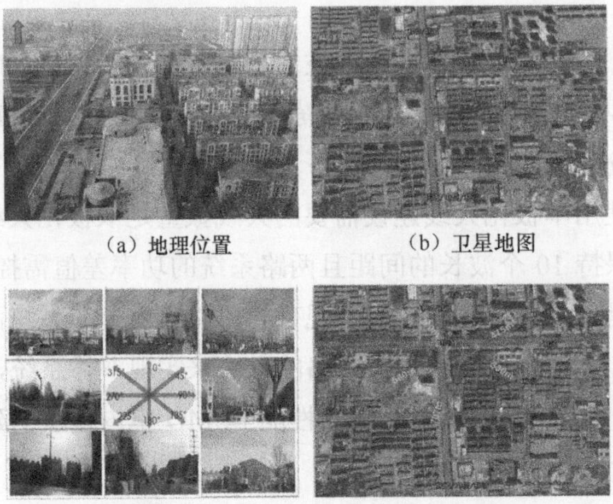

（a）地理位置　（b）卫星地图

（c）周围环境　（d）周边资源

图 1.9　工程概况及资源调查示例图

② 资源现状分析。对现有资源的分析调查更有利于指导后续实际方案的设计，通常需要明确的事项包括对当前项目的分布系统建设进行排查分析，过程中还需结合周边的基站分布情况完成对相关信号的覆盖测试和分析研究。

③ 天线。要求天线的安装位置符合设计文件规定的范围，不同的天线类型安装方法有差异，但是需明确天线的安装整洁美观，不会破坏室内整体环境。对于不同的网络制式还需注意天线的安装间距问题。

④ 设计图样。为便于当前网络的施工建设以及后期网络运营中的维护和整改工作，设计图样上需要清晰标明室内覆盖建设过程中所涉及的所有器件和线缆的名称、编号、长宽度信息、位置信息以及走线路径等信息。

⑤ 机房。对于机房的信息而言，需要明确的有机房的空间面积大小、机房的承重情况、机房内部的温度及湿度情况。同时，对机房内部的设备安装位置、机房装修情况以及机房内的开槽打孔等施工行为都要进行详细的说明和记录。

⑥ 电源。需要明确电源由几部分供电系统组成、设备所需供电需求、电源相关附属设备数量以及安全用电情况等。

⑦ 节能减排。为了保障节能减排的有效开展，须有完善的节能减排组织体系、管理制度和具体举措。在围绕节能减排工作目标的同时，编制相关的专项规划还可

以促进分级责任的落实。在指标的量化考核和管理上，可以设置比如：单位信息综合能耗下降比、万元营业收入综合能耗下降比和能耗总量下降比等。

⑧ 话务量。网络容量分析对于网络的建设有非常重要的意义，为保障实际建设的可行性，有必要进行话务量的预测。通常需要收集的数据有覆盖场景实用面积比率、人员与使用面积比率、手机拥有率以及人均话务量等。

参考文献

[1] 李军. 移动通信室内分布系统规划、优化与实践[M]. 北京：机械工业出版社，2014.

[2] 吴为. 无线室内分布系统实战必读[M]. 北京：机械工业出版社，2012.

[3] 广州杰赛通信规划设计院. 室分系统技术研讨材料（广州杰赛通信规划设计院内部材料）. 2014.

[4] 广州杰赛通信规划设计院. 室内外综合覆盖课题（广州杰赛通信规划设计院内部材料）. 2014.

[5] 高泽华，高峰，林海涛等. 室内分布系统规划与设计——GSM/TD-SCDMA/TD-LTE/ WLAN[M]. 北京：人民邮电出版社，2013.

[6] Morten Tolstrup. Indoor Radio Planning: A Practical Guide for GSM, DCS, UMTS, HSPA and LTE[M]. 2nd ed. Wiley. 2011.

[7] 达尔曼，巴克浮，斯利德. 4G 移动通信技术权威指南：LTE 与 LTE-Advanced[M]. 堵久辉，缪庆育，译. 北京：人民邮电出版社，2012.

第 2 章 室内分布系统架构

2.1 室内分布系统简介

对于最初的移动通信网络，室内和室外的无线信号覆盖基本都是由室外宏站提供，然而随着室内通信比例的逐步增长和用户对室内通信业务质量要求的提升，再加上室内环境的复杂特性，室外信号已很难实现对室内场景的深度覆盖以及满足日益提升的用户体验。因此，促使了室内分布系统的推广使用，室内分布系统的基本理念是通过在室内场景中安装大量的小功率低增益天线，将室外各制式的宏基站信号延伸覆盖至室内进行深度覆盖。

室内分布（简称室分）系统的引入作为室外覆盖的有效补充方案，在全面提升室内无线覆盖质量和持续保障室内通信服务的同时，能够实现多制式的接入并满足多场景和多业务的需求，增强了用户体验。另外，室内分布系统的使用还能够有效提升网络容量，分担宏站业务，保证了网络资源的合理分配。

典型的室内分布系统通常由信号源和分布系统组成。其中，信号源可以是对基站信源的引用或者是基站拉远单元的引用。分布系统则由功分器、耦合器、合路器等各种无源器件，以及干放等有源器件和室内天线组成，如图 2.1 所示。以下章节将对室内分布系统以不同的分类方式进行详尽的分析说明。

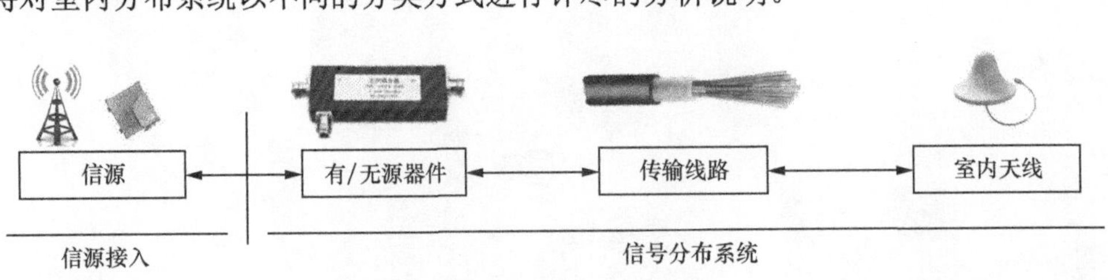

图 2.1 典型室内分布系统架构

2.2　基于有无源分类的室内分布系统

尽管室内分布系统有多种分类方式，但总体来说最为基础的分类原则是从整个分布系统是否需要外加电源（使用需外加电源设备）的角度来区分。无需外加电源的称为无源室内分布系统，反之则为有源室内分布系统。

2.2.1　无源室内分布系统

无源分布系统由耦合器、分合路器、同轴电缆及室内天线组成。分布系统通过耦合器、功分器等无源器件对接收到的信号进行分路，并经由同轴电缆将信号尽可能均匀地分配到每一副分散安装于室内的小功率低增益天线上，从而获得均匀分布的信号以解决室内覆盖问题。反之则通过天线接收无线信号，进行合路传输后最终达到各信源，从而实现信号的上行传输。传统无源室内分布系统结构如图 2.2 所示。

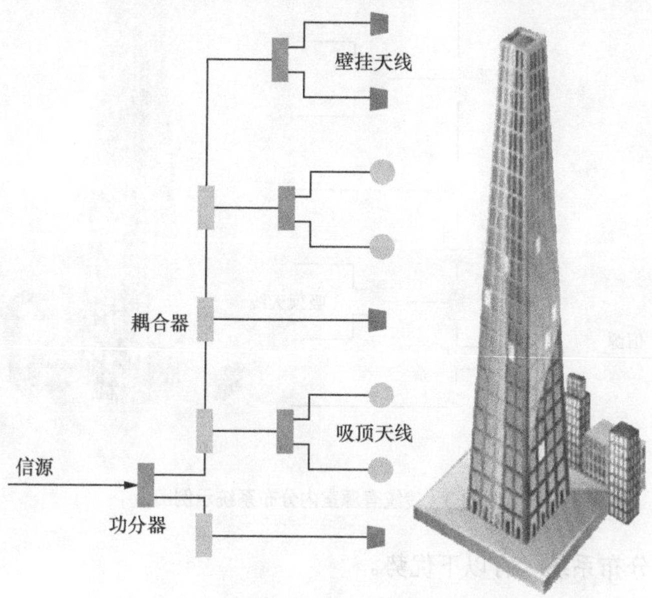

图 2.2　传统无源室内分布系统示例图

就无源室内分布系统而言，其主要优点如下。

① 高可靠性，因为系统由无源器件组成，所以故障率较低。

② 无源器件功率容量大，容易进行大容量室内分布系统组网。

③ 后续扩容较为方便，信号分配灵活，总体投资建设成本低。

相比之下，无源室内分布系统在实际应用过程中仍存在以下不足。

① 无源室内分布系统不具备功率放大机制，在传输线缆中被损耗后，最终的信

号覆盖范围受限。

② 由于采用无源器件，导致无法对系统进行监测。

③ 较难实现系统中所有室内分布天线链路预算的平衡，通常会出现信号覆盖不均匀的问题。

④ 后续的升级维护较难。

2.2.2 有源室内分布系统

相比于无源室内分布系统，为补偿信号的传输和分配损耗，以保证末端天线口功率，有源室分系统引入有源设备可对信号功率进行放大，通常以增加干放为主，其结构如图 2.3 所示。

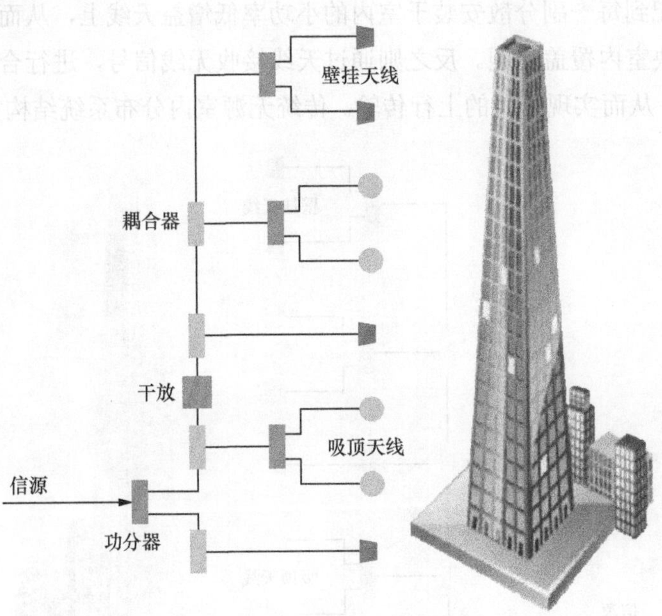

图 2.3 传统有源室内分布系统示例图

有源室内分布系统具有以下优势。

① 采用干放后，信号强度可调节，覆盖范围扩大。

② 可扩展性增强，可对有源设备进行监测。

同时，有源室内分布系统的不足如下。

① 有源器件的使用会增加系统建设成本。

② 有源器件的工作稳定性不如无源器件，会增加后期的维护工作量，同时导致维护成本增加。

③ 采用干放会引入系统底噪，影响系统总体性能。

2.3　基于信源分类的室内分布系统

根据信源种类的不同，室内分布系统通常分为宏蜂窝接入室内分布系统、微蜂窝接入室内分布系统、分布式接入室内分布系统以及直放站接入室内分布系统 4 种。

2.3.1　宏蜂窝接入室内分布系统

宏蜂窝基站作为信源使用时，具有容量大、信号质量优及网络优化程度高等特点。在进行室内分布系统建设过程中能较好地保证室内信号的覆盖效果，通常适用于用户数量多且业务需求量大的大型建筑场景，其简易结构如图 2.4 所示。同时，宏蜂窝接入室内分布系统存在设备价格高、工程造价和建设成本大、建设周期长等缺点。并且对环境有较高要求，通常需建设空间较大的独立机房。

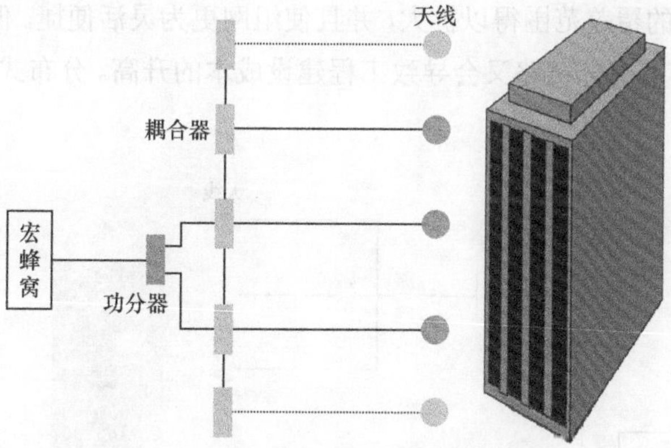

图 2.4　宏蜂窝接入室内分布系统示例图

2.3.2　微蜂窝接入室内分布系统

相对于宏蜂窝接入室内分布系统，采用微蜂窝作为信源接入时，具有建设周期短、投资见效快、规划简单快捷等特点。但是，由于微蜂窝功率较小，较难实现大区域的室内覆盖，更适用于规模和业务需求相对较小，并且需要快速商用的场景。其简易结构如图 2.5 所示。

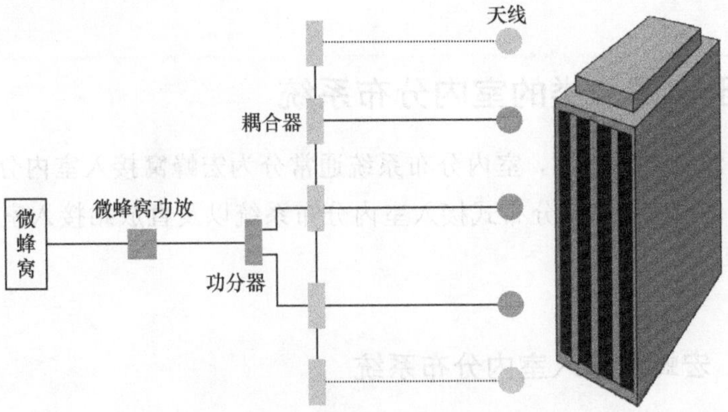

图 2.5　微蜂窝接入室内分布系统示例图

2.3.3　分布式接入室内分布系统

作为目前应用最为广泛的分布式接入室内分布系统，通过建设基带处理单元（Building Baseband Unit，BBU）和远端射频单元（Remote Radio Unit，RRU）的方式进行组网。独立建设的 BBU 可以承载较大的业务需求，同时能够以拉远方式部署 RRU，使相应的覆盖范围得以扩大，并且使组网更为灵活便捷。但是，布设 BBU、RRU 以及两者之间光纤链路又会导致工程建设成本的升高。分布式接入室内分布系统如图 2.6 所示。

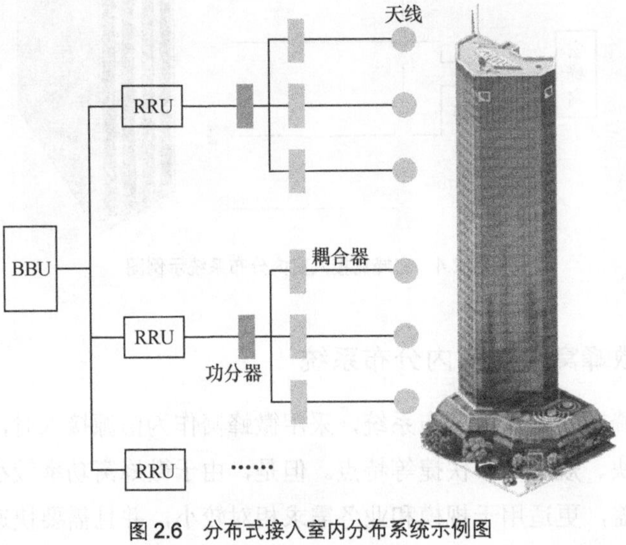

图 2.6　分布式接入室内分布系统示例图

2.3.4　直放站接入室内分布系统

直放站是对信源信号进行增强的一种无线电发射中转设备。在室内分布系统接入中，通常采用无线直放站和光纤直放站。无线直放站可以通过天线接收基站信号，然后经过空间耦合放大传输至覆盖区域室内分布系统，或者通过耦合器从附近基站直接耦合部分信号经电缆传送到覆盖区域直放站。若采用光纤直放站，从基站耦合的信号则使用光纤作为传输媒介以减小损耗，从而获得更高质量的信号覆盖。直放站接入室内分布系统多用于对室内盲区（如地下车库）进行覆盖，无需单独建设基站、光缆及传输设备，总体建设成本小且安装较为简易。但是，直放站接入的室内分布系统存在覆盖面积有限、无法扩展、对周围基站有较大干扰等缺点。直放站接入的室内分布系统如图 2.7 所示。

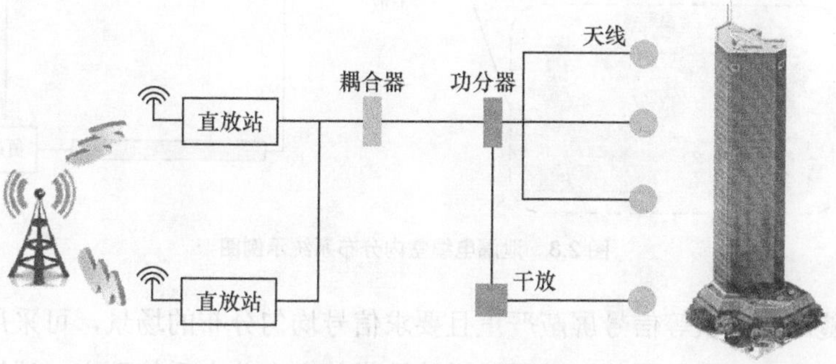

图 2.7　直放站接入室内分布系统示例图

2.4　基于传输媒介分类的室内分布系统

根据传输媒质的不同，室内分布系统通常可分为同轴电缆室内分布系统、泄漏电缆室内分布系统、混合式光纤室内分布系统以及混合式五类线室内分布系统 4 种类型。

2.4.1　同轴电缆室内分布系统

同轴电缆室内分布系统根据所使用器件的类型可分为无源同轴电缆室内分布系统、有源同轴电缆室内分布系统两类。无源同轴电缆室内分布系统即 2.2.1 节的无源室内分布系统，由同轴电缆、耦合器、分合路器以及室内天线组成。有源同轴电缆室内分布系统即 2.2.2 节所描述的有源室内分布系统，通常由同轴电缆、耦合器、分合路器、室内天线以及放大器组成。

2.4.2　泄漏电缆室内分布系统

泄漏电缆遵循特定的电磁场理论，该电缆沿着其外导体有一系列周期性或非周期性的槽孔，每一个开槽都是一个电磁波辐射源。因此，电缆内部传输的一部分电磁能量可以从槽孔处以电磁波的形式辐射到外部环境。同样，外部环境中的电磁能量也可以传到电缆的内部，从而实现了电磁信号的传递与收发功能。

对于泄漏电缆室分系统而言，采用的泄漏电缆起到了传统室内分布系统中馈线和天线的作用，对信号进行传输和收发，同时仍有少量馈线用于信源设备、有/无源器件之间的连接。典型泄漏电缆室分系统如图 2.8 所示。

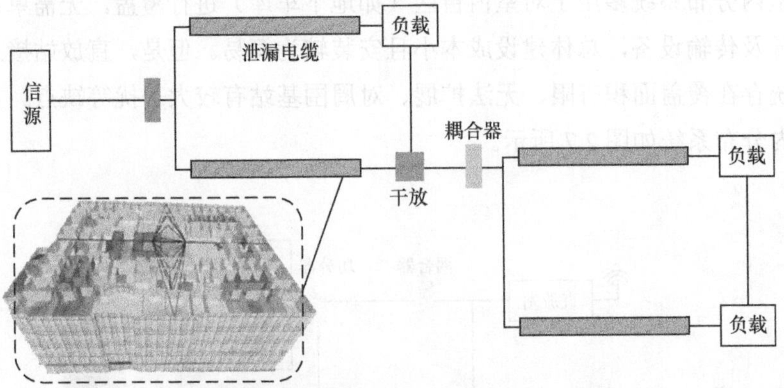

图 2.8　泄漏电缆室内分布系统示例图

对于隧道、地铁等信号屏蔽严重且要求信号均匀分布的场景，可采用泄漏电缆室内分布系统实现信号覆盖。对于隧道地铁类的室内分布系统而言，泄漏电缆必须安装于弱电及信号线一侧，泄漏电缆高度必须提前与地铁隧道相关设计方沟通。泄漏电缆的高度通常建议位于列车车窗上沿与下沿高度之间，使泄漏电缆的信号能够通过车窗辐射进入列车内。位于站台区间的泄漏电缆，由于站台一般有广告牌，因此上/下行通信漏缆通常分别安装于广告牌的上方和下方。

与传统室内分布系统相比，泄漏电缆分布系统具有的特点是信号覆盖均匀，信号波动范围较小，可减少额外室分天线的安装，非常适合地铁隧道、铁路隧道等屏蔽严重且狭小封闭场景的区域覆盖。但是，由于泄漏电缆成本较高，以及产品质量优劣水平和安装方式等存在差异，这些都会对实际泄漏电缆分布系统的建设成本和覆盖效果造成直接的影响。

2.4.3　混合式光纤室内分布系统

为了补偿无源室内分布系统中的传播损耗，同时避免有源室内分布系统中有源设备引起的底噪抬升，混合式光纤室内分布系统应运而生。该种分布系统在组网过程中大量使用光纤作为传输介质，用以替代传统室内分布系统中的同轴电缆，从而达到降低损耗、优化信号覆盖的目的。同时，组网过程中也会根据实际情况灵活使用光纤搭配同轴电缆或者五类线的组合方式。

作为当前以及未来短时期内较为主流的室内分布建设方式，本书在第 10 章（室内分布系统新技术及趋势）对该系统进行了较为详细的说明。如图 2.9 所示为混合式光纤室内分布系统的简要系统结构，主要由 3 个功能化模块单元组成，分别是主单元、扩展单元和远端单元。主单元在下行链路时进行电光转换和射频信号转中频信号，上行链路则反之。同时，主单元还需执行一些远程监控和信息管理的功能。扩展单元与主单元之间采用光纤连接，并且在下行链路时扩展单元进行中频光电信号的转换，上行链路则反之。扩展单元通常还需对远端进行供电和监测。远端单元直接与各室分天线以及扩展单元通过同轴电缆相连，远端单元首先接收来自扩展单元的信号，并在下行链路时进行中频电信号和射频电信号的转换，然后通过放大最终传输到各天线端口。上行链路时则实现相反的过程。

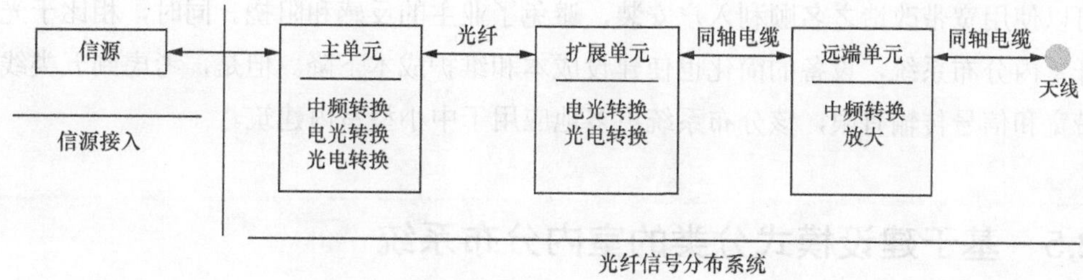

图 2.9　混合式光纤室内分布系统示例图

在使用混合式光纤分布系统时，对于单体建筑物，通常在其纵平面上使用光纤进行传输，横平面进入楼层进行室内分布天线连接时则采用同轴电缆。对于建筑物楼群，光纤则多用于不同建筑物之间的传输。总体来说，使用光纤所减少的损耗使得该种分布系统能够更好地适应大型室内覆盖场景。此外，混合式光纤室内分布系统由于设备具有体积小、重量轻等特点使施工建设更为简易快捷。同时，该系统还能提供高效的监测机制以方便后期的运营维护。然而，值得注意的是光纤线缆以及一体化功能模块的使用都会增加总体建设成本，并且在系统建设时还需要考虑使用这些功能模块所必须保障的电力供应。

2.4.4　混合式五类线室内分布系统

另外，随着互联网的大规模普及，现代建筑在建设时都已进行了五类线的铺设，因此极大地缓解了建设室内分布系统时由于大量布设同轴电缆所产生的对建筑物的影响以及对业主的干扰。图2.10为利用已有五类线建设的室内分布系统简要示意图，该系统架构除去了扩展单元，使整体架构进一步得到简化。该系统中主单元功能与远端单元功能同光纤室内分布系统的主单元功能及远端单元功能基本类似，并且主单元使用五类线直接连接到远端单元，而无需进行电光或者光电的转换。

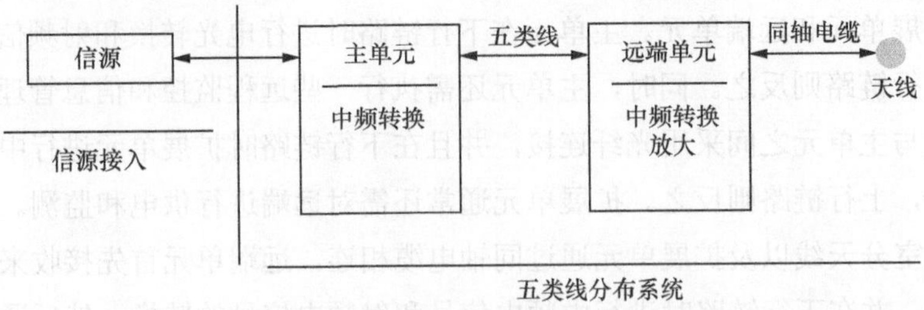

图 2.10　混合式五类线室内分布系统示例图

以五类线为主的室内分布系统与传统室内分布系统相比，在施工建设时，通常可以使用宽带改造之名顺利入户安装，避免了业主的反感和阻挠。同时，相比于光纤室内分布系统，设备的简化也使建设成本和维护成本下降。但是，考虑到五类线带宽和信号传输有限，该分布系统更多地应用于中小型室内建筑。

2.5　基于建设模式分类的室内分布系统

随着 LTE 的大规模商用以及室内用户对高速数据业务的需要，基于 LTE 的室内分布系统将根据天线的分集情况把系统分为单通道室内分布系统和双通道室内分布系统。

2.5.1　单通道室内分布系统

单通道室内分布系统如图 2.11 所示，信源端仅采用单天线发出一路信号，这一路信号可以采用新建的方式，同样也可以通过在合路器端馈入原有单通道分布系统的方式。单通道室内分布系统多用于对数据速率、系统容量要求相对较低的室内区域，如医院、政企单位等。

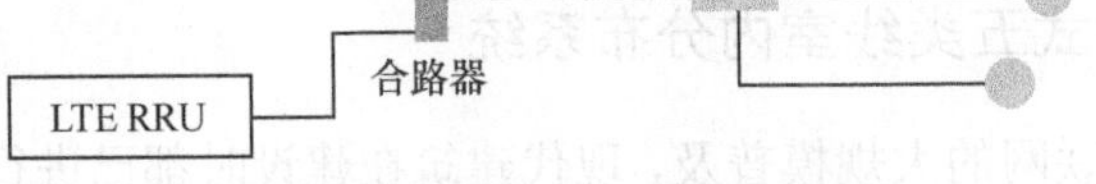

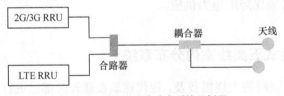

图 2.11　单通道室内分布系统示例图

2.5.2　双通道室内分布系统

双通道室内分布系统如图 2.12 所示，作为双通道实现高速数据通信的关键手段，该系统通过建设两路独立馈线形成 MIMO 方式。对于该类室内分布系统，两路独立通道可完全新建，或者其中一路与其他系统合路，而另一路则进行新建。建设双通道室内分布系统是为了满足对数据速率以及系统容量要求较高的室内覆盖场景，如体育场馆、购物中心等。

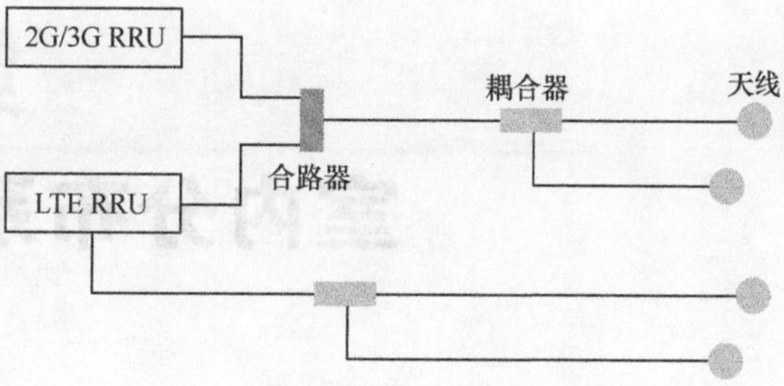

图 2.12　双通道室内分布系统示例图

尽管双通道室内分布系统网络性能大大优于单通道室内分布系统，但是由于其建设成本高、建设难度大以及建设周期长等，因此在实际建设中需根据具体场景需求进行选择。

参考文献

[1] 高泽华，高峰，林海涛，等. 室内分布系统规划与设计——GSM/TD-SCDMA/TD-LTE/ WLAN[M]. 北京：人民邮电出版社，2013.

[2] 广州杰赛通信规划设计院. 室分系统技术研讨材料（广州杰赛通信规划设计院内部材料）. 2014.

[3] 广州杰赛通信规划设计院. 铁塔公司室分系统技术交流材料（广州杰赛通信规划设计院内部材料）. 2014.

第3章 室内分布系统器件

3.1 室分系统器件概述

室内分布（简称室分）系统通过无源器件进行分路，经由馈线将无线信号分配到每一副分散安装在建筑物各个区域的天线上，从而实现室内信号的均匀分布。在某些需要延伸覆盖的场合，使用干线放大器对输入的信号进行中继放大，达到扩大覆盖范围的目的。室分系统的设备器件主要由以下部分构成。

① 室分系统信源：宏蜂窝基站、微蜂窝基站、分布式基站、直放站。

② 室分系统无源器件：功分器、耦合器、合路器、电桥、衰减器、馈线、接头。

③ 室分系统有源器件：多系统接入平台（Point of Interface，POI）、干放。

④ 室分系统天线：各类室分天线（包含泄漏电缆）。

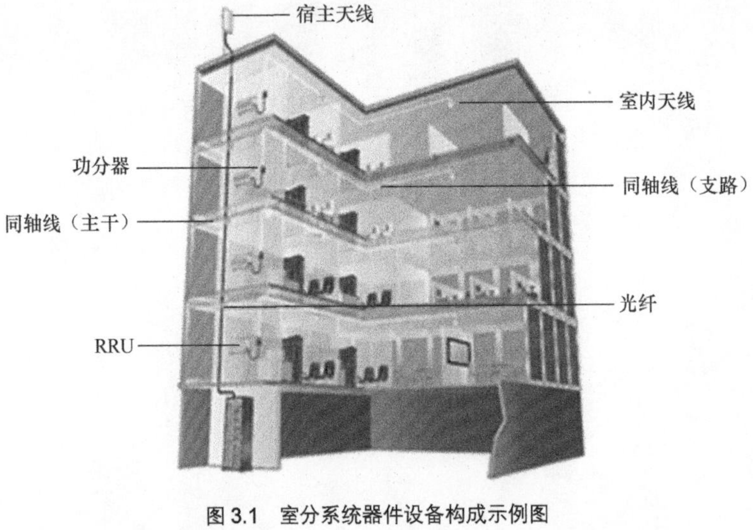

图 3.1 室分系统器件设备构成示例图

由于室分系统的方案灵活多变，通常需根据不同的室内覆盖场景和具体需求采用相应的系统设计方案。为了实现室内无线信号的良好覆盖和达到功率的合理分配，需要采用合适的信源提取方式和进行科学合理的室内布线策略。

3.2　室内分布系统信源

室内分布系统的信源主要使用宏蜂窝基站、微蜂窝基站、分布式基站以及直放站，4 类信源各自的特点使得室分系统可适应不同场景下的应用。因此，本节分别对这 4 类信源的使用特点进行了简要的分析说明（基于信源的详细描述可参见 2.3 节）。

3.2.1　宏蜂窝基站

宏蜂窝基站（BTS）作为信源覆盖目标楼宇时，其特点在于宏蜂窝基站支持的输出功率大，覆盖范围广，可支持的载波数、小区数较多，支持的话务量大，但对机房条件要求严格，安装难度较大。

可适用的室内场景：宏蜂窝基站尚有剩余未使用的扇区，且所覆盖目标楼宇的话务量非常高。

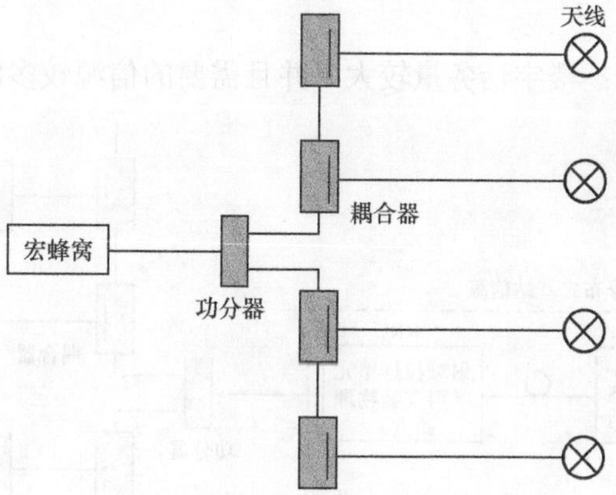

图 3.2　宏蜂窝基站信源室分系统示意图

3.2.2　微蜂窝基站

微蜂窝基站作为信源覆盖目标楼宇时，所支持的输出功率较宏蜂窝基站小，可支持的载波数、小区数较少，覆盖范围有限，但是体积的减小使得施工安装更为灵活。

可适用的室内场景：楼宇话务量较大，有限容量信源即可满足的情况。

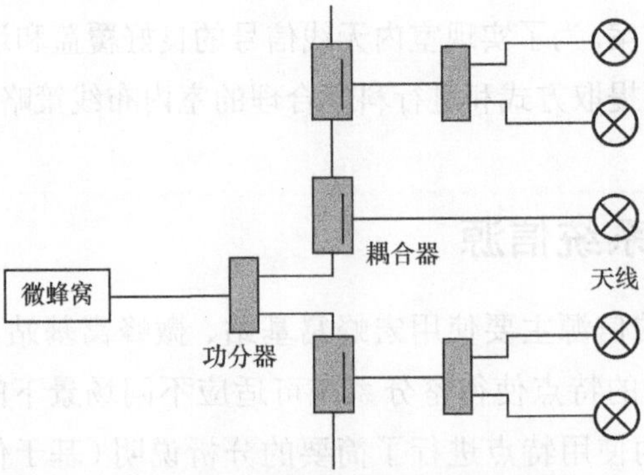

图 3.3 微蜂窝基站信源室分系统示意图

3.2.3 分布式基站

分布式基站作为信源覆盖目标楼宇时（BBU+RRU），其特点在于覆盖方式比较灵活，可单独提供话务量。根据不同的场景，可以将 BBU 安装在基站，也可将 BBU 安装在室分站点楼宇内；可挂墙安装，也可安装在机柜内。BBU 和 RRU 之间采用光缆连接，施工便捷。RRU 之间可采用级联的方式，也可采用并联方式，主要取决于覆盖区域的话务量需求。对于话务量较大的覆盖区域，建议 RRU 单独占用一个扇区；话务量要求不大的覆盖区域，则可采用级联的方式进行覆盖，为 BBU 节约光口数量。

可适用室内场景：楼宇话务量较大，并且需要的信源较多的情况。

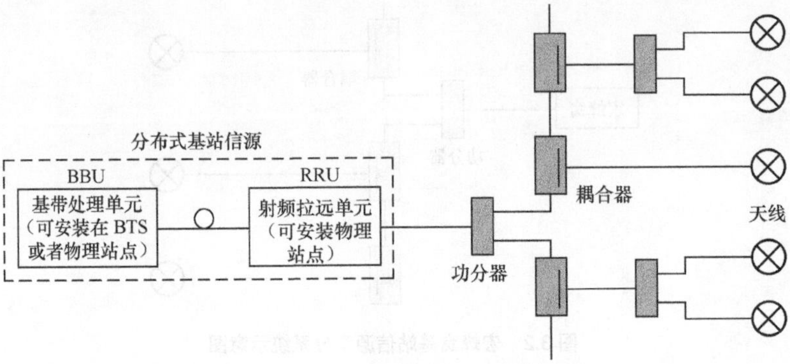

图 3.4 分布式基站信源室分系统示意图

3.2.4 直放站信源

直放站（中继器）属于同频放大设备，是指在无线通信传输过程中起到信号增强的一种无线电发射中转设备，其基本功能就是一个射频信号功率增强器。直放站在下行链路中，由施主天线拾取现有的覆盖区域中的信号，通过带通滤波器对带通外的信号进行了极好的隔离，将滤波的信号经功放放大后再次发射到待覆盖区域。在上行链接路径中，覆盖区域内的移动终端信号以同样的工作方式由上行放大链路处理后发射到相应基站，从而达到基站与手机之间的信号传递。对于直放站而言，其只能放大信号，不能单独提供话务量。

可适用的室内场景：话务量不高，施工难度较高或者要求能迅速对覆盖区域进行信号覆盖的目标建筑。

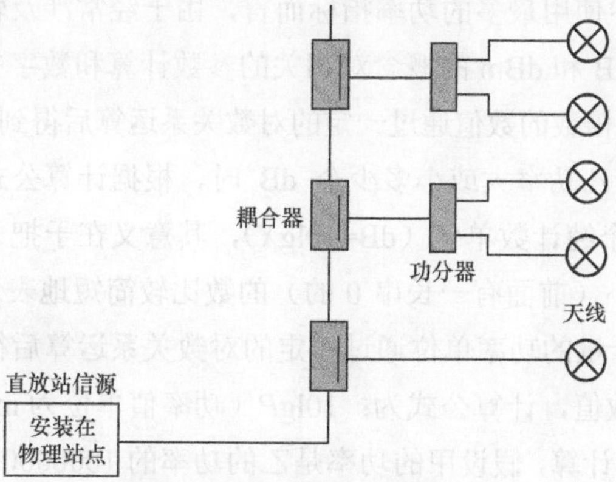

图 3.5 直放站信源室分系统示意图

3.2.5 室内分布系统信源小结

4 种信源各自的特点能够满足各种室内场景的建设需求，表 3.1 从建设投入、使用成本、工程进度以及应用范围对 4 种信源进行了归纳。

表 3.1 室分信源对比分析

信源选择	信源投入	使用成本	工程进度	应用范围
基站	投入大，扩容相对容易	配套成本与机房成本高	慢	覆盖区有很大话务量，用于吸纳话务量。如超大型商场、写字楼、住宅群、展馆、地铁
微蜂窝	投入大，但扩容工作量大	配套成本高	传输不确定因素多	覆盖区有一定话务量，用于盲区覆盖或优化信号。如商场、写字楼、高层建筑
分布式基站	投入相对较少，扩容相对容易	配套成本低	传输不确定因素多	覆盖区有一定话务量，用于盲区覆盖或优化信号。如商场、写字楼、高层建筑
直放站	投入少	成本低	快	覆盖区话务量低，用于盲区覆盖或改善弱信号质量。如电梯、地下室、公路隧道、小型娱乐场所

3.3 室内分布系统无源器件

无源器件作为室分系统中最为基础和最为重要的组成部分，主要包含有功分器、耦合器、合路器、电桥、衰减器、馈线以及接头。为更好地理解室分器件的相关性能参数，本节先是对室分器件中最为常见的功率指标参数的计算进行了说明。

3.3.1 单位计算

对于室分器件中使用最多的功率指标而言，由于经常涉及较大位数的运算和数字表示，因此引入 dB 和 dBm 的概念对相关的参数计算和数字书写进行简化。

dB（分贝）是将倍数的数值通过一定的对数关系运算后得到的数值。当考虑甲的功率（mW）相比于乙功率大或小多少个 dB 时，根据计算公式有：10lg（甲功率/乙功率）。dB 是一个纯计数单位（$dB=10lgX$），其意义在于把一个很大（后面跟一长串 0 的）或者很小（前面有一长串 0 的）的数比较简短地表示出来。dBm（分贝毫瓦）是将以毫瓦计量的功率单位通过一定的对数关系运算后得到的数值。dBm 是一个考征功率值的数值，计算公式为：$10lgP$（功率值单位为 mW）。

对于具体的 dB 计算，假设甲的功率是乙的功率的 10000000 倍，则换算成以 dB 为单位的计算后有 10lg10000000=70dB，即甲的功率比乙的功率大 70dB；若甲的功率是乙的功率的 0.001 倍，则换算成以 dB 为单位的计算后有 10lg0.001=−30dB；当甲功率比乙功率大一倍时，那么 10lg（甲功率/乙功率）=10lg2=3dB。也就是说，甲的功率比乙的功率大 3dB。另外，如果两个比较的功率单位均为 dBm，此时若甲的功率为 46dBm，乙的功率为 40dBm，则可以说，甲比乙大（46dBm−40dBm）6dB。如果甲天线增益为 12dBd，乙天线增益为 14dBd，则说明甲天线比乙天线增益小 2dB。

对于 dBm 和 dBW 的计算，分别采用计算公式为：dBm = $10lgP$（功率值单位为 mW），dBW = $10lgP$（功率值单位为 W）。当发射功率 P 为 1mW 时，折算为 dBm 后有 10lg(1mW) =0dBm；而当发射功率为 1W 时，折算成 dBm 后有 10lg(1W)=10lg(1000mW)=30dBm，折算为 dBW 则有 10lg(1W)=0dBW，因此 dBW 与 dBm 数值上相差为 30（0dBW=30dBm）。对于功率值的计算可归纳如下，如表 3.2 所示。

表 3.2　　功率单位计算

计算公式	示　例
X（dB）+Y（dB）=（X+Y）dB	20dB+10dB=30dB、20dB−10dB=10dB
X（dBm）+Y（dB）=（X+Y）dBm	20dBm+10dB=30dBm
X（dBm）−Y（dB）=（X−Y）dBm	20dBm−10dB=10dBm
X（dBm）+Y（dBm）≠（X+Y）dBm	0dBm+0dBm=3dBm，计算过程是将 dBm 换回成 mW，相加后再换算成为 dBm（dBm 之前的数字不能直接相加）。因此有 0dBm=1mW，1mW+1mW=2mW，10lg2（mW）=3dBm

如图 3.6 所示，假设某设备输入功率 A 点为 15dBm，经过器件 1 损耗为−3dB，经过器件 2 增益为 32dB，经过器件 3 损耗为−5dB，经过器件 4 损耗为−2dB，经过器件 5 损耗为−7dB，那么实际的输出功率有：P(B)=15dBm−3dB+32dB−5dB−2dB−7dB=（15−3+32−5−2−7）dBm=30dBm，入口 A 的功率到达输出端口 B 功率变大了，表现为信号放大。

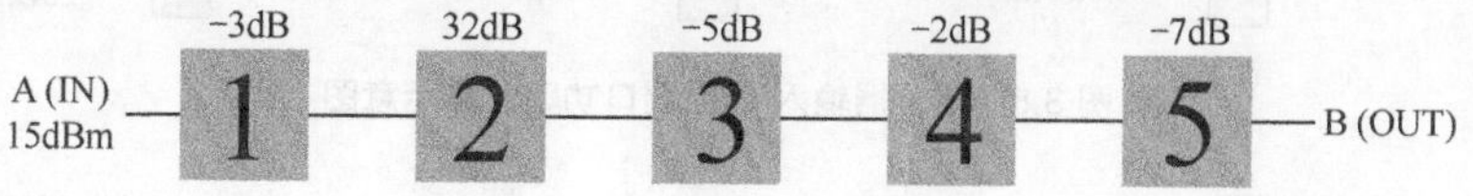

图 3.6　功率计算示意图

3.3.2　功分器

功分器是指将输入端口的功率进行平均分配的无源器件。功分器分为腔体功分器和微带功分器。微带功分器由于其频段狭窄，承受的功率较小，不能适应市场的发展，目前已经基本被淘汰。

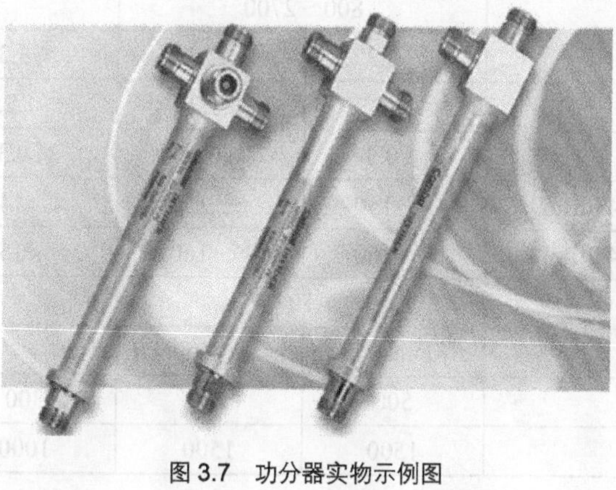

图 3.7　功分器实物示例图

腔体功分器作为当前功分器的主流主要分为二功分器、三功分器、四功分器。对于 N 功分器而言，每个端口得到的功率理论上为输入功率的 1/N。例如，二功分器每个端口得到的功率理论值为输入功率的 1/2，三功分器每个端口理论上分得输入功率的 1/3，四功分器每个端口得到的功率理论值为 1/4 的输入功率。

功分器包括两个损耗，其单位是 dB，一个是分配损耗，另一个是插入损耗。二功分器的分配损耗为 10lg2=3dB；三功分器的分配损耗为 10lg3=4.8dB；四功分器的分配损耗为 10lg4=6dB。插入损耗通常与生产材料、工艺水平、设计水平等有关，通常取值为 0.3～0.5dB。当插入损耗取值为 0.5dB 时，对于二分器、三功分器和四功分器，总损耗分别为 3.5dB、5.3dB、6.5dB。

以二功分器、三功分器以及四功分器为例，进行输入、输出功率计算如下。

二功分器输出功率计算（总损耗按照 3.5dB 计算）：8.5dBm−3.5dB=5.0dBm；

三功分器输出功率计算（总损耗按照 5.3dB 计算）：8.5dBm−5.3dB=3.2dBm；

四功分器输出功率计算（总损耗按照 6.5dB 计算）：8.5dBm−6.5dB=2.0dBm。

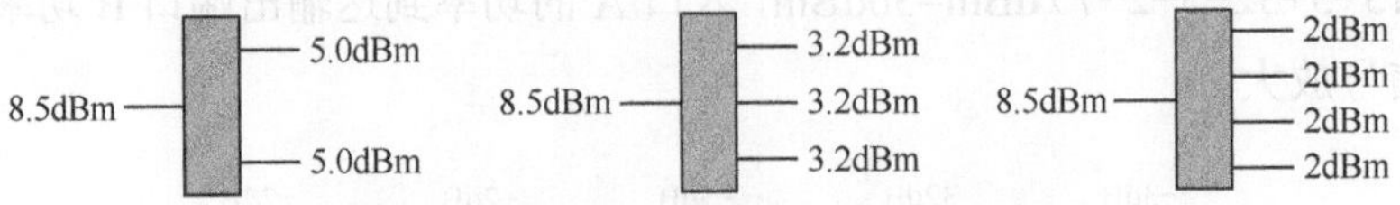

图 3.8　功分器输入/输出端口功率计算示意图

另外，功分器的主要技术参数如表 3.3 所示。高性能二功分器的所有端口都是 DIN 型头，普通性能二功分器的所有端口都是 N 型母头。在实际工程中应用时，不允许器件端口有空载现象，有空载的端口必须用负载堵上，否则会影响工程的驻波值。

表 3.3　　功分器相关参数示例

检测项目	高性能产品性能标准		普通性能产品性能标准	
型号	二功分	三功分	二功分	三功分
频率范围（MHz）	800～2700		800～2700	
损耗（dB）	≤3.3	≤5.2	≤3.3	≤5.2
驻波比	≤1.25	≤1.25	≤1.25	≤1.25
带内波动（dB）	≤0.3	≤0.45	≤0.3	≤0.45
三阶互调（dBc）@+43dBm×2	≤−150	≤−150	≤−140	≤−140
五阶互调（dBc）@+43dBm×2	≤−160	≤−160	≤−155	≤−155
阻抗（Ω）	50		50	
接口类型	DIN 型	DIN 型		N 型
平均功率容限（W）	500	500	300	300
峰值功率容限（W）	1500	1500	1000	1000

3.3.3　耦合器

当不希望对功率进行平均分配，而只是希望从主干或者支路上耦合一部分能量用于功率分配时，通常会采用耦合器。耦合器就是从主干通道提取出一部分功率的射频器件，一般包括入射端口（输入端口）、耦合端口和直通端口 3 个端口。相比较而言，与功分器的几个输出端口要保证足够的隔离度一样，耦合器的耦合端口和直通端口也要保证足够的隔离度。此外，耦合器有定向和双向之分，常用的是定向耦合器，它只在一个方向工作，也是本节重点讨论的对象。

图 3.9 所示为耦合器实物示例图，图 3.10 所示为耦合器的结构示意图。根据结构示意图进行耦合器的耦合损耗（耦合度）计算是通过入射端口的功率（单位为 mW 或者 W）与耦合端口的功率（单位为 mW 或者 W）比值，换算成 dB。

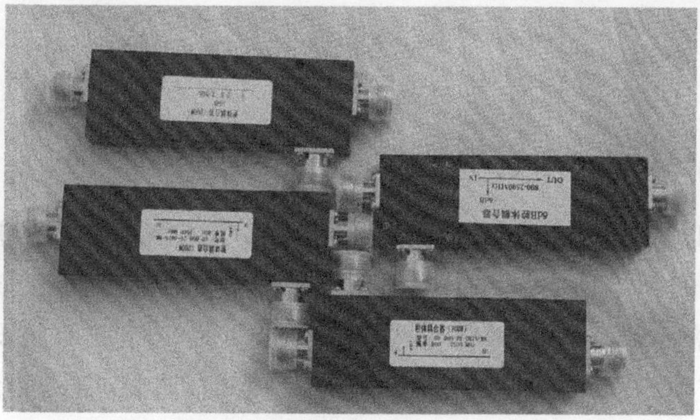

图 3.9 耦合器实物示例图

$$耦合度(\text{dB})=10\lg\frac{P_i(\text{mW})}{P_c(\text{mW})}=10\lg P_i(\text{mW})-10\lg P_c(\text{mW})$$

$$=入射端口功率(\text{dBm})-耦合端口功率(\text{dBm})$$

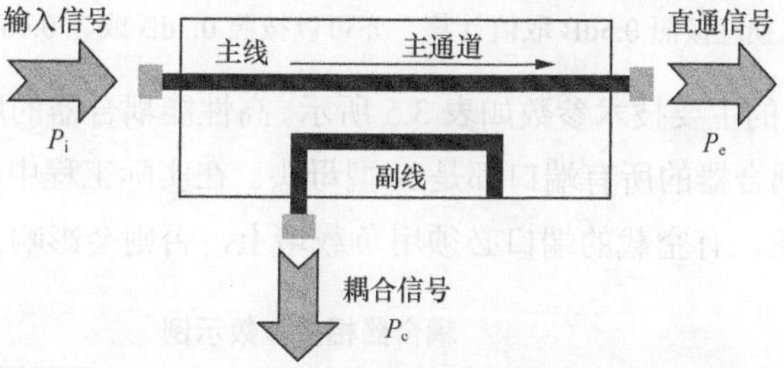

图 3.10 耦合器结构示意图

实际应用中，一般都是选定耦合器（耦合度已知）后计算耦合端口的功率：

$$耦合端口功率(\text{dBm})=入射端口功率(\text{dBm})-耦合度(\text{dB})$$

另外，直通端的损耗计算依据能量守恒定律，有如下公式，即耦合器的耦合端口的功率（mW）加上直通端口的功率（mW）等于入射端口的功率（mW）。

$P_o(\text{mW})+P_c(\text{mW})=P_i(\text{mW})$

两边同时除以 $P_i(\text{mW})$有：

$$\frac{P_o(\text{mW})}{P_i(\text{mW})}+\frac{P_c(\text{mW})}{P_i(\text{mW})}=1$$

若耦合度用 $a(\text{dB})$表示，直通端分配损耗用 $b(\text{dB})$表示，即

$$a(\text{dB})=10\lg\frac{P_i(\text{mW})}{P_o(\text{mW})}，则有\frac{P_i(\text{mW})}{P_c(\text{mW})}=10^{\frac{a}{10}}，故\frac{P_c(\text{mW})}{P_i(\text{mW})}=10^{-\frac{a}{10}}$$

对于 $b(\text{dB})$有

$$b(\text{dB})=10\lg\frac{P_i(\text{mW})}{P_o(\text{mW})}，得\frac{P_i(\text{mW})}{P_o(\text{mW})}=10^{\frac{b}{10}}，故\frac{P_o(\text{mW})}{P_i(\text{mW})}=10^{-\frac{b}{10}}$$

从而得到：$10^{-\frac{b}{10}}+10^{-\frac{a}{10}}=1$，因此有 $b(\text{dB})=-10\lg(1-10^{-\frac{a}{10}})$

从上式可以可以看出，耦合度越大，直通端分配损耗越小，直通端的功率大小取决于耦合器的耦合度大小。通常而言，直通端的插入损耗一般取 0.3～0.5dB。表 3.4 列举了部分耦合器直通端损耗与耦合度的关系。在室分系统设计时，选择耦合器要看它的工作频率范围是否满足要求，耦合度和直通端损耗是否满足设计要求。

表 3.4　　　　耦合器直通端损耗与耦合度关系　　　　单位：dB

耦合度	5	6	7	10	12	15	20	25	30
分配损耗	1.65	1.26	0.97	0.46	0.28	0.14	0.04	0.01	0.00
插入损耗	0.50	0.50	0.50	0.50	0.50	0.50	0.50	0.50	0.50
直通端总损耗	2.15	1.76	1.47	0.96	0.78	0.64	0.54	0.51	0.50

注：上表中插入损耗按照 0.5dB 取值计算，亦可以按照 0.3dB 或者 0.4dB 取值计算

另外，耦合器的主要技术参数如表 3.5 所示。高性能耦合器的所有端口都是 DIN 型头，普通性能耦合器的所有端口都是 N 型母头。在实际工程中应用时，不允许器件端口有空载现象，有空载的端口必须用负载堵上，否则会影响工程的驻波值。

表 3.5　　　　耦合器相关参数示例

检测项目	高性能产品性能标准						普通性能产品性能标准					
型号	5dB	6dB	7dB	10dB	15dB	20dB	5dB	6dB	7dB	10dB	15dB	20dB
频率范围(MHz)	800～2700						800～2700					
耦合度偏差/dB	±0.8	±0.8	±0.8	±1	±1	±1	±0.8	±0.8	±0.8	±1	±1	±1
最小隔离度(dB)	≥23	≥24	≥25	≥28	≥33	≥38	≥23	≥24	≥25	≥28	≥33	≥38
插入损耗(dB)	≤2.3	≤1.76	≤1.5	≤0.96	≤0.44	≤0.34	≤2.3	≤1.76	≤1.5	≤0.96	≤0.44	≤0.34
输入驻波比	≤1.25						≤1.25					
特性阻抗(Ω)	50						50					
三阶互调/dBc @+43dBm×2	≤ −150	≤ −150	≤ −150	≤ −150	≤ −150	≤ −150	≤ −140	≤ −140	≤ −140	≤ −140	≤ −140	≤ −140
接口类型	DIN 型						N 型					
平均功率容限（W）	500	500	500	500	500	500	300	300	300	300	300	300
峰值功率容限（W）	1500	1500	1500	1500	1500	1500	1000	1000	1000	1000	1000	1000

3.3.4　合路器

将两路或者多路信号合成一路输出的无源器件称为合路器，合路器实物如图 3.11 所示。合路器实际上是与滤波器的有效组合，有双工器的作用，可以同时为上下行两个方向的信号服务。使用合路器时，既要多个无线制式共用同一室分系统实现互联共享，又要避免系统间的干扰，防止网络质量的下降。合路器的作用可以概括为以下 3 点。

① 将多路信号合成一路信号输出；

② 将一路信号分成多路输出（此时可以称为分路器）；

③ 避免各个端口之间不同网络制式系统间的干扰。

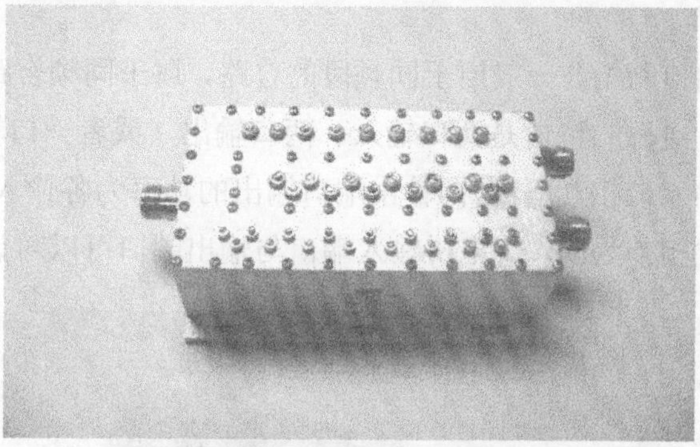

图 3.11　合路器实物示例图

理论上来说，合路器一路信号的输入，与另一路信号的存在与否没有关系。这就要求合路器各个端口之间有较高的干扰抑制度。信号的无损合路、分路及干扰抑制都要求合路器要有较高的隔离度。多系统合路器（三个网络制式及以上）要求输入端口为 N 型母头，输出端口为 DIN 型母头，传统双频合路器一般各个端口都是 N 型母头。表 3.6 为合路器相关参数指标示例。

表 3.6　合路器相关参数指标示例

项　目	指　标
插入损耗	
联通 LTE	＜1.0dB
联通 WCDMA	＜1.0dB
移动 GSM900	＜1.0dB
移动 TD-LTE	＜1.0dB
基站端驻波比	＜1.3

续表

<table>
<tr><th colspan="2">项　目</th><th colspan="2">指　标</th></tr>
<tr><td colspan="4">带内波动</td></tr>
<tr><td>联通 LTE</td><td>联通 WCDMA</td><td>移动 GSM900</td><td>移动 TD-LTE</td></tr>
<tr><td>0.8</td><td>0.8</td><td>0.8</td><td>0.8</td></tr>
<tr><td colspan="4">隔离度</td></tr>
<tr><td colspan="2">所有端口</td><td colspan="2">＞80dB</td></tr>
<tr><td colspan="2">互调抑制@Rx Band</td><td colspan="2">＜-140dBc@2×43dBm</td></tr>
<tr><td colspan="2">阻抗</td><td colspan="2">50</td></tr>
<tr><td colspan="2">功率</td><td colspan="2">平均功率容量 300W，峰值功率 1000W</td></tr>
</table>

3.3.5　电桥

电桥是个四端口网络，一般用于同频段的合路，属于同频合路器，图 3.12 所示为电桥实物示例。电桥的特性是两口输入、两口输出（或者一口输出，另一口内部用负载堵上）。两输入口相互隔离，两输出端口输出的功率为各输入端口功率的 50%，并且输出信号相位相差为 90°。电桥输入端口与输出端口可以对调使用。

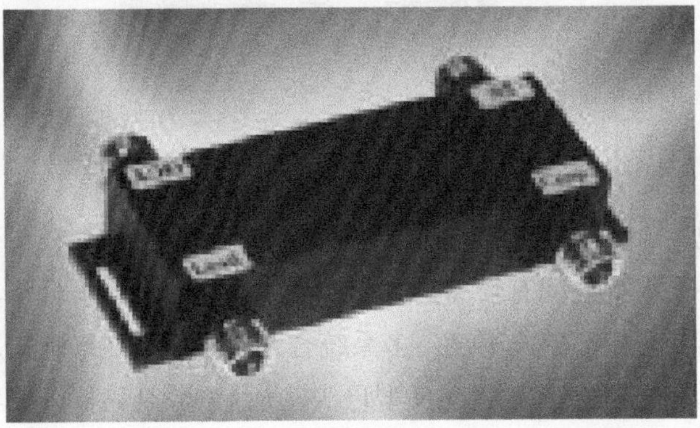

图 3.12　电桥实物示例图

当电桥的两个输入端口分别接两个同频段的载波进行合路的时候，输出端口可以只使用其中一个端口，另一个端口用匹配的负载堵上。输出端口的两路信号功率都会损失 3dB，所以电桥通常也被称为 3dB 电桥。电桥是对两路同频段信号的合路，不可能采用带通滤波器的方式进行合路，输入端口两路同频段信号隔离度也较低，因此采用的是类似耦合器的原理。总体来说，电桥的核心功能就是进行载波合路、同系统不同小区合路和同系统上下行合路。

图 3.13 所示为电桥输入输出功率计算示意，由于电桥的损耗为 3dB，输入口功率减去 3dB 后，即是输出端口的功率。当两输入端口功率为 37dBm，输出端口则为 34dBm。

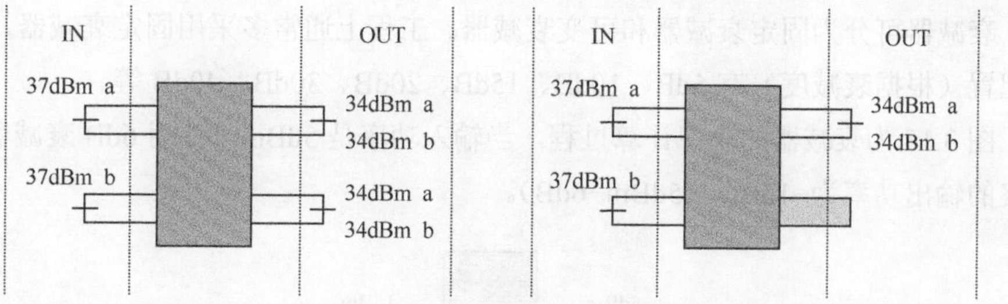

图 3.13　电桥端口功率计算示意

选择电桥时首先要看电桥的工作频率范围是否满足要求，两个输入端口之间的隔离度是否满足要求，在室分系统计算功率时，要考虑减去电桥的损耗后功率是否满足要求。根据覆盖区域的不同可以灵活选择两进一出或者两进两出的电桥。电桥的所有端口均为 N 型母头，表 3.7 所示为电桥的相关参数指标示例。

表 3.7　电桥相关参数指标示例

参　数	技 术 指 标
工作频率范围	800MHz～2500MHz
插损	≤3.2dB
驻波系数	≤1.2
隔离度	≥30dB
输出不平坦度	≤0.3dB
功率容量	150W,200W
接口	N 型阴头 50Ω
三阶互调	≤-140dBc(2×43dBm)
环境温度	-25℃～+65℃（外部环境温度）

3.3.6　衰减器

衰减器一般是把大信号衰减到一定的比例，从而达到理想的功率值，图 3.14 所示为衰减器实物示意图。具体而言，衰减器与放大器的功能相反，衰减器是在一定的工作频段范围内可以减少输入信号的功率大小，使器件入口功率达到合适的范围。

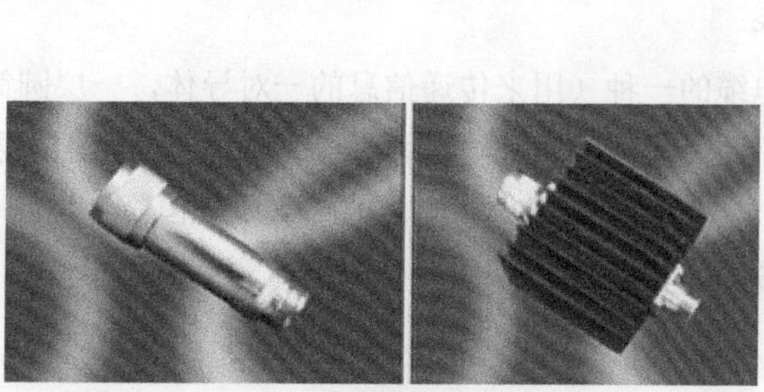

图 3.14　衰减器实物示意图

衰减器可分为固定衰减器和可变衰减器。工程上通常多采用固定衰减器，常见的配置（根据衰减度）有 5dB、10dB、15dB、20dB、30dB、40dB 等。

图 3.15 为衰减器的功率计算过程，当输入功率是 5dBm，使用 6dB 衰减器时，最终的输出功率为-1dBm（5dBm-6dB）。

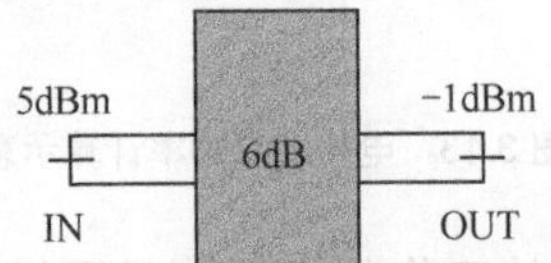

图 3.15　衰减器端口功率计算示意

衰减器是一种能量消耗器件，由电阻元件组成。信号功率消耗后变成电阻的热量，这个热量超过一定程度，衰减器就会被烧毁。因此，功率容限是衰减器的重要参数，实际应用中，要确保衰减器工作在其功率容限范围之内。为了保证衰减器正常工作，根据实际情况适当选取功率容限大一些的衰减器。表 3.8 为衰减器的相关参数指标示例。

表 3.8　衰减器相关参数指标示例

参　　数	技 术 指 标
工作频带	800MHz～2500MHz
损耗	6dB 衰减器：6dB
	10dB 衰减器：10dB
	15dB 衰减器：15dB
	20dB 衰减器：20dB
功率容量	≤50W
驻波系数	≤1.2
接口	N 型阴头 50Ω

3.3.7　馈线

馈线是同轴电缆的一种（用来传递信息的一对导体，一层圆筒式的外导体套在细芯的内导体外，两个导体间用绝缘材料进行互相隔离，由于外层导体和中心轴芯线的圆心在同一个轴心上，所以叫作同轴电缆），属于传输信号的一种介质，图 3.16 为馈线实物示例图。

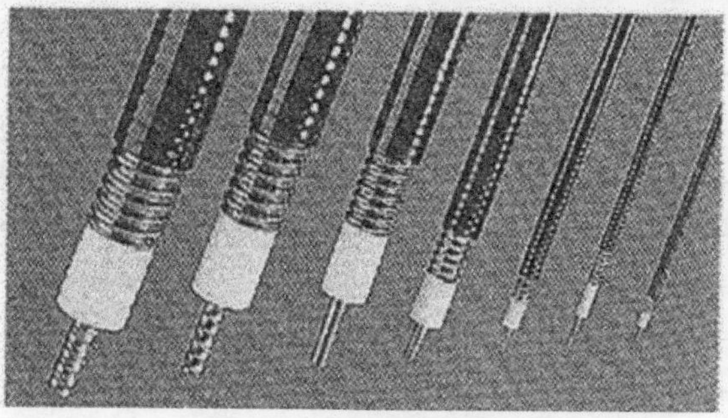

图 3.16 馈线实物示例图

馈线的作用是在其所能承受的环境条件下，在发射设备和天线之间充分地传输信号功率，所有电磁波都在封闭的外导体内沿轴向传输而不能和电缆外部环境中的电磁波发生耦合。

馈线的工作频率范围一般在 100～3000MHz，根据光速和波长、频率的关系式可以计算出馈线的工作波长范围为 0.1～3m。

馈线由内导体、绝缘体、外导体和护套 4 部分组成，如图 3.17 所示，4 个部分所用材料分别为螺旋铜管、发泡聚乙烯、轧纹铜管、PE 或低烟无卤防火 PE。

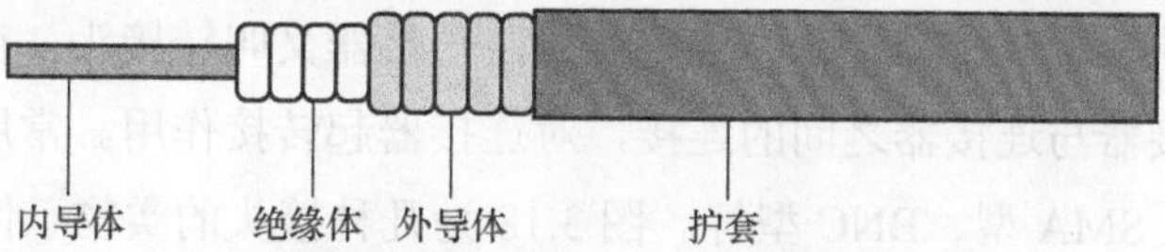

图 3.17 馈线组成结构示意图

馈线的分类中，1/2in 馈线主要用于一般的室内分布系统中；7/8in 主要用于距离超过 30m 的传输线路，也常用于基站中；15/8in 馈线价格昂贵，实际应用中使用较少。对于不同尺寸的馈线，a/b 指的是馈线外金属屏蔽的直径，单位为 in，与内芯的同轴无关。例如 1/2in 就是指馈线的外金属屏蔽直径是 1.27cm，7/8in 就是指馈线的外金属屏蔽直径是 2.22cm，直径的计算中不包含外绝缘皮的尺寸。另外，当馈线越细时，其单位长度质量越轻，价格也相对较为便宜，但是单位长度损耗值会较大。而当馈线越粗时，其单位长度质量较重，价格较贵，但是损耗值会相对较小。在室内分布系统设计中，灵活选用馈线的尺寸型号，有利于节省分布系统的投资。

对于不同的频率范围、不同的尺寸型号，馈线的百米损耗值也是各不同的。当计算馈线的功率损耗时，若某馈线长度为 20m（假设该馈线在 900MHz 频率时百米损耗为 7dB），输入端口的功率为 20dBm，则该馈线输出端口的功率为：输出端口功率=20dBm−20m×7dB/100m=18.6dBm

表 3.9 为馈线损耗值的参考指标，表 3.10 为馈线弯曲半径的相关参考指标。

表 3.9　　馈线在不同频率时的百米损耗参考指标　　单位：dB

频率/MHz	1/2in 馈线	7/8in 馈线	15/8in 馈线
800	6.5	3.6	2.1
900	7	4	2.4
1800	10	5.6	3.5
2000	10.5	6	3.6
2200	11.2	6.7	3.8

表 3.10　　馈线弯曲半径相关参考指标　　单位：mm

馈线类型	1/2in 馈线	7/8in 馈线	15/8in 馈线
单次弯曲半径	80	140	280
多次弯曲半径	125	250	500

3.3.8　接头

馈线接头又叫连接器（俗称接头），其作用是馈线不够长，需要延长馈线长度时使用接头进行连接；或者当馈线要连接设备时，通过接头进行转换连接；或者不同尺寸的馈线通过接头进行转换连接。通常，馈线与设备以及不同类型线缆之间一般多采用可拆卸的射频连接器进行连接。此外，转接器又叫转接头，在通信传输系统中还可用于连接器与连接器之间的连接，对连接器起转接作用。常用的接头类型有 N 型、DIN 型、SMA 型、BNC 型等。图 3.18 为几种接头的实物示例图。

SMA 型接头　N 型接头（直式　公型）　N 型接头（弯式　公型）

DIN 型接头（直式　母型）　DIN 型接头（直式　公型）　BNC 型接头

图 3.18　接头实物示例图

接头有公母之分。公头用字母 M（Male 的缩写）或者 J 表示，内芯是“针”。母头用字母 F（Female 的缩写）或者 K 表示，内芯是“孔”。弯头用 A 或者 W 表示。在进行表示时，射频同轴连接器标准规定使用 M、F、A 表示接头的公头、母头及弯头，而 J、K 及 W 是传统表示方法，非国家标准。图 3.19 为接头命名规则，表 3.11 为接头命名代号含义。

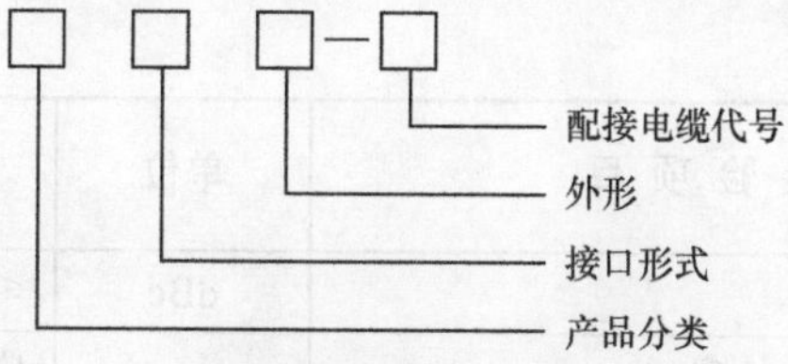

图 3.19 接头命名示意图

表 3.11 接头命名代号含义

产品分类		接口型式		外形	
代号	含义	代号	含义	代号	含义
N	3/7 型	M	插针	省略	直头
				A	直角弯头
		F	插孔	省略	直头
				A	直角弯头
7/16	7/16 型	M	插针	省略	直头
				A	直角弯头
		F	插孔	省略	直头
				A	直角弯头

当产品分类为 7/16 型、接口型式为插针、配接代号为 22（1/2in 馈线的标准代号）的电缆、外形为直头的射频同轴连接器标记为：7/16M-22YD/T1967-2009（常规的表示即可为：7/16M-1/2in。

通常而言，在室分系统中接头的损耗一般忽略不计，即接头的损耗取值为 0。表 3.12 为接头相关参数的参考指标。

表 3.12 馈线接头性能参数指标示例

序号	检验项目		单位	N 型要求	DIN 型要求
1	接触电阻	内导体	MΩ	≤1.0	≤0.4
		外导体		≤0.25	≤0.2
2	绝缘电阻		MΩ	≥5000	≥5000
3	内外导体间耐压（2500V,AC,1min）		—	应无击穿和闪络现象	应无击穿和闪络现象
4	★电压驻波比	800～1000MHz		≤1.12	≤1.12
		1700～2500MHz		≤1.12	≤1.12
5	插入损耗	900MHz	dB	≤0.10	≤0.08
		2000MHz		≤0.15	≤0.12

续表

序号	检验项目			单位	N型要求	DIN型要求
6	★三阶互调			dBc	≤-155	≤-155
7	高温试验(85±2)℃，保持50h恢复2h	外观		—	应无损伤	应无损伤
		绝缘电阻		MΩ	≥5000	≥5000
		内外导体间耐压（2500V,AC,1min）		—	应无击穿和闪络现象	应无击穿和闪络现象
		电压驻波比	800～1000MHz	—	≤1.12	≤1.12
			1700～2200MHz		≤1.12	≤1.12
8	低温试验(-40±2)℃，保持20h恢复2h	外观		—	应无损伤	应无损伤
		绝缘电阻		MΩ	≥5000	≥5000
		内外导体间耐压（2500V,AC,1min）		—	应无击穿和闪络现象	应无击穿和闪络现象
		电压驻波比	800～1000MHz	—	≤1.12	≤1.12
			1700～2200MHz		≤1.12	≤1.12
9	盐雾试验（5%浓度NaCl溶液，35℃，48h）			—	应无腐蚀现象	应无腐蚀现象
10	机械持久性（插拔500次）	外观		—	导体基体材料应不外露	导体基体材料应不外露
		绝缘电阻		MΩ	≥5000	≥5000
		内外导体间耐压（2500V, AC,1min）		—	应无击穿和闪络现象	应无击穿和闪络现象

3.4 室内分布系统有源器件

相比于种类繁多的室分无源器件而言，室分系统的有源器件相对较少。目前，常见且使用较多的室分有源器件有POI和干放。

3.4.1 POI

POI 运用频段合路器与电桥合路器，将接入的多种业务（包括 CDMA800、GSM900、GSM1800、PHS1900、3G 等）进行信号的合路与分路，并将合分路后的信号引入天馈分布系统，以达到充分利用资源、节省投资的目的，如图 3.20 所示。POI 的功能特点如下。

① 实现多系统信号输入输出功率检测、多系统信号输出驻波检测等；

② 实现不同应用场景下载波以及小区的合理分配和灵活组合；
③ 基站端和天馈端间的无源连接和变换；
④ 贯彻和落实系统“无源最大化”概念的重要手段和必要措施；
⑤ 设备的一体化安装，避免二次进场导致与业主方的反复协调；
⑥ 避免重复走线，重复建设，节省网络建设投入，符合节能减排原则；
⑦ 频段的合理规划和设计，有效降低下行频段对相邻制式上行频段的干扰；
⑧ 实现多种监控方式，实现多设备监控方式。

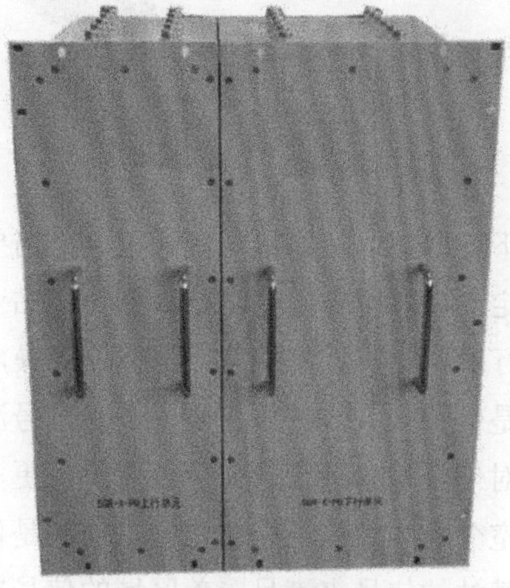

图 3.20 POI 示例图

另外，对于 POI 而言，分为上下行分缆 POI 和上下行合缆 POI。其中上下行分缆 POI 是将上下行路由分开（4G 不分），从而加大系统间隔离度，降低三阶互调干扰，当采用双通道分布系统的天馈线路由建设时，建议采用此种方式进行覆盖。对于上下行合缆 POI，该种 POI 是将所有网络制式的上下行路由集中在一路输出，适合于采用单通道分布系统的天馈线路由建设，达到节约分布系统成本的目的。但是，上下行合缆的 POI 在隔离度上不如上下行分缆的 POI。

3.4.2 干放

干放，是“干线放大器”的简称，如图 3.21 所示。干线放大器的作用是补偿信号在功率分配以及进行长距离传输时的损耗，由于干线放大器类同直放站，它的引入可能使基站接收底噪明显提高，会引起上行覆盖半径减小。调测时应调整上行增益，并计算此噪声经有效路径损耗到达基站接收机的噪声功率是否控制在容忍范围以内，以便控制住上行噪声，减少基站的噪声干扰。

图 3.21　干放示意图

在干线放大器的上下行增益以及输出功率配置上，需要根据施主基站的业务信号配置、基站类型来确定，以预留合适的功率，避免基站业务信道满功率时使功放饱和；同时必须保证上行增益比下行增益低，降低上行噪声对施主基站的影响。

放大器的共同功能是信号放大。干放主要用于当信号源的输出功率无法满足较远区域的覆盖需求时，对信号功率进行放大，以便覆盖更多的区域。干放和直放站最大的区别是两者处在室分系统中的不同位置。直放站是作为信源使用的，处在室分系统的源头，靠放大基站的信号来满足覆盖区域的信号覆盖要求。而干放则是用于室分系统干线上的信号增强，直接耦合信源的功率进行放大，以便达到对覆盖区域的信号覆盖要求。

干放是一个二端口的有源器件（一个输入端口、一个输出端口），其主要由双工器、低噪放、功放、电源、监控等组成。对于干放增益的计算而言，当干放的输出功率为 P_{out}(mW)，输入功率为 P_{in}(mW)，那么 $G(\text{dB}) = 10\lg\frac{P_{out}(\text{mW})}{P_{in}(\text{mW})}$；当输出功率为 P_{out}(dBm)，输入功率为 P_{in}(dBm)，则 $G(\text{dB}) = P_{out}(\text{dBm}) - P_{in}(\text{dBm})$。

3.5　室内分布系统天线

天线是将传输线中的电磁能转化成自由空间的电磁波或将空间电磁波转化成传输线中的电磁能的装置。对于天线而言，主要的指标有增益、波瓣宽度、前后比、极化方向以及驻波比。

（1）增益：是指无线电波通过天线后传播效果改善的程度。天线增益一般用 dBi 和 dBd 两种单位表示。一般全向天线增益为 3dBi 左右，板状定向天线增益范围在 4～18dBi。其中 dBi 用于表示天线的最大辐射方向的场强相对于点辐射源在同一地方的辐射场强的大小。点辐射源是全向的，它的辐射是以球面的方式向外扩散，没有辐射信号的集中能力，可以认为其增益为0dBi。天线的辐射是有方向性的，同样的信号功率在天线的最大辐射方向的空间某一点，肯定比点辐射信源在空间某一点的场强大。而dBd用于表示天线的最大辐射方向的场强相对于偶极子辐射源在同一地方的辐射场强的大小。偶极子辐射不是全向的。它对辐射的能量有一定的集中能力，在最大辐射方向上的辐射能力比点辐射源大2.15dB，因此有dBi=dBd+2.15的关系存在。

（2）波瓣宽度：是指天线辐射的主要方向形成的波束张开的角度。波瓣宽度在实际中定义为3dB波瓣宽度，是指信号功率比天线辐射最强方向的功率差3dB的两条线的夹角。一般来说，天线的波瓣宽度越窄，它的方向性越好，辐射的无线电波的传播距离越远，抗干扰能力越强。波瓣宽度也有水平和垂直之分，全向天线的水平波瓣宽度为360°，而定向天线常见3dB水平波瓣带宽有20°、30°、65°、90°、105°、120°、180°等多种。天线的3dB垂直波瓣宽度与天线的增益、3dB水平波瓣宽度会相互影响。在增益不变的情况下，水平波瓣宽度越大，垂直波瓣宽度就越小。一般定向天线的3dB垂直波瓣宽度在10°左右。如果3dB垂直波瓣宽度过窄，会出现“塔下黑”的问题。也就是说，在天线下方会有较多的覆盖盲区，此时需要考虑将3dB波瓣宽度增加一些。

（3）前后比：是指定向天线辐射方向前瓣最大值和辐射的反方向30°内后瓣最大值（背面）电场强度的比值。

（4）极化方向：一般在移动通信系统中有垂直极化、水平极化和45°双极化3种。

（5）驻波比：是指天线输入口的匹配能力，是衡量天线工艺和质量水平的重要标志，一般小于1.5。无论是发射天线还是接收天线，它们总是在一定的频率范围（频带宽带，简称带宽）内工作的，天线的频带宽度有两种不同的定义，一种是指在驻波比（SWR）≤1.5条件下，天线的工作频带宽度；另外一种是指天线增益下降3dB范围内的频带宽度。在移动通信中，通常按前一种定义。一般说来，在工作频带宽度内的各个频率点上，天线性能是有差异的，但这种差异造成的性能下降是可以接受的。

以上的性能指标主要是对天线的电气特性方面进行描述，此外影响天线的指标还包含有工程参数指标和机械特性指标。表3.13为天线的常用指标分类。

表 3.13　　　　天线常用指标分类

类别	指标	类别	指标	类别	指标
机械指标	接口形式	电气指标	频率范围/MHz	工程参数	方向角
	天线尺寸（长）		天线增益/dBi		下倾角
	天线重量/kg		半功率波束宽度		高度
	天线罩材质		前后比/dB		安装位置
	风阻抗		驻波比		
	安装方式		极化方式		
			最大功率/W		
			输入阻抗/Ω		

在室分系统中，常用的天线种类主要有全向吸顶天线、定向吸顶天线、定向壁挂天线、对数周期天线、八木天线等，如图 3.22 所示。

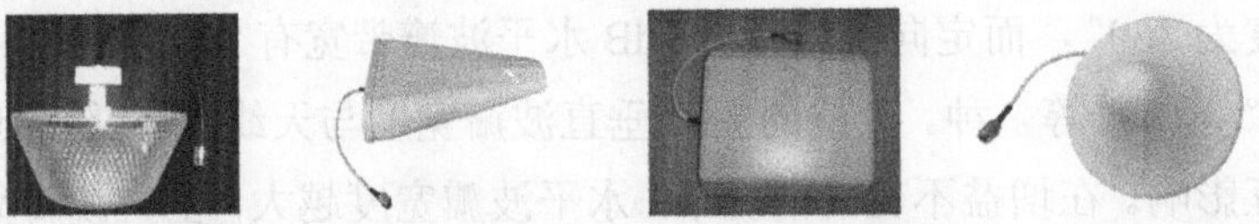

（a）全向吸顶天线　（b）对数周期天线　（c）定向壁挂天线　（d）定向吸顶天线

图 3.22　室分天线分类示例图

3.5.1　全向吸顶天线

全向吸顶天线是指天线的水平波瓣宽度为 360°（垂直波瓣宽度为 65°）。全向吸顶天线一般安装在房间、大厅、走廊等场所的天花板上，其安装位置尽量在天花板的正中间，避免安装在门窗等信号比较容易泄露的地方。全向吸顶天线的增益较小，一般都在 2～5dBi，能量集中的能力低，扩散范围较大。表 3.14 为全向吸顶天线相关参数指标示例。

表 3.14　　　　全向吸顶天线相关参数指标示例

频率范围/MHz	806～960	1710～2690
30°辐射角方向增益/dBi	N/A	≤−6
85°辐射角方向增益/dBi	≥1.5	≥2
V 面增益/dBi	≥1.5	≥3.0
85°辐射角方向图圆度/dB	≤1.0	
电压驻波比	<1.5	
极化方式	垂直	
功率容限/W	50	
三阶互调/(dBm，@2×33dBm)	≤−107	
阻抗/Ω	50	
接口型号	N-F	

3.5.2 定向吸顶天线

室分系统中的定向吸顶天线，其增益比全向天线的增益要高，一般在 3～7dBi。水平波瓣宽度 180°或 95°，垂直波瓣宽度 85°或 55°。定向吸顶天线主要用于低层靠窗边的位置，或者走廊在一边的楼宇。目的是为了防止信号外泄，同时也为了保证目标范围的覆盖。天线安装时注意前方较近区域不能有物体遮挡。定向天线的方向一般标注在天线功率输入端口所在的平面侧。安装的时候注意定向吸顶天线的方向不要装错。表 3.15 为定向吸顶天线相关参数指标示例。

表 3.15　定向吸顶天线相关参数指标示例

频率范围/MHz	806～960	1710～2690
极化方式	垂直	
增益/dBi	3.5±1	5.5±1.5
水平面半功率波束宽度/（°）	180±10	95±10
垂直面半功率波束宽度/（°）	85	55
前后比/dB	≥4	≥6
电压驻波比	≤1.5	
功率容限/W	50	
三阶互调/（dBm，@2×33dBm）	≤-85	
接口型号	N-F	

3.5.3 定向壁挂天线

室分系统中的定向壁挂天线，主要用于比较狭长的室内空间，可以安装在房间、大厅、走廊、电梯等场所的墙壁上。天线安装时前方较近区域内不能有遮挡物。如果在门窗处安装，注意保证天线的方向角不能安装错误。壁挂天线的增益比全向天线的增益高，一般在 6～10dBi。水平波瓣宽度有 90°、65°等，垂直波瓣宽度在 60°左右。表 3.16 为定向壁挂天线相关参数指标示例。

表 3.16　定向壁挂天线相关参数指标示例

频率范围/MHz	806～960	1710～2690
极化方式	垂直	
增益/dBi	6.5±1	7±1
水平面半功率波束宽度/（°）	90±15	75±15
垂直面半功率波束宽度/（°）	85	65
前后比/dB	≥8	≥10
电压驻波比	≤1.5	

续表

频率范围/MHz	806～960	1710～2690
功率容限/W	50	
三阶互调/（dBm，@2×33dBm）	≤-107	
接口型号	N-F	

3.5.4 对数周期天线

室分系统中的对数周期天线，因为方向性较强，主要用于电梯内部的覆盖，天线安装时方向从上向下。对数周期天线的增益一般在 8～10dBi。水平波瓣宽度 70°左右，垂直波瓣宽度 50°左右。表 3.17 所示为对数周期天线相关指标示例。

表 3.17 对数周期天线相关参数指标示例

频率范围/MHz	806～960	1710～2690
极化方式	垂直	
增益/dBi	8.5±1	9.5±1
水平面半功率波束宽度/（°）	75±10	70±15
垂直面半功率波束宽度/（°）	55	50
前后比/dB	≥15	≥16
电压驻波比	≤1.5	
功率容限/W	50	
三阶互调/（dBm，@2×33dBm）	≤-85	
接口型号	N-F	

3.5.5 泄漏电缆

泄漏电缆集信号传输、发射与接收等功能于一体，同时具有同轴电缆和天线的双重作用，特别适合用于覆盖公路、铁路隧道、城市地铁以及其他无线信号传播受限的区域。对于泄漏电缆而言，两个重要的参数是衰减常数和耦合损耗。

（1）衰减常数

衰减常数是考核电磁波在电缆内部所传输能量损失的最重要特性。对于泄漏电缆来说，由于电缆内部少部分能量在外导体附近的外界环境中传播，周边环境会影响泄漏电缆性能，因此衰减性能会受制于外导体槽孔的排列方式。类似于普通同轴电缆，泄漏电缆的纵向衰减也用百米 dB 损耗值来进行度量。

（2）耦合损耗

耦合损耗是描述电缆外部因耦合产生且被外界天线接收的能量大小的指标，其定义是特定距离下，被外界天线接收的能量与电缆中传输的能量之比。由于影响是相互的，也可以用类似的方法分析信号从外界天线向电缆的传输。由于耦合损耗受电缆槽孔形式及外界环境对信号干扰或反射的影响。宽频范围内，辐射越强意味着耦合损耗越低。

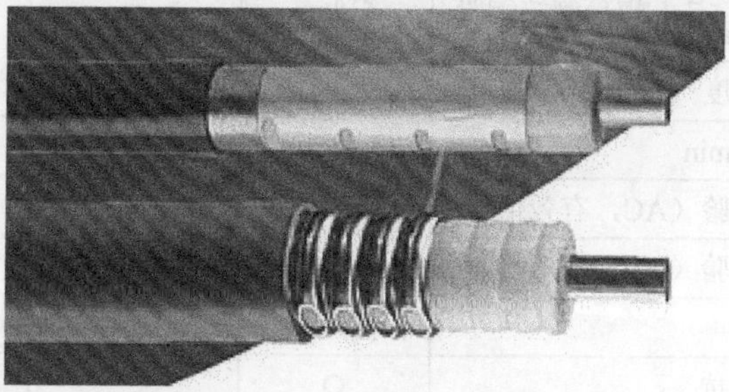

图 3.23　泄漏电缆实物示例图

一般泄漏电缆厂家给出的耦合损耗值都是距离泄漏电缆 2m 远处的耦合值，如果考虑到实际运用中覆盖目标离泄漏电缆为 5～6m，耦合损耗值应加上 5～6dB 的余量。耦合损耗中的覆盖概率是表示测试值中有相应概率的数值会小于该耦合损耗值，若覆盖率为 95%，则表示有 95%的测试值低于当前耦合损耗。大多数情况下，95%覆盖率下的耦合损耗值可用于无线链路设计中，因为它考虑了足够的覆盖程度，只有 5%接收不到。

泄漏电缆通常有两种分类，分别是耦合型泄漏电缆和辐射型泄漏电缆。

（1）耦合型泄漏电缆

耦合型电缆结构形式较为多样。例如，在外导体上开一条长条形槽，或开一组间距远远小于工作波长的小孔，抑或在外导体两侧开孔。

电缆内部电磁场通过外导体上的小孔衍射激发电缆外部电磁场，电流沿外导体外部传输，电缆如同一个可移动的长天线向外辐射电磁波。因此，耦合型电缆也相当于一根长电子天线。

耦合型泄漏电缆的电磁能量以同心圆的形式紧密分布在电缆周围，并随距离的增加迅速减少，所以这种模式也被称为“表面电磁波”。这种模式的电磁波主要分布在电缆周围，但也有少量因附近随机存在的障碍物和间断点（如夹钳、墙壁等）而被衍射，如同一部分能量沿径向随机衍射。

（2）辐射型泄漏电缆

辐射型电缆的电磁场是由电缆外导体上周期性排列的槽孔产生的，所有的槽孔都符合相位迭加原理，只有当槽孔排列恰当并且在特定的辐射频率段时，才会出现此模式，也只有在很窄的频段下，才有低的耦合损耗。高于或低于此频率，耦合损耗都会增加。因此，相对于耦合型泄漏电缆，辐射型泄漏电缆属于“窄带”。

表 3.18 为泄漏电缆相关参数指标示例。

表 3.18　　泄漏电缆相关参数指标示例

序号	项　　目		单位	频率	规格代号
					42
1	内导体直流电阻 20℃，max	螺旋皱纹铜管	Ω/km	—	1.5
2	绝缘介电强度（DC，1min）		V		15000
3	绝缘电阻，min		MΩ・km		10000
4	护套火花试验（AC，有效值）		V		10000
	护套火花试验（DC）		V		15000
5	电容		pF/km		75
6	平均特性阻抗		Ω		50±2
7	纵向衰减常数，20℃，max		dB/100m	900	3.1
				1800	4.6
				2000	5.0
				2200	5.3
				2400	5.6
				2600	
				3000	—
				3500	
8	耦合损耗(50%/95%)，2m		dB ±10dB	900	78/88
				1800	79/89
				2000	78/89
				2200	79/89
				2400	81/88
				2600	
				3000	—
				3500	—
9	电压驻波比，max			820～960	1.25
				1700～1860	
				1900～2050	1.3
				2100～2200	
				2300～2500	
				2500～2700	
				3400～3550	—
10	传输相对速率		%	30～200	88

另外，使用泄漏电缆的分布系统作为一类特殊的室内分布系统通常多应用在隧道、地铁等无线传播严重受限的区域。在隧道内无线环境较好，一般不会有干扰，

但要注意防止在地铁或隧道出口处与现网的频率产生干扰。特别是对于大区制拓扑结构的泄漏电缆分布系统，地铁可能穿越整座城市，在城区的很多地方有出口，要仔细规划，防止对现网造成干扰，影响网络质量。同时注意泄漏电缆是宽带系统，其分布系统里常包含多个运营商、多种不同通信制式、多个频段的信号，在进行泄漏电缆分布系统频率规划时，要仔细考虑，避免泄漏电缆内产生频率交调，不仅要防止同种通信制式频率之间的交调，而且还要考虑交调对不同通信体制信号的干扰。

参考文献

[1] Tolstrup M. Indoor Radio Planning: A Practical Guide for GSM, DCS, UMTS, HSPA and LTE [M]，2nd ed. Wiley，2011.

[2] 吴为. 无线室内分布系统实战必读[M]. 北京：机械工业出版社，2012.

[3] 高泽华，高峰，林海涛，等. 室内分布系统规划与设计——GSM/TD-SCDMA/TD-LTE/ WLAN [M]. 北京：人民邮电出版社，2013.

[4] 广州杰赛通信规划设计院. 室分系统技术研讨材料（广州杰赛通信规划设计院内部材料）. 2014.

[5] 李军. 移动通信室内分布系统规划、优化与实践[M]. 北京：机械工业出版社，2014.

第4章 室内分布系统规划设计

室内分布系统作为室内无线信号覆盖的主要解决方案，其方案从规划到设计都有完整、科学的理论和实践依据。本章节全面阐述了室内分布系统方案设计的全过程规划设计。首先分析了室内分布系统方案的设计原则和工作流程，而后分别从信源选取、容量设计、无线传播理论、天馈规划布局、信号切换、室分小区规划以及室分电源设计等方面对整体的规划设计进行了分类探讨。最后，还就当前室分规划设计中常用的先进仿真计算工具进行了介绍。

4.1 室内分布系统设计总体原则

对于室内分布系统而言，合格的系统设计方案需满足两方面要求：一是分布系统能在通道上满足各制式系统在目标覆盖区域内信号的均匀分布；二是信源方案能在功率上和容量上满足目标区域的通信业务需求。

4.1.1 工程设计原则

在遵循总体设计原则的情况下，对于实际的工程设计而言，通常会细化到以下要求。

① 室内分布系统工程设计中要包括：信号源、信号分布系统两部分。

② 室内分布系统设计应满足服务区的覆盖质量和用户容量的需求，并考虑室内、室外网络的协同发展。需根据用户预测结果对基站进行配置，并随着用户的发展及时增加基站配置或增加基站小区，必要时还需调整室分结构，以满足室内的容量需求。

③ 室内分布系统应具有良好的兼容性和可扩展性。对于新建室内分布系统和原有室内分布系统改造，必须满足各制式移动网络业务发展需求。

④ 室内分布系统工程设计中需尽量减少或控制信号的外泄，避免与室外信号的过多切换，减少对室外基站的影响。

⑤ 室分系统所采用的器件要求能实现互联，以利于择优选型及统一维护。

⑥ 室内分布系统应做到结构简单，工程实施容易，不影响目标建筑物原有的结构和装修。

⑦ 室内分布系统拓扑结构应易于迭加与组合，方便后续维护调整。

⑧ 重点建筑物室内覆盖应提供备电机制，保障室内网络安全，减少掉电退服事件的发生。

⑨ 贯彻资源共享与节能减排的相关要求，工程建设方案要求达到工业和信息化部及共建共享要求。

⑩ 室内分布系统的设计必须贯彻通信技术政策和通信行业的技术政策、技术体制以及有关标准、规范的规定。

⑪ 满足国家有关环保要求，电磁辐射值满足国家标准 GB 8702-88《电磁辐射防护规定》，采用的设备与材料及产生的物质对环境无污染，所用设备应达到环保部门对噪音的指标要求。

4.1.2 各制式网络技术指标

为保障优质的室内分布系统设计，提升全网范围内的室内用户感知体验，通常要求室分系统的规划设计工程师充分掌握电信运营商的各种网络制式技术指标，以保证实际设计过程中系统的科学合理性以及实操可用性。

4.1.2.1 中国移动网络性能要求

1. GSM 网络性能要求

（1）工作频段

① 中国移动 GSM900 使用频率为 890～909MHz（上行）、935～954MHz（下行），频道号为 1～95；相邻频道间隔为 200kHz，双工收发频率间隔为 45MHz。

② 中国移动 GSM1800 使用频率为 1710～1735MHz（上行）、1805～1830MHz（下行）；相邻频道间隔为 200kHz，双工收发频率间隔为 95 MHz。

（2）设计指标

① 移动用户的忙时话务量：0.025Erl。

② 室内边缘场强要求：一般区域不小于−75dBm，封闭区域不小于−80dBm；切换区室内、室外信号覆盖要求人行出入口（交界区大于 10m）不小于−85dBm，车辆出入口（交界区大于 35m）不小于−80dBm；

③ 接通率：90%位置，99%的时间可接入、95%的设计区域占用室内信道。

④ 话音质量：97%的区域 RxQual 为 0～3 级。

⑤ 泄漏：室外 10～15m 处，室内泄漏信号低于室外信号 15dB；室内信号泄漏

到室外道路的电平低于−90dBm；室内区域室内信号强于室外穿透信号 10dB。

⑥ 同频干扰保护比：C/I≥12dB（不开跳频）；C/I≥9dB（开跳频）。

⑦ 邻频干扰保护比：200kHz 邻频干扰保护比为 C/I≥−6dB；400kHz 邻频干扰保护比为 C/I≥−41dB。

2．TD-SCDMA 网络性能要求

① TD-SCDMA 支持 1880～1920MHz、2010～2025MHz、2300～2400MHz 三个频段。

② 可实现 CS64K 业务的连续覆盖，覆盖率达到 95%以上。

③ 覆盖区内无线可通率要求是移动台在无线覆盖区内 90%的位置，99%的时间可接入网络。

④ 无线信道呼损率在市区不高于 2%。

⑤ 块差错率目标值（BLER Target）为话音 1%，CS64K 为 0.1%～1%，PS 数据为 5%～10%。

⑥ 一般要求室内分布无线覆盖的接收信号码功率（Received Signal Code Power）满足边缘场强为 PCCPCH RSCP≥−85dBm，PCCPCH C/I≥−3dB。

⑦ 室内信号的外泄电平，在室外 10m 处的 PCCPCH RSCP≤−95dBm 或者室内外泄的 RSCP 比室外宏站最强的 RSCP 低 10dB。

⑧ 室内天线最大发射总功率≤15dBm。

⑨ PCCPCH 信道天线输出口功率≤10dBm。

3．TD-LTE 网络性能要求

（1）覆盖指标要求

要求在建设室内覆盖的区域内满足参考信号接收功率 RSRP（Reference Signal Receiving Power）>−105dBm 的概率大于 90%；室内覆盖信号应尽可能少地泄漏到室外，在室外距离建筑物外墙 10m 处，室内信号泄漏强度应小于室外覆盖信号 10dB 以上。

（2）业务质量指标

① 无线接通率：基本目标>95%，挑战目标>97%；

② 掉线率：基本目标<4%，挑战目标<2%；

③ 系统内切换成功率：基本目标>95%，挑战目标>97%。

（3）服务质量

① 覆盖区内无线可通率要求在 90%位置内，99%的时间移动台可接入网络；

② 数据业务的块差错率目标值（BLER Target）为 10%。

（4）承载速率目标

在室内分布支持 MIMO 的情况下，室内单小区采用 20MHz 组网时，要求单小区平均吞吐量满足上行网速为 30Mbit/s，下行网速为 8Mbit/s；采用单小区 10MHz、双频点异频组网时，要求单小区平均吞吐量满足上行网速为 15Mbit/s，下行网速为 4Mit/s。

4.1.2.2　中国联通网络性能要求

1．GSM 网络性能要求

（1）工作频段

① 中国联通 GSM900 使用 909～915MHz（上行），954～960MHz（下行），频道号为 96～124；相邻频道间隔为 200kHz，双工收发频率间隔为 45MHz。

② 中国联通 GSM1800 使用 1735～1755MHz（上行），1830～1850MHz（下行），频道号为 636～736（其中 636 号和 736 号频点为隔离频点）；相邻频道间隔为 200kHz，双工收发频率间隔为 95MHz。

（2）设计指标

① 移动用户的忙时话务量为 0.02Erl。

② 无线信道的呼损率取定为 2%。

③ 干扰保护比

同频干扰保护比：C/I≥12dB（不开跳频）；C/I≥9dB（开跳频）。

邻频干扰保护比：C/I≥−6dB（200kHz）；C/I≥−38dB（400kHz）。

④ 无线覆盖区内可接通率：与 WCDMA 技术标准相同。

⑤ 无线覆盖边缘场强

VIP 楼宇：边缘接收场强≥−80dBm（−90～−80dBm 的稍弱覆盖点比例应在 10%以下，<−90dBm 的弱覆盖点比例应在 5%以下，且不能在公共区域连续出现）。

一般楼宇：边缘接收场强≥−83dBm（−90～−83dBm 的稍弱覆盖点比例应在 20%以下，<−90dBm 的弱覆盖点比例应在 5%以下，且不能在公共区域连续出现）。

⑥ 话音质量要求 95%的区域 RxQual 为 0～3 级。

⑦ 在基站接收端位置收到的上行噪声电平小于−120dBm。

⑧ 室内天线的天线口发射功率须小于 15dBm/载波。

⑨ 覆盖区与周围各小区之间有良好的无间断切换。

⑩ 泄漏要求信号强度低于−90dBm，或者小于室外主服务小区信号强度 10dB 以上。

2．WCDMA 网络性能要求

建设 WCDMA 网络制式的室内覆盖系统时，室内区域应达到以下性能要求。

（1）频率

中国联通使用频段为 1940～1955MHz（上行），2130～2145MHz（下行）。

（2）技术指标

① 无线覆盖区内可接通率。

要求在无线覆盖区内 96%的位置，99%的时间移动台可接入网络；电梯按重要区域标准进行覆盖，重要楼宇房间内实现全覆盖，卫生间、楼梯可增加布点强化覆盖效果。

② 场强。

以无线覆盖边缘导频（CPICH）功率场强（50%负载下）为标准：

- 地上楼层、电梯、公共卫生间的导频功率≥−80dBm，导频 Ec/Io≥−8dB；
- 地下室（带公共活动区）、停车场的导频功率≥−83dBm，导频 Ec/Io≥−8dB；
- 地下室（非活动区）的导频功率≥−86dBm，导频 Ec/Io≥−8dB；

③ 通话效果。

- 对于 12.2kbit/s 的语音业务，块差错率（BLER）≤0.5%；
- 对于 64kbit/s 的 CS 数据业务，BLER≤0.1%；
- 对于 PS 数据业务，BLER≤5%；
- 覆盖区域内通话应清晰，无断续、回声等现象。

④ 移动台发射功率。

室内 96%区域内语音业务达到移动台发射功率 Tx≤−10dBm。

⑤ 天线端口的最大发射功率。

室内天线最大发射总功率≤15dBm。

⑥ 泄漏。

WCDMA 室外信号导频 RSCP 应低于−90dBm，或者小于室外主导频 RSCP 至少在 10dB 以上。

3. FDD LTE 网络性能要求

（1）工作频段

联通 FDD LTE1800 系统频段为 1755～1765MHz（上行），1850～1860MHz（下行）。

（2）FDD LTE 公共参考信号覆盖场强 RSRP 标准

① 90%区域的 RSRP 功率≥−100dBm，RS-SINR≥5dB（单通道）/ RS-SINR≥6dB（双通道），适用于会议室、酒店客房等中高速数据密集的区域。

② 90%区域的 RSRP 功率≥−105dBm，RS-SINR≥3dB（单通道）/ RS-SINR≥4dB（双通道），适用于办公室等数据速率要求不高（含可视电话）的区域。

③ 90%区域的 RSRP 功率≥−110dBm，RS-SINR≥1dB（单通道）/ RS-SINR≥2dB（双通道），适用于电梯、地下停车场等与原系统合路兼顾覆盖的区域。

（3）室内分布系统信号的外泄要求

室内覆盖信号应尽可能少地泄漏到室外，要求室外 10m 处应满足 RSRP≤−115dBm 或室内小区外泄的 RSRP 比室外主小区的 RSRP 低 10dB（当建筑物距离道路不足 10m 时，以道路靠建筑物一侧作为参考点）。

（4）天线口最大功率

LTE 系统要求每通道天线口最大功率不超过 15dBm；对应到参考信号，其最大功率不超过−15dBm。

（5）链路平衡度

对于 LTE 双通道建设方式，应保证 LTE 两条链路的功率平衡，链路不平衡度（功率差）不超过 3dB，以保证 LTE 的 MIMO 性能。

4.1.2.3　中国电信网络性能要求

1．CDMA800/CDMA2000 网络性能要求

（1）工作频段

① CDMA800 频段：825～835MHz（上行），870～880MHz（下行）。

② CDMA2000 频段：1920～1935MHz（上行），2110～2125MHz（下行）。

（2）覆盖电平

① 标准层和裙楼，95%以上的位置≥−82dBm。

② 地下层和电梯，95%以上的位置≥−87dBm。

（3）信噪比

① 标准层和裙楼，95%以上的位置要求导频 Ec/Io≥−8dB。

② 地下层和电梯，95%以上的位置要求导频 Ec/Io≥−7dB。

（4）接通率

98%的位置，99%的时间可接入。

（5）掉话率

① ＜1%（以蜂窝基站为信号源）。

② ＜2%（以直放站为信号源）。

（6）话音质量

① 95%以上的位置，FER＜1%（以蜂窝基站为信号源）。

② 90%以上的位置，FER＜1%（以直放站为信号源）。

③ MOS 值≥4 级。

（7）闲时室分系统对信号源基站低噪的抬升<3dB

（8）切换成功率

① 覆盖区与周围各小区之间有良好的无间断切换。

② 室内外小区和室内各小区之间的切换成功率>95%。

（9）信号外泄

室外 10m 处，室内泄漏信号强度不高于−90dBm，且室内导频不能作为主导频。

2．FDD LTE 网络性能要求

（1）工作频段

① 电信 FDD LTE1800：1765～1785MHz（上行），1860～1880MHz（下行）。

② 电信 FDD LTE2100：1920～1940MHz（上行），2110～2130MHz（下行）。

（2）室内分布系统信号的外泄要求

室内覆盖信号应尽可能少地泄漏到室外，要求室外 10m 处应满足 RSRP≤−115dBm 或室内小区外泄的 RSRP 比室外主小区的 RSRP 低 10dB（当建筑物距离道路不足 10m 时，以道路靠建筑物一侧作为参考点）。

（3）天线口最大功率

LTE 系统要求每通道天线口最大功率不超过 15dBm，对应到参考信号最大功率不超过−15dBm。

（4）链路平衡度

对于 LTE 双通道建设方式，应保证 LTE 两条链路的功率平衡，链路不平衡度（功率差）不超过 3dB，以保证 LTE 的 MIMO 性能。

4.2 室内分布系统设计总体流程

室内分布系统的目标选取需符合移动通信网络的发展需求，在方案建设时需满足目标区域的覆盖、容量需求，以充分吸收室内通信业务，达到目标区域覆盖要求。室内分布系统建设原则要结合建设需求方市场发展需求和建设方建设指导意见确定，由规划设计单位编制室内覆盖工程可行性研究报告和设计文件，细化当期工程设计目标，提供信源规划、覆盖规划及覆盖目标筛选原则，指导室内覆盖工程的建设实施。建设单位组织室内覆盖需求方、设计单位、集成单位等，通过网络的摸查、投诉资料的分析、实地勘测调研等工作，筛选确定室内分布系统建设的覆盖目标。

对于目标覆盖场所，在实际施工建设前进行科学合理的室分系统规划设计有助于提升覆盖目标建筑内的通信质量、有效吸收室内话务量和数据流量。同时促进室内环境的深度覆盖，大面积地消除室内信号盲区，并且通过分担室外宏站话务量及数据流量缓解室外站的负担。从总体上平衡了室内外的通信负荷，降低了网络干扰，提高了整体的网络性能和通信承载。

就整体的系统设计流程而言，通常遵循的顺序是按初期的物业协调、协调后的初勘、初审、精勘与方案设计、方案评审这几个主要环节来开展设计工作，在方案实施过程中可能还会涉及设计环节的变更，其总体的工作流程如图 4.1 所示。

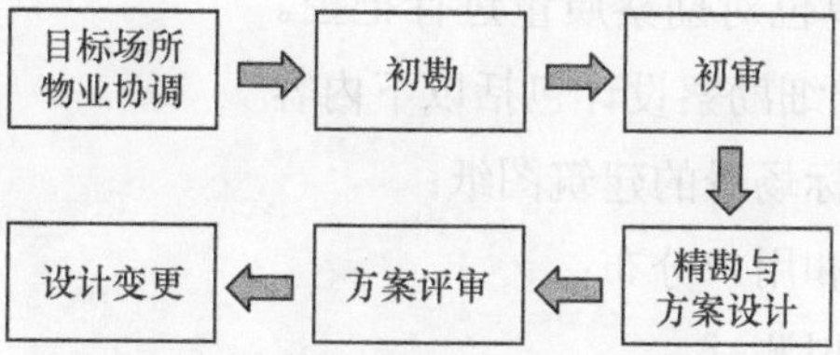

图 4.1　室内分布系统设计流程图

室内分布系统的建设受物业协调影响较大，同时与建设单位、设计单位和室分集成单位的能力水平及分工模式又紧密相关，所以室内分布系统的设计分工模式宜根据各地具体情况进行确定。

4.2.1　初勘

初勘的主要工作内容是现场收集目标场所的网络覆盖现状、用户分布、需求状况、工程建设与配套条件等信息。并对室内分布系统建设的区域、采用何种类型的室内分布系统及信源等关键问题做出初步判断，目的在于为初审阶段决策是否需要建设室分系统提供基础。

初勘工作由建设单位组织和安排，由设计单位和室分集成单位负责勘察测试。建设单位需提前做好物业协调，设计单位和室分集成单位提前收集有关信息，根据需要可提前完成现有网络测试供初勘时复测验证。为便于初审，初勘时应填写室分初勘记录表，并根据需要以照片等形式辅助记录。

4.2.2　初审

初审的主要工作内容是对初勘信息进行分析，根据建设需求方的需求和室内覆盖工程建设的目标，判断所勘察的场所是否需要建设室内分布系统，确定室内分布系统建设的区域。

初审工作主要由建设单位负责，根据需要组织建设需求方参与，设计单位配合。初审的形式可以采用会签和会议评审等方式。初审的结果应尽快通知室分集成单位和设计单位，如果初审决策结果为建设室内分布系统，应立即开展精勘和方案设计工作。

4.2.3　精勘与方案设计

精勘的主要工作内容是对室内分布系统建设现场进行详细的勘察，结合勘察情况和物业协调情况，确定信源的安装布放、分布式天线和设备器件的安装布放、主干路由的走向等，为了合理确定天线的布设方案，应根据需要选择典型场景开展模拟测试。根据专业分工，精勘内容对于分布系统、信源两个部分有不同的要求，同时还需要监理单位对勘察质量进行把控。

（1）分布系统的详细勘察设计包括以下内容

① 采集、整理目标场景的建筑图纸；

② 了解物业要求和用户分布；

③ 进行必要的模拟测试；

④ 落实天线、分布系统设备器件、馈线的安装设计；

⑤ 编制站点勘测报告和除一些特殊的、重要的、复杂场景外的楼宇的室内分布系统方案设计。

⑥ 根据各地分工情况，一般需要在分布系统精勘时，一并完成建筑物内部（含建筑物附属的室外区域）的传输线布放勘察。

（2）信源的勘察和安装设计包括以下内容

① 根据用户需求和容量预测结果，结合覆盖测算和周边无线环境，确定信源的设备类型。

② 勘察信源设备安装场地，完成信源设备的安装布放设计；对于无线直放站信源，需要同时完成施主天线的安装布放设计。

③ 了解信源设备的安装配套条件，落实信源设备的引电、接地、传输接入方案；根据信源设备要求和现场条件，确定所需的空调、监控等配套方案。

④ 完成信源安装布放施工图设计。

⑤ 负责一些特殊的、重要的、复杂场景外的室内分布系统方案设计，具体的判别标准由各省结合当地情况和室分集成商的实力确定。

（3）勘察的监理要求包括以下内容

设计查勘的监理和监理单位需深入了解现场，检查室内分布系统的查勘结果与现场的一致性，尤其是建筑图纸尺寸的准确性等。

4.2.4 方案评审

方案评审的主要工作内容包括站点勘测报告、室内分布系统方案的审核与修改、信源安装设计方案的审核与修改，并最终定稿。

① 在建设单位组织下，室分建设有关各方对站点勘测报告和室内分布系统方案进行审核，设计审核内容主要包括：方案审核、图纸审核、工程预算审核、工程造价量化指标（元/平方米）以及室内分布系统方案文本检查等。在方案审核时应评估室内分布系统是否能够达到预期覆盖效果或解决网络问题，判断技术方案的合理性、可行性、经济性，并在此条件下，达到最大限度地节省建设成本和后续维护成本。

② 方案设计单位在收到审核意见后，应尽快落实和修订，并将修改后的室内分

布系统设计方案再次提交建设单位指定的审核单位。审核单位在审核通过后，在设计方案上签字确认，并连同信源设备安装设计一起交付建设单位会审。

③ 在收到室内分布系统设计方案和信源设备安装设计后，建设单位应组织室分需求方、监理和信源厂家等相关单位，对整体设计方案进行会审。根据会审情况，方案设计单位对设计方案进行必要的修改完善。通过会审后，建设单位将室内分布系统设计方案和信源设备安装设计方案交给施工方开始施工。

④ 监理单位对室内分布系统方案的审核以及修改情况进行监督，并监督施工方是否按照确认的设计方案进行施工。

4.2.5　设计变更

设计变更工作是在设计方案交付施工后，在建设实施过程中遇到物业协调等无法抗拒的原因，导致对原设计方案进行信源类型调整、主干路由改变、天线点位增减等重大变化时需要进行的工作。

① 在设计方案实施过程中，施工方在遇到影响设计方案实施的问题时，应优先通过物业协调等措施减少设计方案变动；在确实无法避免信源类型、主干路由、天线点位数量调整时，应经过与监理单位确认后，进行方案变更设计，并提交设计单位申请设计变更。

② 设计单位在收到施工方的设计变更申请后，对变更后的方案进行核实，并根据变更内容的影响选择安排必要的勘察，设计单位审核通过后再提交建设单位审核，建设单位审核通过后，将变更设计提交施工方和监理单位继续施工，并将变更设计方案交建设单位存档。

③ 监理单位在收到施工方的设计变更申请时，应核实引起变更的原因，判定变更是否必要；监理单位在建设单位审核通过方案变更后，应监督施工方按照变更后的设计方案继续施工。

④ 设计变更工作应主要在遇到影响室内分布系统建成效果的较大问题时选择进行，包括信源类型变更、主干路由调整、天线点位数量变更等；对于不影响室内分布系统建成效果的细微调整（如天线点位少许挪移等），可以不必进行设计变更工作，仅在竣工文件中进行修改和说明。

4.3　室内分布系统勘测设计

工程勘测设计作为总体设计流程中最为关键的阶段，建设单位首先需要结合室分需求方诉求，明确总体建设原则，并在最终确定室分覆盖目标后，安排人员到现场进行接洽协商，在达成建设进场协议后，安排方案设计各方一起到现场开展查勘及方案设计工作。

4.3.1 查勘阶段

在查勘阶段应对站点的情况做充分的了解，测试站点的无线网络环境，并形成查勘报告，从而为科学合理地规划设计以及指导实际施工建设提供必要的现实参考依据和充足的数据支撑。

查勘工作主要基于室内施工条件勘测和无线传播环境勘测。其中施工条件勘测的主要目的是充分了解目标建筑物环境结构，有效地指导相关设备及器件的安装布放。而无线传播环境勘测的目的则在于掌握区域内的一些影响信号覆盖质量以及信号传播等的相关参数，为规划设计提供准确、客观的参考数据。

对于室内施工条件勘测，首先需确认勘测已得到客户和业主的许可。勘测过程中需充分了解勘测点周围的基站分布情况，分析这些站点的分布可能对目标覆盖建筑物产生的影响等。同时需向用户、业主索取建筑的平面图以及相关地形、结构资料（如楼宇层数、高度、面积、功能区分布等），如业主最终无法提供，勘测人员必须自行绘制详尽的平面图或立面图，或者用相机拍摄建筑物的消防走线图。另外，施工条件勘测还需要对建筑物内部情况进行全面的调查，调查的内容通常包含以下内容。

① 内部环境和装修情况，初步确定天线覆盖半径和天线安装位置。

② 天花板上部结构，能否穿线缆，确定馈线布放路由。

③ 弱电井位置和数量、走线位置的空余空间。

④ 电梯间位置和数量，电梯间缆线进出口位置，以及电梯间共井情况、停靠区间、通达楼层高度和用途。

⑤ 机房位置或信源安装位置确定。

⑥ 覆盖系统用电情况的调查。

⑦ 大楼防雷接地、接地网电阻值、接地网位置图、接地点位置图。

进行以上的工作需要勘测人员携带的工具有勘测记录表、记录笔、数码相机、卷尺、测距仪、GPS 定位仪以及指南针等。

对于无线传播环境勘测而言，在室内环境是采用步测的方式进行慢速的沿路测试，如图 4.2 所示。在进行无线环境的测试时，一般要求测试设备距地面 1.5m 左右，对建筑结构不同层每层都需要测试，并给出路测轨迹图。对所选楼层进行扫频测试，各楼层一样的要补充说明。非标准楼层必测，而标准层可以每间隔 5～8 层测一次。在设计文件中要给出路测分析结果和测试的记录文件，提供各种参数的统计占比数据，如表 4.1 所示。通常可进行测试的数据包含有：接收电平值、Ec/Io、BLER、C/I、Cell ID、LAC，以及反映切换情况的乒乓效应区域、相邻小区载频号等，同时对于接通率、掉话率、切换成功率等 KPI 指标也可以进行测试统计。

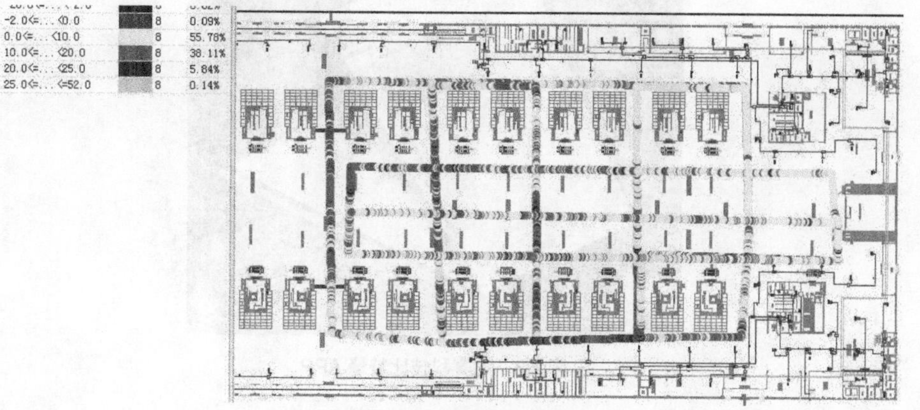

图 4.2　沿路步测示意图

表 4.1　　测试记录数据示例

Field	ReferenceEc/Io			
Threshold	Samples	Percent(%)	Cumulate	Cumulate(%)
[−20, −16)	22	1.01	22	1.01
[−16, −14)	149	6.84	171	7.85
[−14, −12)	584	26.81	755	34.66
[−12, −10)	942	43.25	1697	77.92
[−10, −8)	359	16.48	2056	94.40
[−8, −6)	76	3.49	2132	97.89
[−6, −4)	44	2.02	2176	99.91
≥−4	2	0.09	2178	100.00
Total Samples	2178		Average	−11.254
Max	−3.170		Min	−21.721

得益于当今社会信息化的飞速发展，目前无论是对施工勘测工作还是无线传播环境勘测工作的开展，都通过借助各种信息化的手段在提升工作效率的同时大幅化简了总体工作流程。

现在的勘测工作，通常只要求相关人员携带一部或者多部安装有勘察应用的智能手机即可完成大部分工作。如使用杰赛科技开发的比特蜂移动智能信息采集系统，则可以完成目标覆盖建筑或者室内场景的相关数据采集、拍照记录、录音采集、二维码扫描，以及与无线传播环境勘察相关的信号测试、打点测试、电话拨测、GPS 导航和速率测试等操作。

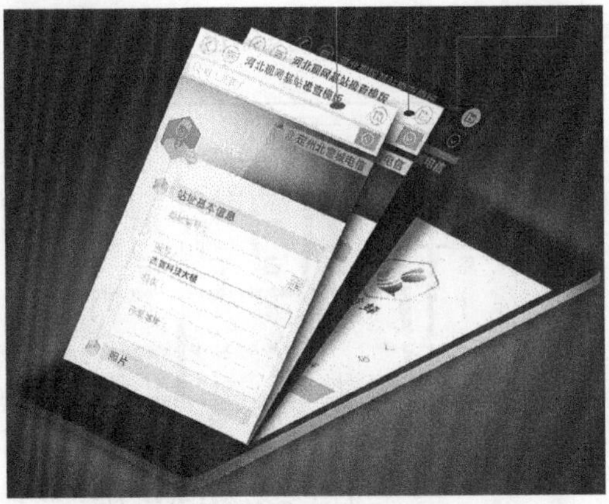

图 4.3　杰赛科技比特蜂 APP

4.3.2　设计阶段

1．设计原则

在查勘阶段完成之后，对于指导后续实际施工的设计阶段而言，遵循科学合理的设计原有助于快速而准确地完成优质设计方案的输出。重点需从以下几个方面进行把握。

① 在规划设计室内分布系统时，为充分考虑实际工程中的造价节省以及施工便利程度，通常进行与原有室内分布系统的合路设计，并多采用无源分布系统。

② 对于大型室内场景，如大型商务楼、酒店等话务需求以及数据需求较大的场所可以设计使用宏蜂窝作为信号源配置。

③ 对于室内覆盖效果不佳但是存在潜在话务需求的建筑，在设计室内分布系统时信号源可以考虑使用微蜂窝或者直放站延伸的方式来解决。如采用无线直放站作为室内分布系统信号源时，设计其施主天线时建议在大楼的中部放置，尽量使其与施主基站等高，以取得较强的稳定信号。如采用微蜂窝作为信号源，设计时应控制好室内外的切换区域，合理控制微蜂窝与宏蜂窝之间话务流量，避免产生乒乓切换。

④ 室内分布系统的无源器件部分的设计应尽量采用宽屏器件以兼容多制式系统合路时的要求，有源部分（如干放等）的设计应考虑满足本期工程的频率要求。考虑到将来的扩容及新技术的合路，无源器件及天馈系列均采用宽频器件，使得在设计时可以预留一定的功率分配余量。

⑤ 建筑物高层区域，如原有信号杂乱，且存在乒乓效应和通话较差的情况，需合理设计室内分布系统进行邻区关系配置和主导小区设置，提升高层区域的网络性能。

⑥ 设计室内分布系统时，需考虑覆盖区域电平的均匀分布，所以通常每副天线端口到信号源的上行信号衰减量要接近，相差值一般不超过 5dB。考虑到高层切换

频繁、上线困难、掉话率高，设计中应尽量做到室内场强均匀，信号强度好。

⑦ 设计室内分布系统时还需考虑到环保问题，要根据实际情况确定天线数量和输出功率。通常会适当增加天线数量，降低每副天线的输出功率，进行多天线小功率的设置。

⑧ 设计室内分布系统时，充分考虑到外来干扰与系统自身的反向噪声相叠加对基站的影响。同时，充分考虑上行链路预算以保证正常通话，分布系统的走线应尽量采用并联方式，从而降低系统的反向噪声。另外，尽量减少干放的使用同样有助于减少噪声。

⑨ 就施工难度而言，应充分考虑实现难度和施工效率，合理安排走线。

⑩ 室内分布系统设计阶段，进一步加强与分布系统集成商、信号源厂家以及基站主设备厂家之间的沟通和协调，保障系统设计时信息的完整和技术的领先。

2. 设计流程

优质室内分布系统的搭建除了需要遵循科学合理的设计建设原则外，同时还必须有一条清晰明确的流程作为整体规划设计的指导主线。首先是在得到相关许可的条件下对目标覆盖场景进行实地勘测，对勘测现场进行全方位的数据信息采集，如地理、建筑环境、室内位置布局等信息。然后相关设计人员再结合勘测后得到的测试数据进行分析评估，并根据数据反映的客观情况进行适合于目标覆盖场景的室内分布系统的规划设计。

常见的室内分布系统规划设计步骤如图 4.4 所示，总体上可分为信源/分布系统选取、覆盖分区、设备安装布局、天线布放、走线路由、功率分配这几个部分。

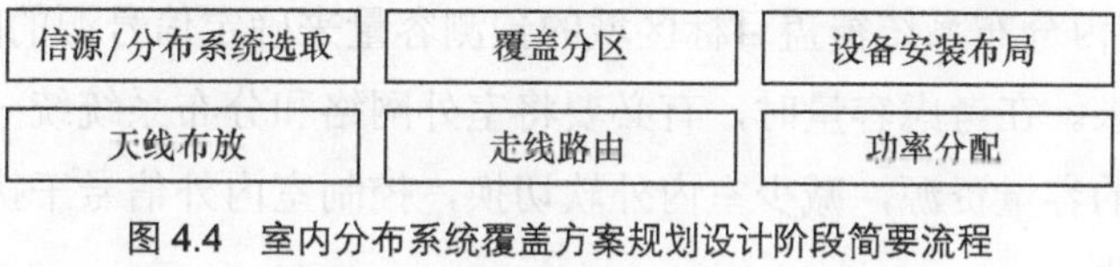

图 4.4　室内分布系统覆盖方案规划设计阶段简要流程

信源/分布系统的规划设计要求根据目标覆盖建筑的大体类型和业务特点，具有针对性地选用性价比合适的信源/分布系统。

覆盖分区是通过对目标区域的容量及覆盖面积进行预测，然后再对覆盖区域的小区分布进行重新规划和布局调整以适应业务的需求，形成如话务分区、优化分区、专网分区等特点鲜明的功能化分区。

设备的安装布局通常直接影响分布系统的走线连接，因此要求设计人员对设备安装的布局进行详细、明确的规划，以保障分布系统走线路由的优化连接和网络系统性能的稳定。

天线布放要求合理规划天线口功率，合理进行天线选型，并结合一些如重点区域天线布放策略、切换区域天线布放策略、干扰区域天线布放策略等手段来尽可能地保障信号覆盖效果以及有效地避免信号泄漏。

走线路由要求在系统规划设计时就与业主进行友好协商，征得同意后，室内覆盖走线的设计可具有多样化选择，如停车场、弱电井、电梯井道、天花板内走线，或小区内自有的走线井走线（可避免与多个其他单位沟通），也可以是小区内预留走线井、路灯电力走线井等。

功率分配的规划设计核心在于无源器件的合理选取以免引起天线口的功率不平衡，同时还需注意馈线长度和类型的选取并正确计算相应的损耗值。

4.4 信源规划设计

信源设计的质量对室内分布系统有非常重要的作用，选取合适的信源是建设优质室分系统的一个必要条件。若要实现对目标建筑的最佳覆盖，在选择信号源时需要综合考虑目标场景的规模大小、结构功能、话务需求、无线资源情况以及周围建筑的高低和紧密度。

4.4.1 信源设计原则

信源的规划设计建议遵循原则，要求有以下几点。

① 根据室分系统天线口输出功率要求，反向确定信源的输出功率。为了应对系统后期可能的合路或者扩容改造，在最初设计和确定信源功率时需要对功率进行一定预留。

② 根据室内分布系统覆盖目标区域的预测容量来确定信号源的配置或种类，以满足容量的需求。在考虑容量时，有必要将室外网络和分布系统统一进行分析，合理分配室内外的容量资源，减少室内外软切换，控制室内外信号干扰，使整体网络容量获得最大化。

③ 信源的选取需考虑室内分布系统对整体网络环境的影响，严格控制室内分布系统信号向室外的泄漏，使室内分布系统与整体网络环境相互协调，从而获得良好的网络质量。

④ 信源的选取需综合分析信源的配套设施、电源设备、传输线路等需求，从而优化资源配置，节省工程投资。同时还要考虑将室内分布系统的电磁辐射水平控制在标准范围内，以达到环境保护的要求。对于居民区内建设的站点，信源噪声需符合有关要求。

4.4.2　信源选取分析

对于现阶段的室分系统信源而言，主要可分为一次信源和二次信源。一次信源是直接来自于基站的信号源，而二次信源则主要是指直放站从基站端衍生出来的信号源。一次信源的信号来自于核心网络，通常就是指其中的宏蜂窝基站、微蜂窝基站，以及 BBU+RRU 拉远分布式基站所提供的信号源。相比较而言，二次信源则是直放站中继放大后的信号，其来源可以是不同类型的直放站，如无线直放站、光纤直放站、模拟直放站、数字直放站、微型直放站、常规直放站等；其主要作用是增强射频信号功率，实现完整覆盖。表 4.2 为几种信源的特点及其应用场景的对比。

表 4.2　信源特点及应用场景对比

信源	优　点	缺　点	场 景 应 用
宏蜂窝信源	成本相对较低，施工便捷，性能稳定，扩容快捷	室内覆盖效果难以保障，对电气环境及机房要求较高，室外盲区无法完全克服，存在导频污染	可适用于人流量大、话务量相对较高的大型场景区域
微蜂窝信源	信号相对稳定，可适当增加室内场景容量，对于供电等环境要求不高	难以保障室内信号均匀，需频率规划和传输系统，建设成本高且长期长，网优工作量大	可适用于绝大数人口密度和话务量都适中的室内区域
直放站	成本低，灵活布放，安装要求不高	可能引起传输时延和影响信号质量	可适用于覆盖电梯、地下室等
BBU+RRU	安装灵活便捷，支持系统容量的动态分配	需详细核算基带的承受处理能力，增加易损坏的光电单元和供电设备，建设成本较高	可灵活适用于各种室内场景的覆盖需求

对于当前流行的 BBU+RRU 组合的射频拉远技术而言，其工作核心是通过传输损耗较小的光纤，将信源信号从近端单元传输到远端单元。近端单元作为射频控制部分，远端单元则作为射频拉远部分。近端单元通常可以集中放置在运营商机房等地，而远端单元则通常安放在目标覆盖区内或者附近，以便安装分布系统的天馈线等。近些年，随着拉远型设备的广泛使用，这种方式因其组网灵活、覆盖面积广、安装简便等特点，已在各种场景的建设中获得大规模的应用。因此，相对于其他的信源方式，室内分布系统原则上首先考虑分布式的 BBU+RRU 组网方式。同时，随着未来产业链的成熟，在少数区域还可以采用 Home eNode B、Pico RRU 等新型的信源产品。另外，通过对 RRU 的具体使用情况进行分析可知，RRU 在应用灵活性及组网特性上具有以下优势。

① RRU 双通道：双通道 RRU 在室内覆盖应用中能够实现 MIMO 模式，同时具有功率大、安装灵活的特点，在室内覆盖建设中多数场景建议采用双通道 RRU。

② RRU 分裂：在使用灵活性方面，利用 RRU 的双通道特性，RRU 不仅可以采用两个通道同时覆盖一个区域形成 MIMO，还可以采用两个通道分别覆盖不同的

区域。对于峰值速率要求不高的场景，此种方式可以最大限度地提升 RRU 的容量，节约投资，同时可以在室内不同环境下灵活组网。

③ 小区合并：小区合并是将多个（通常为相邻的）逻辑小区合并为一个逻辑小区。RRU 使用小区合并技术，在有效扩大单小区覆盖范围的同时，可以减少切换和重选次数，减少频繁切换引起的掉话。理论上，小区合并能够根据实际应用场景及其对应的业务密度进行更为灵活的小区覆盖分布，适合于大型场馆、高速交通等覆盖场景。

④ 星状组网：在组网方式上，星状组网是推荐的室内覆盖最常用的组网方式。因为其可靠性高，维护方便，后期扩容多载频也方便，可连接的 RRU 数量需根据各设备厂家 BBU 性能而定。

⑤ 链状组网：对于容量允许和覆盖范围有限的情况，可采用链状组网使 RRU 级联来扩大小区覆盖范围和覆盖距离，减少基站选址。RRU 级联数量同样需根据各设备厂家的 BBU 性能而定，级联的 RRU 可以同属一个小区，也可以来自不同小区。链状和星状组网都支持 RRU 的合并，合并前的上行、下行吞吐量接近各自小区上行、下行吞吐量理论值，而合并后的上行、下行吞吐量则接近单小区上行、下行吞吐量。因此，无论是对于链状还是星状组网条件下的小区合并建议使用在容量要求不高的场所，后期则可根据系统容量需求进行小区的分裂扩容。

4.5　室内容量设计

在室内覆盖建设进行网络容量规划时，其目的是既要满足目前的网络容量、覆盖、质量要求，同时要兼顾后期网络的发展，保证扩容的便利性。

在规划过程中，需要明确系统的两个关键指标即吞吐量和用户数。同时两个关键指标又可以分为很多不同的细化指标参数，如系统可提供的最大吞吐数据量、峰值速率、频谱效率、支持最大的用户数目等。

吞吐量和用户数这两个关键指标相互影响，需综合考虑。其中吞吐量受业务信道资源影响，总体上代表了系统业务面的容量能力，进行吞吐量的评估时有必要综合考虑系统平均吞吐量和边缘用户吞吐量。

用户数同样受信道资源影响，与吞吐量相比，用户数总体上则侧重反映了系统控制面的容量能力。在计算实际的容量相关数据时，评估过程还需综合考虑如非理想功率控制、话音激活和其他小区对本小区的干扰等因素，得出最终的上行或下行链路每小区、每载频业务的理论容量上限，并根据此值估计出小区可以支持的用户数。

同样，在进行网络容量规划时需根据楼宇用户数和移动用户渗透率及各系统业务比例测算各制式所需最小容量。当初始配置容量紧张时，可以通过以下方法进行扩容。

① 增加载波：在不改变分布系统架构的情况下，简单增加 1 个载频，小区吞吐量提高 1 倍，但无法提高单用户最大下行吞吐量。

② 扩容为双通道：在单通道室分条件下，可以改造为双通道室分，可将小区下行吞吐量提高为原来的 1.6 倍，单用户最大下行吞吐量也可提升。

③ 小区分裂：当容量不足以满足所覆盖区域的用户业务量时，可以将一个小区分成多个小区，增加 RRU，增加容量。

④ 采用异构网：通常利用宏蜂窝小区提供基础覆盖，使用 Micro（微蜂窝）、Pico（微微蜂窝）、Femto（家庭基站）、Relay（中继站）等新型基站用于改善室内深度覆盖、增加网络容量。

另外，实际进行容量规划时，通常会存在多种业务类型，如话音业务和数据业务。这就意味着对于不同的用户，系统容量在上行链路和下行链路是不同的。因此，对系统容量的评估需要针对具体的网络应用业务进行，因为不同业务具有不同的业务负荷，从而对整个系统性能的影响也各不相同。此外，准确的容量规划设计离不开具体的业务模型对用户业务行为的统计数据分析，其目的是为了了解用户的业务行为对系统资源占用的需求。业务模型主要包括业务类型、业务特性参数、业务承载和业务质量目标 4 个方面。业务模型分析方法通常有等效爱尔兰法、后爱尔兰法、坎贝尔法和随机背包算法 4 种。由于业务模型的变化日新月异，因此对业务模型的专门研究和数据分析对于网络容量估算的准确性也具有非常重要的意义。

4.6　室内无线传播

随着室内场景对移动通信服务需求的持续增长以及为了满足不断提升的用户体验感知，室内无线通信的服务质量正日益得到重视。然而室内移动通信的服务质量很大程度上受到室内无线传播环境的影响，因此基于室内无线传播环境的研究对于如何有效获得优质室内通信体验有极其重要的意义。

4.6.1　室内无线传播特点

相比于室外传播，室内传播最显著的不同在于环境的复杂和差异性大，因此使电磁波在室内的传播影响因素较多，同时也增加了对室内传播研究的难度。以下几点是对室内传播特征的归纳分析。

① 室内环境中大量的障碍物，如墙体、门窗、地板的尺寸大小，以及这些实体不同的组成材质（混凝土、玻璃、木材等）都会对信号在室内的传播产生不同的阻

隔作用。

② 室内建筑中通常有大量隔断结构，并且隔断的种类以及材料也各不相同。因此，这些内部环境的差异性会导致无线信号即便是在相同距离进行室内传播时，其穿透损耗和路径损耗也会大不相同。

③ 同一建筑内部的不同位置，受到楼层高度、天线安装位置等影响，其室内无线传播环境也是各不相同的。

④ 由于建筑物自身的屏蔽和呼吸作用，室内无线信号传播过程中容易产生较大损耗形成室内覆盖的弱区或者盲区。并且在各种大型场景中，会由于移动终端使用密度过大导致室内无线通信容量不足而发生拥塞。

⑤ 室内无线信号在传播过程中，因障碍物形成的非视距（Non Line of Sight，NLOS）传播以及正常条件下的视距传播都会服从相应的统计分布规律。其中非视距传播服从瑞利分布，视距传播服从莱斯分布。

⑥ 室内环境中没有快速移动的通信终端，多普勒效益在室内传播中可不考虑。

⑦ 室内环境狭小的空间结构会引起无线电波的反射、绕射和散射，因而必然产生信号达到接收端的多径现象。

⑧ 由于室内空间大小的限制，无法安装如室外场景中的高增益大功率天线，并且为了保证室内狭小空间的电磁辐射安全、避免室内信号的外泄以及有效补偿室内信号损耗，因此，室内环境都是进行小功率多天线的安装布放策略。

4.6.2 室内无线传播模型

为深入探索室内无线通信的传播特点，室内无线传播模型正日益成为一种行之有效的办法和研究热点。但是由于室内网络的无线规划起步较晚，目前相关的传播模型还比较少，再加上室内环境复杂多变，研究难度也较大，即使使用计算机作为辅助手段进行模拟仿真也很难达到计算精度和计算速度上的平衡。

无线传播模型的核心思想是通过算法来仿真模拟出电磁波的传播过程，并计算出传播过程中的损耗值，并对传播区域范围内的场强分布情况进行预测分析。对于当前的无线传播模型而言，可分为经验型和确定型两种。进一步细化后可分为经验模型、半经验模型、半确定性模型和确定性模型。

通常，经验模型的优势在于相关计算参数简单且容易获取，整体计算复杂度低且运算速度快，但是整体精度较难满足实际工程要求。相比而言，确定性模型在精度上有很大提升，但是由于受到较多参数的影响，导致消耗大量计算时间和计算资源，降低了使用效率。因此，半经验模型和半确定性模型的出现也有助于彼此之间的优劣势互补，实现了工程应用中计算精度和推广使用效率上的平衡。下面对经验传播模型、半经验传播模型、半确定性传播模型以及确定性传播模型进行了简要的归纳说明。

4.6.2.1　经验模型

经验模型的优点在于代入一些简单的相关参数即可得到结果，虽然计算快速且易推广使用，但是由于精度较低，通常较难满足工程上的需求。下面以路损距离模型和 Okumura-Hata 模型为例进行介绍。

路损距离模型作为最简单的经验模型之一，同时也被称为线性衰减模型（Linear Attenuation Model），其计算公式为：

$$L_{\text{loss}}=L_1+ad$$

式中，L_1 为自由空间距离发射机 1m 处的信号损耗（dB）；a 为线性回归系数；d 为电磁波传播距离。对于路损距离模型，如果要建立完整模型进行计算则需要大量的测试数据作为基础，另外该模型的典型应用场景仅适用于小型环境，当测试环境较为复杂时则无法满足要求。

Okumura-Hata 模型最早由日本学者 Yoshihisa Okumura 在 20 世纪 60 年代末提出，并由 Masaharu Hata 在 20 世纪 80 年代进行了简化。该模型作为使用广泛的经验模型通常用于预测城市及周边地区路径损耗，在应用于室内环境的计算时需要根据天线位置、地形情况等因素进行损耗值的修正。该模型的工作频率为 150～1500MHz，后经过 COST231 Hata 模型的改良，适用频率范围可扩展至 2GHz。另外，Okumura-Hata 模型支持的传播距离通常为 1～20km，经扩展可延伸至 100km；支持的基站天线高度为 30～200m，经扩展后可延伸至 1000m；支持的移动台天线高度为 1～10m。

模型的计算是经曲线拟合得出一组经验公式，然后再根据不同的场景进行相应的修正，其公式为：

$$L_m = 69.55 + 26.16 f_c - 13.82\lg h_{te} - a(h_{re}) + (44.9 - 6.55\lg h_b)\lg d + K$$

式中，L_m 为路径平均损耗（dB）；f_c 为载波频率（MHz）；h_{te} 为发射天线有效高度（m）；h_{re} 为接收天线有效高度（m）；d 为移动台与基站之间的距离；$a(h_{re})$为移动天线的校正因子（dB）；K 为使用场景环境修正因子。

在实际的室内场景应用时，考虑天线的不同安装位置，常见的修正值如表 4.3 所示。

表 4.3　　天线不同位置损耗修正值

天 线 位 置	修正值/dB
室内（非窗边）	−15
室内（窗户旁）	−3
室外	0

另外，对于传播环境的衰落，系统中通常还需要考虑一定的余量储备，如表 4.4 为对瑞利衰落和正态衰落的余量储备值。

表 4.4　　　　不同衰落类型的余量储备

衰 落 类 型	余量储备/dB
瑞利衰落	0~8
正态衰落	6

对于 Okumura-Hata 模型，在室内环境应用时没有考虑各种障碍物的影响成为该模型的主要缺点。因此，只有在较为空旷的室内环境中，才可能获得较为准确的结果。而在环境较为复杂的室内场景，使用该模型则难以获得理想的结果。

4.6.2.2　半经验模型

为了提升经验模型的精度以更好地适应实际工程的应用，通常在经验模型的基础上增加各种环境因素的考虑形成半经验模型，使得预测结果得到一定程度上的修正，有时候半经验模型同样也会被看作是经验模型的一种。本节以 Keenan-Motley 和多墙模型为例进行介绍。

Keenan-Motley 模型：是一种主要用于室内传播预测的模型，该模型在自由空间模型的基础上考虑了电磁波穿过墙体和地板的穿透损耗，其计算公式为：

$$L = 32.5 + 20\lg(f) + 20\lg(d) + P \bullet W$$

式中，f 为频率（MHz）；d 为移动台和发射机之间的距离（km）；P 为墙壁损耗的参考值；W 为墙壁数目。尽管该模型在计算简便的同时兼顾考虑了室内障碍物的影响，但是在模型的使用过程中并没有考虑传播过程中的反射、衍射等现象以及多径的影响。因此，精度准确性上仍然偏低，此外其精度不能有效提高的另外一个原因还在于该模型简单地把穿透损耗看作是衰减系数与穿透墙体数量的乘积，并对所有墙体都采用相同的穿透衰减率，因而导致其预测结果呈现过于乐观或者过于悲观的两级分化现象。

多墙模型：为了更好地适用于室内工程应用，在 Keenan-Motley 模型的基础上加入了不同类型墙壁和楼层穿透损耗，得到了优化后的多墙模型。该模型的最大特点就是不仅考虑了墙体和楼层对电磁波的影响，还对楼层建筑的材质属性也进行了充分的考虑。其计算公式为：

$$L = 32.5 + 20\lg(f) + 20\lg(d) + \sum_{i=1}^{i} k_{fi} L_{fi} + \sum_{j=1}^{j} k_{wj} L_{wj}$$

式中，k_{fi} 为穿透第 i 类地板的数量；k_{wj} 为穿透第 j 类墙壁的数量；L_{fi} 为第 i 类地板的穿透损耗；L_{wj} 为第 j 类墙壁的穿透损耗；地板和墙壁的种类数分别为 i 和 j。由于综合考虑了墙体及楼层的影响，多墙模型在精度上会比 Hata 模型和 Keenan-Motley 模型有较大提升。但是，多墙模型自身仍然有一定的缺陷，模型中主要是关注穿透墙体和地板的电磁波，而没有考虑电磁波的反射、衍射等因素。因此，在实际应用中经常会导致预测结果不理想，因为即便当电磁波在墙体边缘以绕行的方式通过时，模型依然以直接穿透的方式进行考虑所以会使预测的损耗值要比实际值偏高。

对于多墙模型的改良，可以重点考虑增加反射、绕射以及衍射等因素的影响。同时，考虑到在穿透多墙时衰减不断下降的情况，还可以对模型的穿透损耗进行一定的修正。目前，多墙模型在室内环境的应用已比较广泛。在实际工程中，多墙模型一般简化为：

$$L=32.5+20\lg(f)+20\lg(d)+\alpha$$

式中，α为其他物体、楼层及障碍物的损耗。表 4.5 为室内常见物体综合穿透损耗统计。

表 4.5　　常见物体综合穿透损耗统计表

类别	项目	综合穿透损耗	
		900MHz	1800&2100MHz
室内墙体	一般隔墙	5～8dB	10dB
	承重隔墙	15～20dB	20dB
	玻璃墙（内部）	3～5dB	3～5dB
	金属墙	25～30dB	30dB
	楼板	22～30dB	30dB
天花板	非金属	3～5dB	5dB
	金属	22～30dB	30dB
装修材料	一般材料	不计列（和墙体一起考虑）	不计列（和墙体一起考虑）
	金属	25dB	30dB
	密致材料	3～5dB	5～8dB
其他	家具不考虑，大型门按照墙考虑，消防门（隔音门）按承重隔墙考虑		

4.6.2.3　半确定性模型

半确定性模型由于增加了更多确定性影响因素，因此在预测结果上比经验模型和半经验模型更为精确。另外，数量相对有限的影响因素的增加也使计算效率可控。精度和效率的折中使半确定性模型较为适合工程类应用。

COST231 Walfish-Ikegami 模型是典型的半确定性模型，该模型主要适用于典型市区环境下的场强预测。模型的开发考虑了较多的影响因素，如街道宽度、建筑物高度及间距、平面多重衍射等。但是，该模型由于对室内环境因素的考虑较为欠缺，因此更多是用于室外小型覆盖半径内的视距传播（Line of Sight，LOS）和非视距传播（NLOS），并且要求频率范围为800～2000MHz，基站天线有效高度为4～50m，移动天线高度1～3m，通信距离为0.02～5km。对于视距传播和非视距传播分别有如下公式：

$$L_{\text{LOS}} = 42.6 + 26\lg(d) + 20\lg(f)$$

$$L_{\text{NLOS}} = \begin{cases} L_{\text{o}} + L_{\text{rts}} + L_{\text{msd}} & \text{若}(L_{\text{rts}} + L_{\text{msd}} \geqslant 0) \\ L_{\text{o}} & \text{若}(L_{\text{rts}} + L_{\text{msd}} \leqslant 0) \end{cases}$$

式中，d为距离（km）；f为传输频率（MHz）；L_{o}为自由空间路损；L_{rts}为从屋顶到街面的衍射和散射损耗；L_{msd}为多遮蔽物衍射损耗。对于半确定性模型 COST231 Walfish-Ikegami 而言，若考虑推广其在室内环境的使用则应结合多墙模型的特点，相应地增加室内环境中穿透障碍物的种类、穿透数量、对应的损耗值等参数，以确保室内预测结果的准确。

4.6.2.4 确定性模型

为了有效指导室内覆盖工程建设，保证建成后的通信效果，以及避免建成后二次施工，都要求精确地对室内信道的传播特性进行分析。因此，推进了确定性模型的使用，确定性模型是根据电磁波传播理论描述室内无线传播，在室内环境众多影响因素的基础上对信号传播进行精准的预测计算，然而结果的精确性也意味着是以一定的计算资源和计算时间作为代价。目前，常用的确定性模型有射线跟踪模型（Ray Tracing，RT）和时域有限差分模型（Finite Difference Time Domain，FDTD）。

1. 射线跟踪技术

射线跟踪技术起源于20世纪80年代，由于计算复杂，在很长一段时间内射线跟踪技术发展缓慢。该技术手段通过模拟射线的传播路径来确定其相关的反射、折射、绕射等影响因素。以此种方式辨认出室内多径信道中收发端之间所有可能的射线路径，然后根据电波传播理论来计算每条射线的幅度、相位和时延等参数。同时还需要结合地图信息、建筑物信息、系统信息以及相关的天线工程参数最终计算得出接收点所有射线的相干合成结果。

随着计算机技术的快速发展，射线跟踪虽然计算过程复杂且占用资源多，但是总体实现难度进一步降低，使射线跟踪技术在可实现的前提条件下，同时以精度高、编程易、适用强的特点受到了日益的重视。借助现代计算机强大的计算能力，射线跟踪技术通过射线的建模来仿真电磁波束的传播，计算仿真的过程遵循电磁波的反射、透射、绕射、散射等波动现象，并充分结合天线信息、周围环境特征以及一些快速算法来高效准确地预测覆盖区域内的场强分布、路径损耗等具有指导实际工程建设的参数。

2．时域有限差分技术（FDTD）

射线跟踪模型是从信号的收发角度对传播损耗进行分析，FDTD 模型则是将电磁波传播的麦克斯韦方程通过有限差分的方法进行求解。虽然 FDTD 的计算复杂度较高，但是通过现代计算机的多核处理器以及 GPU 的并行计算能力则可大幅度提升计算效率，使 FDTD 作为确定性模型的一种重要计算手段也得到了大力的推广。

4.6.3　室内传播模型小结

室内无线环境相比室外无线传播环境更为复杂多变，再加上对室内传播研究的滞后，使得室内传播模型的数量也相对较少。在 4.6.2 节中分别对经验模型、半经验模型、半确定性模型以及确定性模型进行了简要介绍并分析了其应用特点。

每一种模型都有其自身的局限性，且考虑的因素越多会导致传播模型越复杂。目前，对于经验模型而言，其计算简单但主要基于大量实测数据，只能从统计意义上对整体传播环境的影响进行粗略的预测，在指导实际工程应用上意义不大。而对于确定性模型使用的射线跟踪技术则是将无线通信信道模拟为电磁波，对每条射线按照反射定理、透射定理和一致性绕射理论计算相应的衰减，进行场强预测。使用射线跟踪模型虽然计算复杂度远高于其他模型，但是在反映室内无线信号传播上则更为准确，因此该模型多适用于实际工程的预测估算。

总的来说，室内无线传播的基本特征以及室内无线信号强弱和覆盖的预测结果在很大程度上影响甚至决定了室内移动通信系统的设计以及网络的规划和优化。因此，对无线信号在室内环境中的传播特性研究具有重大的现实意义。

4.7　天馈规划布局

室内分布系统中天馈部分的规划设计很大程度上直接影响了实际网络的性能和用户体验感知。为保障实际系统的建设质量，规划设计阶段需要对天线口功率设置和天线点布放进行明确要求，同时对于不同场景的天线布放设置建议采用差异化的策略。

4.7.1　天线口功率设置要求

天线口功率要满足环保要求，不超过+15dBm/载波，并结合目标覆盖区域的特点选择多天线小功率（适合楼宇内部隔断较多的区域）或者少天线大功率（适合空旷区域，如地下停车场、会议厅等）的方式。而对于室外分布式天馈系统天线口功率不受该要求限制，可根据覆盖要求灵活设置。

4.7.2 天线布放要求

天线点尽量结合目标覆盖区的特点和建设要求，设置在相邻覆盖目标区的交叉位置，保证其无线传播环境良好。

天线类型的选择需根据目标覆盖区的特点选择不同的类型。

① 层高较低、内部结构复杂的室内环境，宜选用全向吸顶天线，以及低天线输出功率、高天线密度的天线分布方式。

② 建筑边缘的覆盖宜采用室内定向天线，避免室内信号过分泄漏到室外而造成干扰，根据安装条件可选择定向吸顶天线或定向板状天线。

③ 较空旷且以覆盖为主的区域，则采用较高天线输出功率、低天线密度的天线分布方式，满足信号覆盖和接收场强值要求即可。

④ 电梯的覆盖，可采用两种常见方式：一是在各层电梯厅设置室内吸顶天线；二是在信号屏蔽较严重的电梯，或电梯厅没有安装条件的情况，在电梯井道内设置方向性较强的定向天线或者泄漏电缆。应尽量避免电梯内的切换，以及避免电梯运行过程中由于切换造成的掉话。

另外，对于某些特殊场景，如高档住宅小区等，很难通过室外宏站建设解决其内部覆盖、容量限制等问题。借鉴室内分布系统的思想，通过灵活多样的分布式天馈系统解决其网络问题。从广义上讲，这类室外分布式天馈系统也可看作室内分布系统的延伸扩展，其设计要求如下。

① 室外分布式天馈系统的信源设计、干放设计等要求与室内分布系统设计要求相同。

② 室外分布式天馈系统的天线功率设计和天线类型选择应根据覆盖区域的具体要求和覆盖场景的环境要求合理确定。

③ 室外分布式天馈系统的泄漏控制应根据周边环境设计，对于覆盖区域周边有快速移动用户的敏感区域（如交通干线），应严格控制泄漏，避免频繁切换。但是，室外分布系统与周边基站的正常切换必须得到保障，以确保通话的连续。

4.7.3 各场景天线点位设置建议

一般场景下单制式网络天线口功率建议设置为10～15dBm。鉴于LTE、WCDMA等系统所使用的2GHz频段的载波存在电波绕射、穿透能力差、空间传播损耗大的特点，建议在不同的建筑结构内，采用不同的天线布放方式。

① 在室内非金属吊顶采用全向吸顶天线，在设计时需要考虑不同吊顶材料对信号的屏蔽，建议预留2～3dB的功率余量。金属吊顶天线必须明装，以减少吊顶对信号的屏蔽作用。

② 在内部结构简单且地域空旷的建筑场景内，如地下室、停车场、机场、大型超市等，可采用分布密度较小、天线口功率较大的天线进行覆盖，空旷的地下室还可考虑采用增益较高的小型定向板状天线进行覆盖，以减少建设成本。

③ 在建筑物内部结构复杂且隔墙较多的场景，如宾馆、密集型写字楼等，建议在室内采用“小功率”+“多天线”的覆盖方式，合理布放天线，保证室内覆盖效果。

④ 在可视环境下，如商场、超市、停车场、机场等，建议覆盖半径取 10～16m。

⑤ 在多隔断的情况，如宾馆、居民楼、娱乐等场所等，建议覆盖半径取 6～10m。

⑥ 采用单极化天线的 MIMO 方案时，需要新增一路天线。为了保证 MIMO 性能，建议双天线尽量采用 10λ 以上间距，如实际安装空间受限则双天线间距应不低于 4λ。在狭长走廊场景，尽量使天线的排列方向与走廊方向垂直，以降低天线相关性。

⑦ 采用单极化天线的 MIMO 方案时，两通道之间的天线口功率之差控制在 3dB 的范围内。

⑧ 电梯覆盖一般采用在电梯井道内安装定向平板天线的方式，共用井道超过 2 部的电梯，需要增加天线数量。

⑨ 注意保持不同覆盖区域信号的连续性，如电梯口和地下停车场转接处（B1 层和地面的入口处）等区域的天线布放位置。

4.8　室内切换与外泄控制

随着室内分布系统在各类建筑物中的广泛建设和使用，不可避免地会出现室内信号泄漏到室外，从而对室外小区产生干扰的情况。同时也存在如何协调好室内外切换以保证用户体验感知的问题。为了尽量减少室内信号外泄和保障平滑切换，以下就泄漏控制策略和切换设置原则进行了分析。

4.8.1　泄漏控制

如外泄的产生是由于室内信号强度过大造成的，那么需要降低天线的发射功率以减少对室外信号的干扰，通过小功率多天线的理念进行室内覆盖的建设。在进行信号强度的调整时，为了保障室内信号没有过度泄漏到室外，可以检测在建筑物外的 10～15m 区域的室内信号电平值是否低于室外信号电平 10dBm 作为一个简单的评估依据。为实现室内信号的泄漏控制，应结合建筑物外墙材质和建设场景合理设计室内分布系统。

① 室外墙（砖混和承重墙）可以不特别考虑泄漏控制。

② 对天线进行合适的选型，采用方向性较好的定向板状天线向室内进行覆盖，从而有效地减少信号向室外的泄漏。如大楼的进出口、玻璃幕墙、窗户、非金属轻质隔墙等区域。

③ 通常对于5层以下的楼层采用定向吸顶天线，如果楼宇周边有立交桥、过街天桥，可以根据桥的高度适当增加定向吸顶天线的使用楼层。

④ 由不同基站覆盖的相邻楼宇，如果距离小于等于 20m，通常需要增加定向吸顶天线，防止泄漏。

⑤ 监测并定位信号泄漏的天线，对天线进行重新布放，调整天线的辐射方向，或者适当增设衰减器，也可以借助室内障碍物的阻挡增加路损，避免强度较大的信号直接泄漏到室外产生干扰。

4.8.2 切换设置

切换设置的基本原则是尽量减少切换。频繁的切换会增加系统的开销，降低网络性能并导致用户的通话感知有所下降。因此，要进行科学合理的切换设置，建议遵循以下设置原则。

① 切换区域的设置需要综合考虑小区要求的切换时间要求、干扰水平、话务容量、目标覆盖建筑的楼层高度和材料等因素，从而做到切换区域大小适当，避免由于区域过小而形成的干扰和区域过大引起的切换不及时等问题。

② 室分小区与室外小区的切换区域设置通常在门厅外5m的地方，切换区域的直径大小3～5m，保证用户在进入室内前完成切换。切换区域这样设置既避免了过分靠近马路导致过往车辆用户的频繁切换，同时又避免了过于靠近室内区域导致关门时室内信号的突然衰弱而发生的切换失败。

③ 高层建筑一般受周边室外宏站覆盖的影响，同时存在大量较强信号，没有主导频覆盖，往往导致频繁切换与掉话。通常采用“小功率、多天线”方式，天线安装在房间内，定向天线从靠窗位置向内覆盖，高层室内小区不配置室外邻区。

④ 切换区域应该设置在人流量小的地方，避免大量用户在使用网络的过程中出现频繁切换。同时切换区域不能设置过大，否则会导致多个小区信号重叠区域过多而产生乒乓切换现象。

⑤ 电梯与目标建筑平层之间的切换确定在电梯厅内发生，在小区划分时，建议将电梯单独划分为一个小区或者将电梯与低层共用同一小区，电梯厅尽量使用与电梯同小区信号进行覆盖。

⑥ 对于地下车库等区域，由于车辆速度较快，建议切换区域设置应尽可能长，如遇车道的拐弯阻挡可以采用增加天线等措施保障切换区域的连续。另外，对于地下车库，车辆一旦进入车库，室外信号迅速下降，因此需要将切换区域设置在进入

地下车库入口处的车道上。为保证在车库的入口也有足够的重叠覆盖区域，有必要在出入口处分别安装一副天线，保证顺利切换。

4.9 室内分布系统小区规划

室内分布系统的小区规划作为保障网络连续性设计、维护网络性能以及控制信号干扰的有效手段主要包含 3 个方面，分别是邻区规划、频率规划和扰码规划。

4.9.1 邻区规划

用户在移动过程中进行无线通信时，必然涉及不同相邻小区之间的配合辅助。因此，邻区规划发挥的重要作用在于使无线通信的移动性设计得到保障。室内分布系统规划设计中包含室分系统小区之间的邻区关系以及室分小区与室外宏站小区之间的领区关系。

对于室分小区内部之间的邻区关系，如果整个楼宇只有一个小区，则可以不考虑邻区规划。当楼宇内划分有多个小区时，尽量将一楼层划分为同一个小区，楼层间的隔层作为划分小区的间隔，不同楼层的相邻小区配置好邻区关系，同时还需尽量保证所有小区泄漏到其他小区的信号尽可能低，避免干扰。若是大型楼宇建筑存在同一层楼划分多个小区的情况，那么应要求这些小区间规划紧密的邻区关系。另外，就电梯而言通常将电梯内小区和每楼层电梯厅小区规划为同一小区，减少邻区规划。然而，当两者不属于同小区时则要求配置好双向的邻区关系。

对于室内与室外之间的邻区关系通常在楼宇出入口、地下停车场出入口、窗户边缘等地方。同时，在高层区域也会有室内外邻区关系问题，室外宏站信号易进入室内高层区域形成所谓的"孤岛效应"，若室内用户驻留在该孤岛区域，当移动进入室内覆盖范围内时，如果不配置邻区则会导致掉话现象的发生。因此，需要采用单向邻区配置策略使得在室内发起的通话始终驻留在室内小区，而室外孤岛区域发生的通话当信号较弱时则会自动切换到室内小区，从而有效地避免了高层区域的乒乓切换问题。

邻区规划作为小区规划中的核心要素，其规划的质量直接关系到室分系统的网络质量、覆盖效果以及后期网络调整或者维护时的难易程度。

4.9.2 频率规划

由于每个小区进行通信的频率资源有限，因此频率规划的目的在于如何充分有效地使用这些频率资源为用户提供优质性能的网络服务。在频率规划上主要有异频组网和同频组网策略。

采用异频组网可以较好地避免干扰，从而提高网络性能和频率配置过程。分别以 TD-SCDMA 和 TD-LTE 为例，其中 TD-SCDMA 有 3 个网络频段，F 频段为 1880MHz～1900MHz，A 频段为 2010MHz～2025MHz，E 频段为 2320MHz～2370MHz。如果相邻小区之间的隔离度较低导致干扰情况严重，则可进行异频组网设计。对于 TD-LTE 室分系统采用的 E 频段（2320MHz～2370MHz）而言，当建设场景需要在同层区域设置多个小区时，则相邻小区间也可进行异频组网。

为了节约频谱资源，同频组网方式对于特定条件的小区同样适用。比如，当两个小区距离足够远时，信号的损耗随着距离的增加而增大，使得采用相同频率的小区之间的干扰可忽略不计。另外，即便是两个紧邻的小区，当两者间地物阻挡损耗足够大时（如楼体隔离好、墙体损耗大），且没有或者只有很少的重叠区域时，两个小区也可设置为同频组网。以 TD-LTE 室分系统为例，如果楼体内隔离比较好，可使用 20MHz 同频组网，借助楼体的楼层、墙体等自然障碍物产生的穿透损耗形成小区间的隔离。

4.9.3 扰码规划

小区规划借助扰码进行划分，可使分区更为有效。由于信号在无线信道的传输使终端在接收数据时不仅含有本小区的信息，同时还包含其他小区的信息。因此，扰码发挥的作用就是在下行方向帮助用户终端区分不同小区信号，而在上行方向则帮助信源区分不同小区的用户。这种使用邻小区扰码区别不同小区数据的方法，大大降低了不同小区之间的相互干扰。

然而不同的网络制式，由于扰码序列的长短不同，可能会使序列较短的扰码在经过路损到达接收端的时候变得较为相近，导致难以起到良好的区分作用。所以，要求在进行扰码规划时采取一些优化策略。首先，要求扰码在邻区间的相关性较低，同时结果要综合考虑到与扩频码的相关性。其次，邻区规划的使用会受限于小区的数量，当有扰码相关性较高的其他小区信号进入时会产生码字干扰，为尽量避免干扰，还需要充分考虑实际空间上的物理邻区进行隔离。再有就是有效的利用仿真计算工具进行扰码的初步分配方案提升工作效率，但是还需要对扰码方案进行实测后的校正和优化。

4.10 室内分布系统电源设计

室内覆盖站点一般建于信号屏蔽较强的建筑物、隧道内，视站点重要程度选择性地建设设备机房。分布系统及拉远信源设备一般建设在远端，传输及信源近端设备设置在设备机房。常用的供电系统包括交流供电系统与直流供电系统。

4.10.1 供电系统

移动网通信系统设备供电系统设计应参照执行 YD/T5040-97《通信电源设备安装设计规范》，为保障室内分布系统功能的正常运转，通常要求室分系统的电源供电满足特定设计原则。

① 交流引入原则：要求机房就近引入一路稳定可靠的 380V 市电电源，用来给机房内的开关电源设备、机房空调设备、照明以及仪表等设备供电。交流供电系统使用电能表箱（含单相电能表和交流配电空开），各新建独立通信站点采用机房引入的市电电源作为主用电源，再将此交流电源引入到电能表箱为该站内各交流负荷供电。站内所有交流负荷均由电能表箱上相应输出分路上引接，如果建筑物内设有双电源，应从两路电源转换后的配电设备上接引。基站引入的交流电源功率、交流引入线以及交流配电箱的容量均按远期考虑，从而为基站的远期发展预留一定的容量。基站交流电源的引入容量及交流设备配置由设备的交流总耗电来确定，并考虑远期其他通信业务发展需要。

② 直流供电原则：要求机房采用直流电源供电系统，配置-48V 直流供电系统一套，由高频开关组合电源（架内含交流配电单元、高频开关整流模块、监控模块、直流配电单元）和阀控式铅酸蓄电池组组成。组合开关电源架的机架容量按远期考虑。基站的直流供电系统主要负责机房内直流用电设备的供电，包括基站设备、传输设备及监控设备等。直流供电系统运行方式采用并联浮充供电方式，市电正常时，由开关电源架上的整流模块供电给通信设备，同时对蓄电池组浮充供电。当交流电源停电后，由蓄电池组直接给通信设备供电。

③ 蓄电池配置原则：要求蓄电池配置按近期负荷考虑，并预留一定发展负荷的需要进行配置。蓄电池容量按对基站负荷供电 2～6h，对传输设备供电 24h 进行设计。为确保市电停电后基站设备与传输设备的合理运行，在开关电源中设置了两级低电压切断装置对蓄电池放电进行配置，当蓄电池放电电压达到第一级保护电压时，切断基站设备负荷，蓄电池组只为传输设备供电；当蓄电池放电电压达到第二级保护电压时，再切断传输设备的供电，以避免电池过放电。当新建室内覆盖基站蓄电池组时，其配置策略对于基站直流负荷小于等于 15A 的，每站可按 1 组 48V/50Ah 配置；对于基站直流负荷大于 15A 的，每站可按 1 组 48V/65Ah 配置或 1 组 48V/100Ah 配置。

④ 后备电源原则：移动通信站点设备尽量选用直流后备电源的供电方式，不建议采用交流后备电源的供电方式。条件允许的情况下，直放站原则上也要用后备电源。

⑤ RRU 供电原则：对于采用“一 BBU 带多 RRU”模式的室内分布系统和小

区覆盖，BBU一般可安装在具备可靠后备电源的基站内，再通过铠装尾纤分别引接到RRU单元，安装相距100m以上的每个RRU单元要求单独配一体化电源和蓄电池组。RRU供电需尽量保证，可以考虑采用远供方式解决。实际工程中需根据各自情况制定相应方案，原则上重要建筑物室内覆盖应提供备电机制，保障室内网络安全，减少掉电退服事件发生。

⑥ 开关电源原则：对于室内覆盖基站，开关电源整流模块按近期配置，安装10～15A的整流模块2～3个。考虑到网络的发展、负荷的远期需求，开关电源应留有一定的扩容容量。

⑦ 设备安放原则：工程建设中大部分BBU建议放置在局址机房或模块局内并使用直流供电。对于个别放置于室内分布站点内的BBU则使用交流供电。RRU及直放站设备全部采用交流供电方式，由市电220V交流电源提供。输入电压允许波动范围建议在198～242V。

⑧ 机房电源线布放原则：电力电缆、接地导线均应选用铜芯导线；机房内的导线应采用阻燃型电缆；直流电缆按允许电压降，并兼顾允许载流量和机械强度选型；交流电缆按允许载流量，并兼顾机械强度选型。同时，电源线要求走线槽或铁管，保障走线槽道的美观和牢固，以及保持良好的接地。微蜂窝、直放站电表箱电源要求接到用户配电箱的输出端，切忌从电源线路上剥接。

⑨ 主机和每个有源设备的电源插板至少有两芯及三芯插座各一个，工作状态时放置于不易触摸到的安全位置，以防触电。

⑩ 合路点（拉远RRU）电源建设原则：合路点设备采用就近市电供电，并根据合路点设备的负荷情况，引入一路相应容量的外市电给合路点的各个设备分别进行供电。

4.10.2 接地与防雷

各通信系统设备防雷和接地应参照执行中华人民共和国通信行业标准YD 5098—2005《通信局（站）防雷与接地工程设计规范》以及中华人民共和国国家标准GB 50689—2011《通信局（站）防雷与接地工程设计规范》，以确保系统功能的正常运转。

① 室内覆盖系统必须有良好的接地系统，并应符合保护地线的接地电阻值。信号源设备和分布系统的有源设备单独设置接地体或采用联合接地体时，电阻值应不大于10Ω。

② 基站和干放设备必须接地，接地线连接至大楼综合接地排，走线槽已经与综合接地排相连的，可连接至走线槽。

③ 使用直放站作为室内分布系统信号源时，施主天线的同轴电缆在进入机房与

设备连接处应安装馈线避雷器并接地，以防由施主天馈线引入的感应雷。馈线避雷器接地端子应就近引接到室外馈线入口处接地线上。

④ 有源设备的供电设备正常不带电的金属部分、避雷器的接地端，均应做保护接地，严禁做接零保护。

4.11　室内覆盖设计工具

室内覆盖方案的设计包含覆盖、容量、电源配套等，同时涉及室内传播模型及链路预算、天馈功率设计、信源容量计算、电源负荷计算、干扰隔离度测算等。因此，通常需要采用专业的方案设计工具和仿真模拟预测工具进行室内网络的设计工作。本节重点对业界常用的室分设计工具及室分仿真预测工具进行介绍。

4.11.1　室分设计软件

对于当前室内分布系统方案设计方式而言，主要有两种手段，分别是采用 Microsoft Visio 进行方案设计和采用 AutoCAD 进行方案设计。目前，国内的铁塔公司、各大电信运营商对室内方案设计文件的要求也主要为以上两种格式文件。然而，随着 AutoCAD 软件在通信设计领域的逐渐普及，基于 AutoCAD 开发的室内分布系统设计软件及工具已逐渐占据市场主流。

目前，除了业内使用较多的天越室内设计软件以外，许多设计单位也同时根据自身的特点研发出了基于 AutoCAD 的室内分布系统设计工具或者软件。这类设计工具通常可适用于各种室内场景的无线覆盖设计，主要用于解决移动通信等无线系统（2G、3G、4G、WLAN、集群通信等）对于室内覆盖系统的设计问题，可广泛用于方案设计人员对楼宇、场馆及隧道等建筑物内的天馈分布系统的设计。该类工具软件为适应国内的设计文件要求，通常都对 AutoCAD 和 Visio 提供了良好的兼容支持。例如，支持 AutoCAD 设计方案的导入、方案修改、再设计以及自定义块等，还可以把 AutoCAD 的图纸转换并导出为 Visio 格式，或者直接导入 Visio 格式的设计方案。另外，不同单位研发的工具软件虽然各具特色，但是其支持的主要功能都涵盖了常见室分方案设计的各个方面。

① 天线布置：按照现场勘测的情况，根据移动通信的原理和设计人员的经验进行天线布置；设置墙体衰减等。

② 设计前场强预测：根据已布放好位置的天线和预计所需的电平，进行场强预测；根据预测效果调整天线电平，以达到最合理的覆盖效果。

③ 配置平面图路由：根据布置好的天线、天线要求电平以及现场情况，配置实际路由，并可调整器件位置和路由布局。

④ 根据平面图生成楼层所需电平表：根据楼层路由和天线电平要求，可得到楼层需要的电平；各个楼层所需电平及各个楼层天线布局可输出至统计表格。

⑤ 运行主干优化功能生成主干系统图：根据平面图输出表格，通过优化功能得到主干组合；人为加入配置条件，包括放大器的使用数量、位置等，并可得到各个楼层天线的电平结果，供设计人员参考；设计人员根据不同的配置，选择出最佳组合，最后输出系统图，并完成排版。

⑥ 添加合路器等器件形成完整系统图：根据组合图，在必要时添加器件（如合路器）；根据最后调整结果重新计算电平，形成完整的系统图。

⑦ 把系统图的天线电平编号导入平面图：根据设计出来的系统图，把相关的结果输出到平面图（包括编号、多种网络的天线电平）。

⑧ 设计后电平预测：根据最终的电平进行系统的电平预测图。

⑨ 根据总的系统图生成多个小的系统图：由于总系统图较大，需要多页显示，以便打印，可以通过软件分割为多张小的系统图，同时可根据图纸形成图纸目录等。

⑩ 完成材料单的统计：根据系统图产生报表，包括材料、电平、价格等。

⑪ DWG 图转 VSD 图：可以把 AutoCAD 方案图纸.dwg 格式转换为 Visio 的.vsd 格式。

⑫ 图框管理：根据客户需求自由选择图纸的图框，在设计前通过图框管理保证图纸比例一致；设计完成有图框的图纸可以统一打印成纸板。

⑬ 智能打印：设计后的图纸可以批量打印成纸，也可以打印成 PDF 格式文档。

通过该类软件工具的应用，可大幅提高室分方案设计人员的设计质量和效率，节省集成商的人力成本，方便建设单位规范、高效地审核方案，便于各相关单位的工程资料的保存，为项目后期的改造和升级提供便利。

4.11.2 室分仿真软件

由于室内环境的复杂特性，为了有效地指导实际工程施工以及预先对目标覆盖场景进行准确的效果模拟测试，业内通常会使用相关的室内分布系统仿真软件进行前期的效果模拟预测。例如，室内环境场强分布、信号强度统计数据、干扰分析统计、室内外协同仿真预测以及室内三维空间的立体仿真等。目前在国内外认可度较高的仿真工具主要有 Forsk 公司的 Atoll、Siradel 公司的 Volcano 室内传播模型以及 iBwave 公司的 iBwave Design 集成仿真套件。

1. Atoll

Atoll 是法国 Forsk 公司开发的无线网络仿真集成软件，在使用不同传播模型的基础上可以分别对室内环境、室外环境以及室内外综合环境进行仿真预测和结果的对比验证。

Atoll 经过长期的版本更新，目前已可支持现有大部分网络制式，分别有 GSM/GPRS/ EDGE、CDMA2000/EV-DO、TD-SCDMA、UMTS/HSPA、WiMAX、Microwave Links、LTE/LTE-A 以及 Wi-Fi。作为一个仿真与优化的一体化集成平台，强大的功能模块使得 Atoll 能够支持网络规划建设的整个生命周期，从最初的仿真设计到进一步的精细化仿真建模，最终到网络建成后的优化维护。当前最新版本的 Atoll 具有以下特点。

图 4.5　Forsk Atoll 仿真效果示例图

① Atoll 的开发组件和功能模块都原生支持 64 位系统，使得在计算精度上更加准确，并且能够很好地支持计算量大的复杂仿真（如 Monte Carlo），同时在进行高密集度网络仿真以及异构网仿真的过程中都具有良好的数据处理优势。

② Atoll 在仿真预测及优化调整的各个阶段都支持实际测试数据与理论计算数据的对比分析。实测数据导入 Atoll 后可以被用来进行传播模型的校正、流程评估建模分析、热点定位分析等。

③ Atoll 内建 64 位的高性能 GIS（Geographic Information System，地理信息系统）地图引擎为精细化的网络预测模拟和优化仿真提供保障。高性能的 GIS 引擎使得在仿真过程中能够实现对高精度和大范围的地图数据进行快速处理和数据呈现。Atoll 除了支持常规标准的地图格式外（如 BIL、TIF、BMP 等），还支持网络地图服务商的地图（如 Google、Bing），同时 Atoll 还设计了与 Mapinfo、ArcView 等常用地图软件的接口。

④ Atoll 内建的智能化数据处理机制能够自行对网络参数进行迭代计算和处理，可自动完成最优网络参数的搜索和匹配。同时，Atoll 还提供基于 C++的软件开发套件接口以方便一些自定义功能模块的集成开发，这使 Atoll 在使用上更具灵活性。

⑤ Atoll 内嵌专门用于室内环境仿真的传播模型，可对室内复杂环境中的各种材质衰耗值进行设置，模型计算参数可设置，大幅度提高了室内传播环境中的仿真计算精度和可信度。

2. Volcano

Volcano 系列无线传播模型是由法国 Siradel 公司开发的一套适用于室内外不同场景的无线传播计算模型。该系列模型由 Volcano Rural 模型、Volcano Urban 模型以及 Volcano Indoor 模型三部分组成，模型的使用可以安装嵌入在 Atoll 集成环境中并直接调用。

Volcano Rural 模型适用于城区室外或者郊区室外环境的模拟预测，使用地图数据主要是一般精度（20m 及以上）的栅格地图。Volcano Rural 模型是一种确定性模型，模型的原理是使用射线跟踪技术通过垂直面的地形轮廓数据计算收发设备间的损耗值，并进一步对接收信号强度进行测算，模型可以通用于 LOS 和 NLOS。

相比于 Rural 模型，Urban 模型侧重于密集城区或者郊区环境的预测仿真，地图数据除了可以采用与 Rural 相同的平面栅格地图以外，还能够使用较高精度（10m）的 3D 矢量地图。Urban 模型同样是确定性模型，其对 2D 地图数据采用射线跟踪技术进行预测仿真（同 Rural 模型），同时结合一种考虑多径传播的射线发射技术对 3D 矢量地图进行相应的处理，仿真过程中能够自动提取建筑物的高度信息以及建筑物外墙的轮廓材质损耗信息，并通过数学模型进行综合计算。另外，在使用 Urban 模型进行仿真时，其发射机的位置不仅可以选择为室外（Actually Outdoor）模式，还可以选择为室内（Really Indoor）模型。在选择室内模型后，Volcano 的计算会充分考虑从室内到室外这个过程产生的损耗。反之，如选择室外模式，计算过程将直接忽略这种损耗。Volcano Urban 的这种使用灵活性，大幅提高了室内复杂环境进行模拟预测的精度和效率。

Volcano Indoor 模型专门适用于室内传播环境，该模型是基于 COST231 多墙模型进行研发的。使用 Indoor 模型时，模型会自动考虑室内环境的结构布局、材质损耗、楼层数量等信息进行综合计算，并且相关的参数还可以通过手动修改进行校正。Volcano Indoor 模型在进行室内环境的仿真建模时，其特点是根据室内环境的 3D 平面结构进行路损的计算。Siradel 公司专门提供了独立安装的 DBM（Digital Building Model）Editor 工具软件对室内环境进行精细化建模，DBM Editor 通过导入 CAD 的 DXF 工程平面图，然后再进行比如结构材质选择、结构材质损耗、楼层高度等信息的设置后即可输出适合 Atoll 工程的 XML 文件，并最终导入相应的 Atoll 工程完成仿真计算。

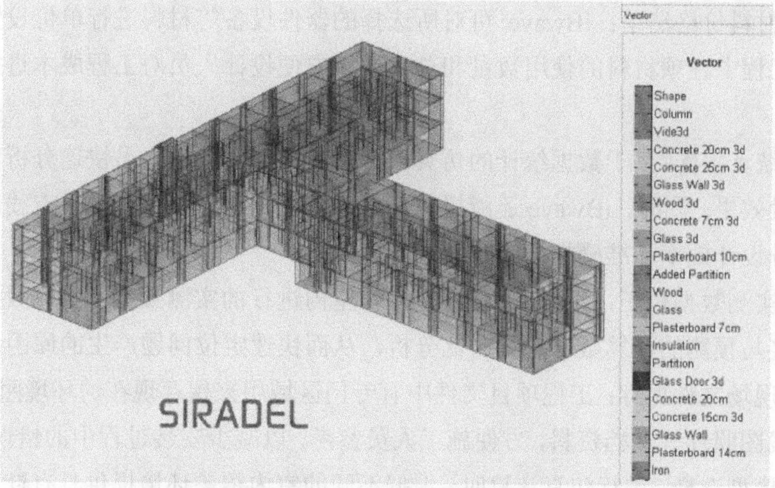

图 4.6　Siradel DBM Editor 室内三维效果图

3. iBwave Design

iBwave Design 是由加拿大 iBwave 公司专门为室内无线环境仿真研发的一款集成开发工具软件。iBwave Design 目前已在全球 80 多个国家和 700 多个主流电信企业广泛使用。iBwave 集工程项目资料管理、室内网络规划布局、网络仿真计算及后期优化调整于一身，从而极大地提升了整体网络的设计效率，并且一站式的使用管理模式还有效地降低了人工以及工具使用的成本。iBwave 的具体使用特点如下。

① 工程数据自动更新：工程中的文件数据同步更新，如改变网络中的一个组件信息或者增减组件时，那么同时整个平面图布局、设备组件数据库、仿真计算过程中涉及相关有变更的组件信息都会随之进行同步更新，以提高使用者的工作效率、避免手动设置时由于遗忘同步进行数据更新而导致的计算结果偏差。

② 多格式平面图导入：iBwavc 支持图片格式平面图的导入，比如 GIF、JPEG、PDF 等格式，同时也支持 AutoCAD 格式的平面图导入。平面图导入后，iBwave 可根据需求对平面图进行相应的缩放，并可按缩放后的尺寸比例对平面图中的走线长度进行自动测量。

③ 错误检测：iBwave 提供具体的错误信息以提升纠错效率。比如两个输出口相互连接、连接器选择错误（公头、母头）、放大器过载等错误，软件都会自动检测并输出详细的错误提示信息。

④ 组件数据库：iBwave 提供了强大的组件设备数据库，数据库自动与各大厂商的产品数据库通过网络实施对接来保障数据资料的同步更新。使用者可根据具体需求直接从 iBwave 的云端数据库拖动相应最新设备器件进行设计和仿真模拟，如果云端数据库缺少所需要的设备器件，用户可自行添加或者对现有器件设备进行改造。

⑤ 材料价格清单：iBwave 可对所选择的器件设备等材料进行单价设置，并最终统计工程中各项材料的使用数量和总价，以方便设计人员对工程成本进行分析和把控。

⑥ 统计报告：基于数据统计的仿真模拟报告可帮助设计人员快速分析和优化工程的建设效果。同时，iBwave 还能提供包含详细数据的链路预算以及走线路由等报告以提升设计效率和准确指导施工建设。

⑦ 实测数据校正：iBwave 支持导入在室内进行的实测数据，实测数据导入后可以直接与预测的计算数据进行对比分析，从而快速定位问题产生的原因。

⑧ 现场文件保存：工程项目文件中有专门区域用来保存现在的环境照片、预计安装布线图照片等文档资料，方便施工人员参考，以减少安装过程中的错误和遗漏。

⑨ 模型选择：进行仿真计算时，根据不同的室内覆盖环境提供具有针对性的传播模型，同时现有模型的相关参数可手动进行调整，或者自定义传播模型以适应特殊场景的应用。

⑩ 统一的数据存储：iBwave 平台以一站式的数据管理和数据存储为特色，对同一工程的所有数据文件（如现场影像资料、仿真预测报告、材料清单、平面图设计等）进行分类存储和管理，避免了工程数据的碎片化，有效地提升了各阶段对工程版本的控制力。

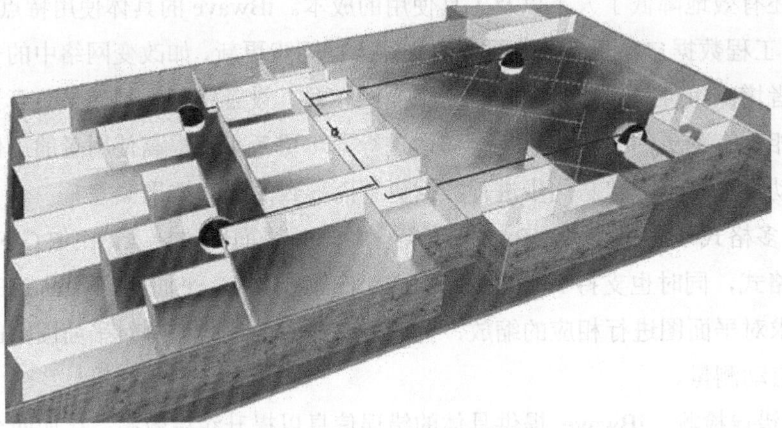

图 4.7 iBwave Design 仿真预测效果图

参考文献

[1] Tolstrup M. Indoor Radio Planning: A Practical Guide for GSM, DCS, UMTS, HSPA and LTE 2nd ed. [M]. Wiley，2011.

[2] Forsk. Atoll Wireless Network Engineering Software[EB/OL]. http://www.

forsk.com/ atoll/. 2015.

[3] SIRADEL SAS. Volcano: Best-in-class radio propagation models | Siradel. http://www. siradel.com/wireless-3d-design/software/volcano-software/. 2015.

[4] SIRADEL SAS. DBM Editor Installation and User Guide[Z]. 2012.

[5] iBwave. In-Building Wireless Network Design Software | iBwave Design. http://www. ibwave.com/Products/iBwaveDesign.aspx. 2015.

[6] 高泽华，高峰，林海涛，等. 室内分布系统规划与设计——GSM/TD-SCDMA/ TD-LTE/ WLAN [M]. 北京：人民邮电出版社，2013.

[7] 广州杰赛通信规划设计院. 室内外综合覆盖课题（广州杰赛通信规划设计院内部材料）. 2014.

[8] 广州杰赛通信规划设计院. 室分系统技术研讨材料（广州杰赛通信规划设计院内部材料）. 2014.

[9] 李军. 移动通信室内分布系统规划、优化与实践[M]. 北京：机械工业出版社，2014.

第 5 章 面向 LTE 的室内分布系统建设

对移动通信服务来说，当前的室内信号覆盖质量已成为影响电信运营商市场竞争力的重要因素。当下的 4G 网络时代，数据业务已更多地发生于室内场景。据国际电联的统计预测，随着 4G 通信的进一步普及和推广，移动数据业务会有 80%以上在室内发生，移动语音会有 70%以上在室内进行，特别是对于人员较多的场景，如学校、商场、办公楼、会议中心、会展中心、交通枢纽等。这些业务高发区域是电信运营商的重要收入来源，如果不能为该类区域提供良好的网络覆盖，就会导致无法有效吸收业务，不能满足市场发展需求，同时还会使其投资效益受到损害。

图 5.1　室内业务量统计预测（国际电联）

4G 时代全球电信运营商都高度关注用户体验。2014 年，在某国际电信联盟大会上，全球 100 多个主流电信运营企业和相关组织的 300 位权威人士共同参与了会议。其中约 80%的嘉宾认为优质的业务服务带来的用户体验是未来 3 年内最值得关注的问题，所以作为高话务以及高数据业务代表的室内场景覆盖则愈发受到重视。另有调研表明，70%的用户投诉也发生在室内，因此，为保证用户获得更好的优质体验，电信运营企业必须提供高品质的室内连续覆盖。

4G 网络时代，室内信号覆盖的质量已非常重要，对电信运营企业而言已提升到战略高度。在一定程度上甚至还可认为，4G 网络的室内覆盖水平和质量在很大程度上或者直接影响着 4G 整体建设的成败。

5.1　LTE 室内覆盖挑战

随着城市化进程的逐步加快，城市环境不断发生变化，城区面积不断加大，高层建筑不断增加等因素对无线信号在室内环境中的传播都会形成较大的衰耗，从而造成移动通信信号覆盖的弱区或盲区，甚至导致原本覆盖达标的区域变成信号的弱区，通话断续甚至掉话，严重影响用户的体验感知。

伴随着城市无线环境的日益复杂、人口密度越来越大以及人口流动性的增加，通信网络建设面临新的挑战。根据以往的规划设计经验，对于现代城市室内场景的移动通信网络部署，主要存在的深度覆盖问题以及区域特征可以归纳为以下 3 类。

① 覆盖问题：新建的中高档建筑物、地下停车场、电梯、高层写字楼、CBD 区域、大型会展中心；

② 容量配置：校园、交通枢纽等人口存在明显的潮汐效应的场景，可能会出现容量配置不足或不当的拥塞现象；

③ 质量：在建筑物高层或建设室分系统的窗户边缘由于可以接收到多个基站信号而出现的频繁切换现象。

与传统的 2G、3G 室内网络规划设计相比，4G 时代的室内覆盖建设要求更为精细化，设计指标需综合关注场强、容量、覆盖质量、切换、频率、干扰等多维因素，在设计中还需要考虑网络建设和维护成本等因素。在工程实施阶段，由于多系统融合工程调测量通常要大于以往的室分系统建设。在解决方案方面，4G 室内覆盖解决方案对场景划分要求更为细致，网络覆盖精度由面演化到点，用户体验感知质量成为检验深度覆盖效果的最佳衡量标准。如何做好室内覆盖是 4G 网络时代电信运营企业在网络建设上所面临的一项重大挑战。

就覆盖手段而言，传统室内覆盖方式是使用室外基站直接覆盖室内，这种由外而内的方式在 4G 时代已难以奏效。一方面是由于 4G 使用的高频段信号穿透能力差，损耗严重，如果沿用传统由外而内的覆盖解决方案所需的的宏站数量将大大增加，会使网络建设成本剧增，同时需求站址数量的增加会导致站址获得更为困难。另一方面，4G 时代数据业务对信号强度和信噪比的要求更高，单纯依靠宏站很难保障用户体验。因此，相对于传统的 2G、3G 网络的室内覆盖而言，LTE 室内网络所要求的深度覆盖主要面临的挑战有：LTE 频段高、LTE 室分设计复杂、LTE 室分建设施工难度大、现有室分改造利旧、多系统干扰控制、网络协同以及节能减排。

5.1.1　LTE 频段高

移动网络演进到 LTE 后，由于频段较高导致较 2G 网络制式在相同的站点布局下无法满足网络覆盖要求。以目前工信部给国内各个电信运营商发放的 TD-LTE 牌照为例，各运营商所使用的频段分别如表 5.1 所示。

表 5.1　　运营商 TD-LTE 频段划分

运营商	网络制式	带宽/MHz	下行/MHz	上行/MHz
中国移动	TD-LTE（F 频段）	30	1885～1915	
	TD-LTE（E 频段）	50	2320～2370	
	TD-LTE（2.6GHz）	60	2575～2635	
中国电信	TD-LTE（2.3GHz）	20	2370～2390	
	TD-LTE（2.6GHz）	20	2635～2655	
中国联通	TD-LTE（2.3GHz）	20	2300～2320	
	TD-LTE（2.6GHz）	20	2555～2575	

根据以上的频段规划，除了分配给中国移动的 1880～1900MHz 外，其余频段均在 2.3GHz 以上。受波长所限，在复杂的室内无线环境下信号衰耗和吸收均很大，在相同功率下理论传播距离较 3G 和 2G 网络要小。因此，在 LTE 网络部署策略上，电信运营企业面临覆盖规划、建设成本以及工程进度等各方面的挑战。

5.1.2　设计复杂

对 LTE 来说不同数据速率的解调门限不同，因此在覆盖设计中，对于覆盖首先需要确定小区边缘用户的速率要求，只有合理确定小区边缘用户的数据速率才能确定室内的有效覆盖范围。复杂的无线环境要求 4G 系统在确定室内边缘场时需要格外精细，同时不仅要确定满足小区边缘目标速率的小区覆盖范围，还需确定不同速率的业务的信噪比和无线资源块数量。

与 2G/3G 网络相比，LTE 在确定覆盖范围时更复杂，链路预算需要综合考虑业务速率需求、系统带宽、天线配置、MIMO 配置、公共开销负荷、发送端功率增益与损耗计算、接收端功率增益与损耗计算等多个参数配置。

5.1.3　LTE 室内分布系统建设施工难度大

住宅小区、密集写字楼、CBD、商业区和城中村是各电信运营企业所关注的室内覆盖重点，由于近年来居民的环保和维权观念越来越强，传统的安装方式难以开展。同时，还对所安装设备的隐蔽及美观度要求越来越高，给工程建设带来了极大的挑战。

理论上建设双通道比单通道速率约提升 1 倍，也就是说在同样的条件下 TD-LTE 双通道 MIMO 峰值速率可以达到约 110Mbit/s，而单通道速率只有 57Mbit/s 左右。从以上数据可以看出，MIMO 对速率的提升非常明显。但是，为保证充分发挥 MIMO

对 LTE 容量的提升，采用双路分布系统方案时对单极化天线的间距有严格要求，这给施工也带来了一定难度。需确保两通道功率平衡，两个单极化天线间距应不低于 4λ（约为 0.5m），在有条件的场景尽量采用 10λ 以上间距（约为 1.25m）。因此，LTE MIMO 技术的成功落地也是一个挑战。

5.1.4　现有室内分布系统的改造利旧

提供一个优质的室内网络对电信运营企业的市场运营至关重要，由于现有网络经过了运营商 10 多年的建设和优化，因而网络建设中尽量减少对现网的影响对运营商而言同样重要。为避免因为新建而严重影响现网，所以在网络规划设计建设中需要在满足建设目标的前提下最大化利用现有设备价值，这势必要求对现有的室内分布系统进行改造利旧。从单双通道选择、分布系统是否新建、天线使用单极化还是双极化，以及是否充分考虑利旧现有设备等方面进行考虑，LTE 涉及的改造利旧主要有以下几个方面。

（1）天线建设及改造

要求天线工作频率范围为 800MHz～2700MHz，若原有室分天线位置或密度不合理，则需增加或调整天线布放点以保证 LTE 覆盖。

对于天线覆盖参考半径而言，在半开放环境中，如写字楼大堂、大型会展中心等，覆盖半径取 10～16m 为宜；在较封闭环境，如写字楼标准层等，覆盖半径取 6～10m 为宜。

采用 MIMO 双通道分布系统方案时，为实现 MIMO 性能要求，两个单极化天线间距不低于 4 倍波长，在有条件的场景应尽量大于 10 倍波长。

（2）器件改造

为了满足多系统合路的要求，对于拟建 LTE 室分的场景，要更换多系统合路器以增加支持 LTE 系统工作频段的端口。为了避免系统间相互干扰影响各系统的性能，建议合路器端口之间的隔离度大于 90dB，对于不符合要求的合路器，要进行改造替换。

对于功分器和耦合器，通常根据工作频率范围、驻波比、损耗需求进行合适的选取，要求工作频率范围为 800MHz～2700MHz。

（3）馈线改造

在原分布系统功率分配不够且施工条件允许的情况下，可参考一定的原则进行改造。如原分布系统中平层馈线长度超过 5m 的 8D/10D 馈线均需更换为 1/2in 馈线；原有分布系统中平层馈线中长度超过 50m 的 1/2in 馈线均需更换为 7/8in 馈线；主干馈线中长度超过 30m 的 1/2in 馈线均需更换为 7/8in 馈线。

5.1.5　多系统建设

目前，三大运营商各自所拥有数套 2G、3G、4G 网络制式，使现有室内分布系统建设中存在多系统的情况。因此，在部署 4G LTE 时不可避免地将受到各种相关系统的干扰。从多网协同角度考虑，4G 室分系统不能影响之前系统，同时又必须满足自身设计目标要求，并与已存在系统协同发展，因此在规划部署中多系统室分系统性能需要综合考虑，而且如何利用现有分布系统也是特别值得关注的问题。

LTE 室内覆盖的部署在考虑与 2G、3G 及 WLAN 的融合覆盖时，并非孤立进行。由于不同频段信号在天馈分布和空间传播损耗上有明显的差异，频率越高损耗越大，在网络建设中应注意减少频率损耗的差异性。传统方案是每套系统即需增加一台设备，由于受站址空间限制和业主的阻拦，以往的多网多套设备方案目前已难以有效开展。

在 4G LTE 时代，借助更多样化的基站设备类型，科学合理地选择如基站、小基站、RRU、MRRU、Femto、直放站、干放、微型功放等设备以适应差异化场景的安装。采用多样化技术在当前的 4G 室内分布系统建设中已成为主流趋势，优质技术的应用使得网络性能得到逐步的提升，较好地保障了用户业务的体验需求，同时也保证了 4G 业务可更好地发展。

5.1.6　节能减排

考虑到 4G 室内分布系统较传统的 2G/3G 网络有更多的应用设备，会出现因设备较多导致的功耗大的问题，因此需要更加注重节能减排的要求。首先须选用具有节能技术的设备；其次需合理配置网络资源，避免超配网络资源；再者是应用新型应用型节能技术，同时避免不必要的工程建设资源占用等问题。节能减排将是一项长期且复杂的工作。

5.2　面向 LTE 的室内分布系统

面向 LTE 的室内分布系统与传统室分系统有相同的系统架构，都是由信源和分布系统两部分构成。其中信源通常有宏基站、微蜂窝基站、分布式基站等。在实际规划设计中需对实际覆盖区域的容量进行合理预测，并在此基础上进行信源的选择。对于分布系统而言，常用的类型有无源分布系统、有源分布系统、光纤分布系统、混合分布系统等，在实际规划设计中需结合建筑物类型、覆盖面积等因素进行合理的选择。

然而，相比于传统的室分系统，LTE 室内覆盖更多是强调高速数据业务、室内深度覆盖和优质的用户体验感知。但是，面向 LTE 的室内分布系统建设又由于 LTE 频段高、穿透损耗大、技术方案复杂、工程量大、成本高，以及施工和协调困难等原因，使得当前基于 LTE 的室内分布系统建设具有其独有的特点和方式。本节就 LTE 室分系统的建设目标和总体设计原则进行了阐述分析。

5.2.1　LTE 室内分布系统建设目标

国际电联的统计数据显示对于当前的网络建设现状而言，总量上将有 70%的话音通信业务量和 80%的数据业务量发生在室内，突显了室内场景在承担移动通信业务上的重要性。如何建设网络性能优良以及业务承载能力强的室分系统来满足用户的体验感知已成为当前 LTE 室内覆盖的首要建设目标。

随着当今社会移动互联网的飞速发展，用户对于高速数据业务的需求也越来越高，数据业务发生在室内的比例也越来越大。3G 网络的建设已不能很好地满足用户对数据业务的体验要求，同时随着城市的快速发展和建设，建筑物也越发密集，从而导致信号遮挡严重和基站选址的难度增大。该两大难点使得基于 LTE 的室内分布系统建设日益受到重视。首先，LTE 制式对高速传输速率的支持可以很好地满足用户对高速数据业务的体验，并能够保障充裕的网络容量和优质的服务质量。其次，基于 LTE 的室内分布系统建设在当今室内场景已成为移动通信主要承载体的时代更能够有效地分担建筑物、人流量较密集区域的话务量和网络压力，提升网络整体性能和运营商的竞争力，为用户提供更优质的服务感知。

为了保证 LTE 室内分布系统更好地适应当前室内无线覆盖的要求，在实际建设中还需要有效地解决多系统间干扰、室内外协同、建设成本控制、共建共享以及多场景适用性等一系列的挑战和问题，从而保障优质 LTE 室内分布系统建设目标的顺利达成。

5.2.2　LTE 室内分布系统设计原则

① LTE 室内分布系统的设计和建设应综合考虑业务需求、网络性能、改造难度、投资成本等因素，体现 LTE 的性能特点并保证网络质量，且不影响现网系统的安全性和稳定性。

② 室内分布系统使用双路建设方式能充分体现 MIMO 上下行容量增益，在 LTE 工程建设中应根据物业点具体情况综合考虑业务需求、改造难度等因素，分别选择适当比例的新建和改造场景部署双路室内分布系统。

③ LTE 室内分布系统建设应综合考虑 GSM、TD-SCDMA、WCDMA、WLAN 和 LTE 的共用需求，并按照相关要求促进室内分布系统的共建共享。多系统共存时系统间隔离度应满足要求，避免系统间的相互干扰。

④ LTE 室内分布系统建设应坚持室内外协同覆盖的原则，需要做好 LTE 室内外切换区域设计，保证良好的移动性，同时严控室内信号外泄，降低小区间干扰。

⑤ LTE 室内分布系统建设应保证扩容的便利性，尽量做到在不改变分布系统架构的情况下，通过小区分裂、增加载波、空分复用等方式快速扩容，以满足业务需求。

⑥ LTE 室内分布系统应按照“多天线、小功率”的原则进行建设，电磁辐射必须满足国家和通信行业相关标准。

⑦ 对于多运营商共建的 POI 系统，需要选择满足各系统间干扰隔离度的器件，以保证各系统正常运行。

⑧ LTE 室分应以满足数据业务容量需求为目标，对单小区无法满足的情况下可以进行多小区覆盖，室内分区原则上采用垂直分区的方式保证小区间的干扰隔离，同时尽量避免同层存在多个小区的情况。

5.3 LTE 室内分布系统建设策略

为保证 LTE 室内分布系统具有优质的建设质量和良好的网络性能，有必要采用各种科学合理的建设策略。本节通过 LTE 单双通道建设模式、LTE 新建及改造建设方案、LTE 多场景覆盖方案，以及 LTE 室分运营维护策略 4 个方面的论述，对面向 LTE 室分系统的建设策略进行了探讨。

5.3.1 LTE 室内分布系统单双通道建设模式

对于 LTE 室内分布系统的建设模式而言，可分为单通道建设模式和双通道建设模式两种。

5.3.1.1 单通道建设模式

单通道建设模式是指只有一路天线、射频系统和馈线的分布系统建设模式。该模式需要部署的天线数量相对较少，与双通道模式相比，单通道模式无法提升系统容量。因此，该模式通常优先考虑应用于数据业务需求不高的场景。

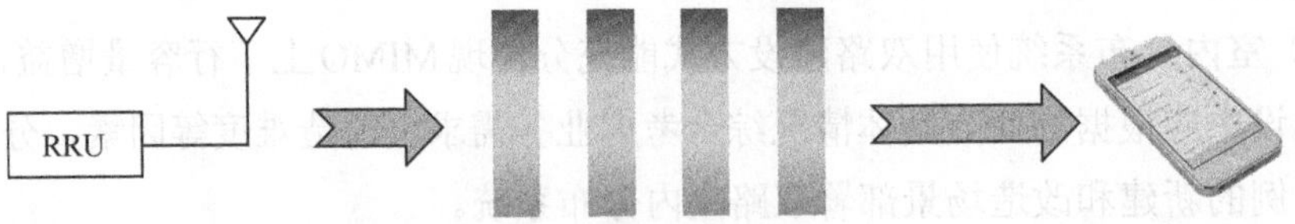

图 5.2 单通道建设示模式意图

5.3.1.2 双通道建设模式

双路建设模式能充分体现 MIMO 容量增益，工程中应根据物业点具体情况综合考虑业务需求、改造难度等因素，选择分布系统建设方式。在容量需求较高或示范作用显著的目标覆盖场景以及新建室内分布系统场景应尽量使用双路建设，实现 MIMO 双路对系统容量和速率的提升，从而提高用户感知度。同时在建设中应保证双路功率平衡以确保 MIMO 性能。双路建设时，天线应关注以下原则。

① 原则上优选单极化天线，两个单极化天线间距应保证不低于 4λ（约为 0.6m），在有条件的场景尽量采用 10λ 以上间距（约为 1.5m）。

② 对于单极化隔离距离难以实施或者物业抵触增加天线的情形，可使用双极化天线进行覆盖。

总体而言，对于新建的、重要性高的、品牌影响力大的重点场景，如大型交通枢纽（机场、火车站和码头等）、大型会展中心、业务演示营业厅、城市标志性建筑等，室分场景原则上优先考虑采用双通道建设模式。而对于已建 2G/3G 的室分场景，一般建议采用 LTE 单通道建设模式。

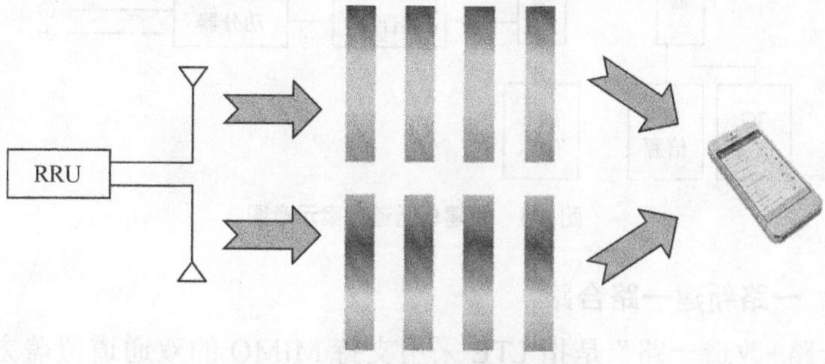

图 5.3　双通道建设示意图

5.3.2　LTE 室内分布系统新建及改造方案

根据 LTE 室内分布系统目前主流的单通道和双通道这两种建设模式，具体选择哪一种需要结合自身实际情况进行综合评估来确定。电信运营企业在引入 LTE 室内分布建设时通常会涉及到以下几种新建或者改造的建设方案类型。

5.3.2.1　新建单通道

新建单通道方案是指在原室内系统覆盖区内，把引入的 LTE 室内分布系统与现网室内分布系统分开进行独立建设，按照 LTE 性能特点进行设计和部署，直接采用一路新建的 LTE 室分系统实现单通道覆盖（不支持 MIMO）。新建单通道方案如图 5.4 所示。

该方案的优点是采用完全新建的方式，有利于当前的建设施工以及后期的维护管理。另外，由于只新建一路室内分布系统，工程量会相对较少，投资成本也会相对较低。该方案的缺点是无法发挥 LTE 的 MIMO 优势，导致用户峰值速率、系统容量等受限，适合在非热点区域部署，或由于物业、工程实施等原因无法新建两路室分系统的普通建筑，或部署在重点建筑的非重点区域等（如五星级酒店的地下层、电梯等）。

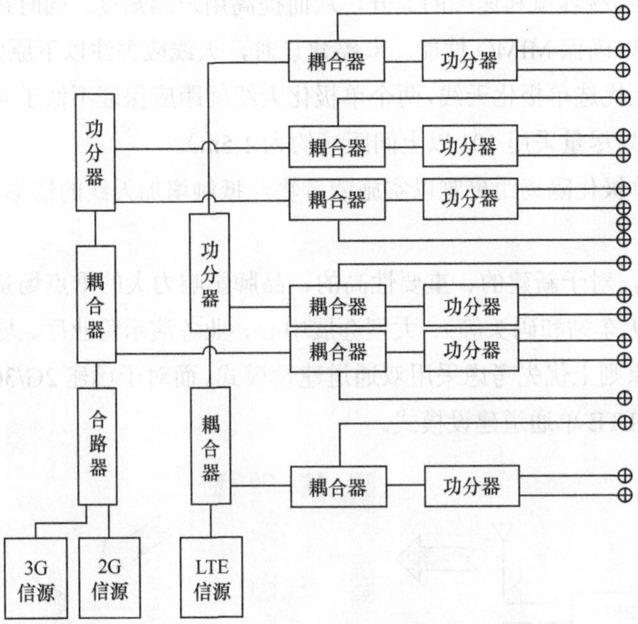

图 5.4　新建单通道方案示意图

5.3.2.2　一路新建一路合路

“新建一路+改造一路”是指 LTE 采用支持 MIMO 的双通道覆盖方式，LTE 信号源的其中一路通过合路器与现有信号源合路后接入已有的室内分布系统，LTE 信号源的另外一路接入新建的室内分布系统。该方案的优点是支持 LTE MIMO，在充分利用已有资源的同时，相比单通道还可带来 1.5～1.8 倍的用户峰值速率和系统容量提升。该方案的缺点是需要新建的一路分布系统要尽量与已有分布系统保持一致，因此在原室内分布系统设计资料不全的情况下这种方案较难实施。该方案适用于有明确业务需求，且容量需求较高，已有分布系统资料清晰、物业条件容许的可改造室内场景。下面分别对采用单极化天线和双极化天线的两种情形进行了分析说明。

（1）共现网双通道单极化天线

该方案使用 2 路射频单元以双通道实现 MIMO，采用单极化天线，其中一路利旧现网室分系统，另一路采用新建方式，如图 5.5 所示。

该方案由于其中一路需要利旧现网室分系统，如果现网室分系统不支持 LTE 频段，则需对现网室分系统进行改造。同时本方案增加的合路器通常会对现网系统性能产生一定的影响。

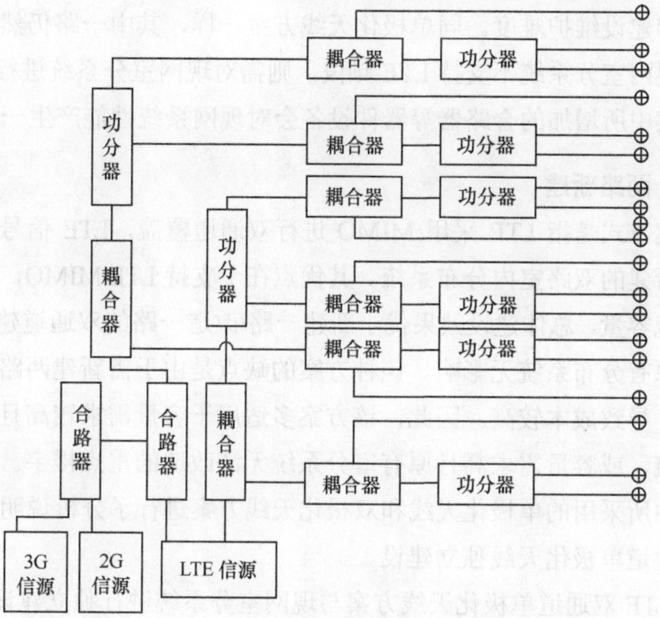

图 5.5　LTE 与 2G/3G 双通道单极化天线共建示意图

（2）共现网双通道双极化天线

该方案同样是使用 2 路射频单元通过双通道实现 MIMO 特性，采用双极化天线，其中一路共现网室分系统，另一路采用新建方式，如图 5.6 所示。

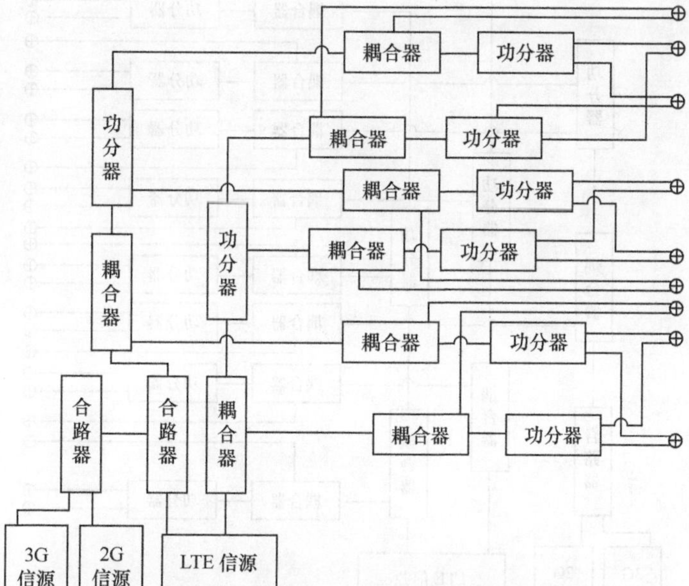

图 5.6　LTE 与 2G/3G 双通道双极化天线共建示意图

与共现网双通道单极化天线方案相比，该方案增加的天线数量减少一半，降低了施工协调和建设维护难度。同单极化天线方案一样，其中一路仍然利旧现网室分系统，如果现网室分系统不支持 LTE 频段，则需对现网室分系统进行相应的改造。同时，该方案中所增加的合路器等器件设备会对现网系统性能产生一定的影响。

5.3.2.3 两路新建

两路新建方式是指 LTE 采用 MIMO 进行双通道覆盖，LTE 信号源的两路信号都直接接入新建的双路室内分布系统。其优点在于支持 LTE MIMO，提升了用户峰值速率和系统容量，总体建设效果优于新建一路/改造一路的双通道建设方式，同时两路新建对原有分布系统无影响。该种方案的缺点是由于需新建两路尽量一致的室内分布系统，导致成本较高。因此，该方案多适用于容量需求较高且需新建室分系统的重点建筑，或容量需求高且原有室分系统无法改造的重点楼宇。下面分别对两路新建方式中所采用的单极化天线和双极化天线方案进行了分析说明。

（1）双通道单极化天线独立建设

新建的 LTE 双通道单极化天线方案与现网室分系统进行独立建设，采用 2 路射频单元的双通道建设模式，实现 MIMO 特性。射频使用单极化天线方式进行覆盖，如图 5.7 所示。

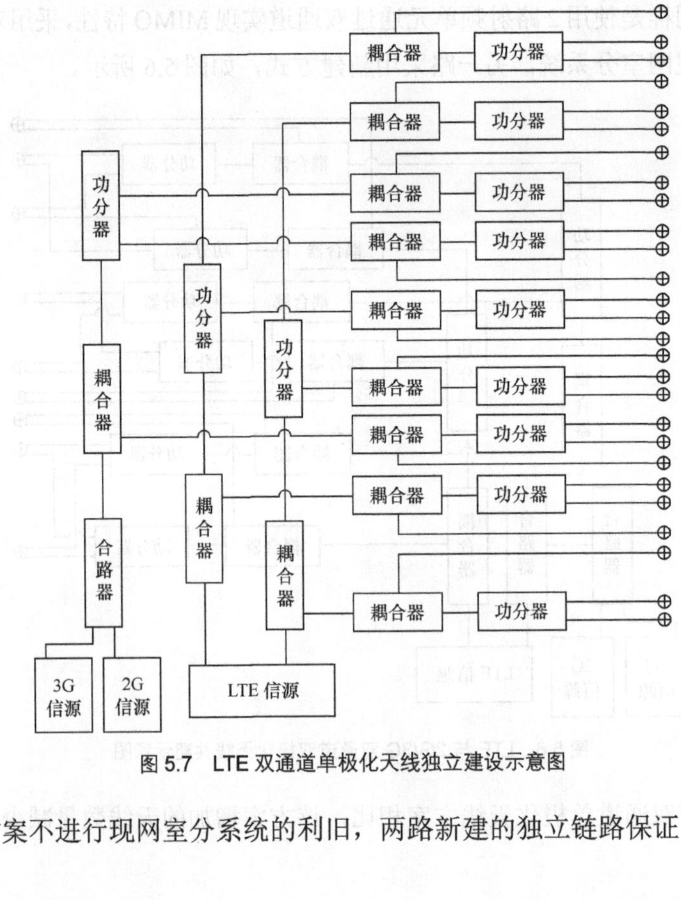

图 5.7 LTE 双通道单极化天线独立建设示意图

该种方案不进行现网室分系统的利旧，两路新建的独立链路保证了多系统间的隔离，从而降低了干扰。另一方面新建的两条链路在分布系统布放和器件选取上能保持一致，可有效降低双路不平衡度从而实现较好的MIMO性能。虽然以双通道建设模式实现MIMO，带来了较大的网络容量和良好的用户感知效果。但该方案中2条链路均需新增天馈线和相关器件（功分器、耦合器等），所以相比于利旧共用方案而言，两路新建方案对现有网络的资源利用率较差，并且会导致造价较高。另外，新增的2路系统还会引起较大的施工协调和建设难度问题。

（2）双通道双极化天线独立建设

新建双通道双极化天线方案与现网室分系统分开独立建设，采用2路射频单元双通道的建设模式实现MIMO，射频使用双极化天线方式进行覆盖，如图5.8所示。

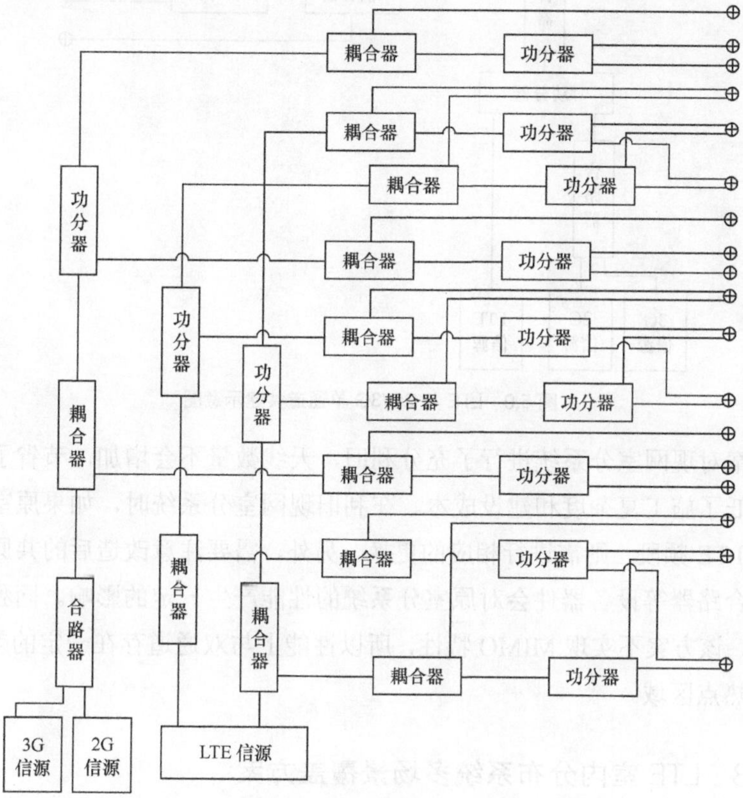

图5.8　LTE双通道双极化天线独立建设示意图

本方案同样不利旧现网室分系统，2路均需新增天馈线和相关器件（功分器、耦合器等），采用双通道建设模式实现MIMO特性，带来了较大的网络容量和良好的用户体验。另外，相比于新建双通道单极化天线模式，该方案天线数量减少一半，总体建设协调难度相对降低。但是，采用完全新建方式，不利旧现有网络资源，即使天线建设数量减少和协调成本降低，仍然不可避免地会出现整体造价成本偏高的问题。

5.3.2.4 改造原室分系统

改造方案是指在原室内系统覆盖区内新建单通道 LTE 室分系统时，充分利旧现网室分系统，使新建 LTE 与现网共用天馈，不实现 MIMO，如图 5.9 所示。

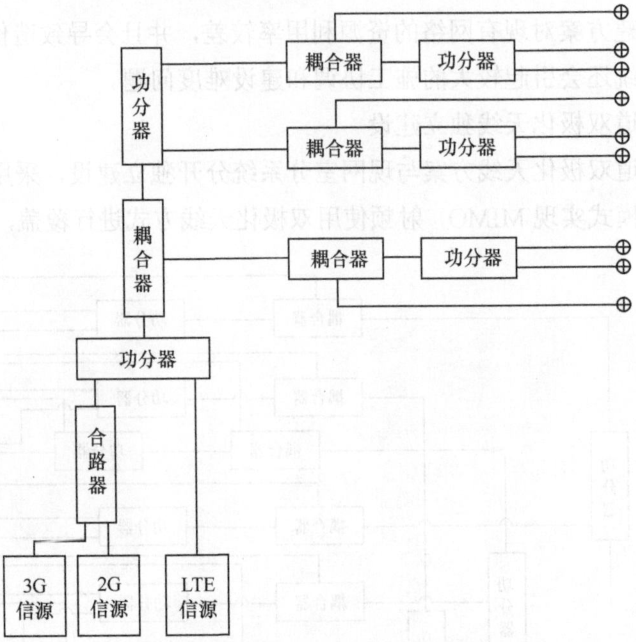

图 5.9 LTE 与 2G/3G 单通道共建示意图

本方案对现网室分系统进行了充分利旧，天线数量不会增加，节省了天馈投资的同时降低了施工复杂度和建设成本。在利旧现网室分系统时，如果原室分天馈系统不支持 LTE 频段，则需进行相应的更换。另外，需要注意改造后的共原分布系统中新增的合路器等设备器件会对原室分系统的性能产生一定的影响。同独立新建单通道一样，该方案不实现 MIMO 特性，所以性能上与双通道存在一定的差距，通常适用于非热点区域。

5.3.3 LTE 室内分布系统多场景覆盖方案

为保障 LTE 室分系统的优质建设和用户体验，不同场景开展具有自身针对性的室内覆盖建设已成为当前面向 LTE 室分系统建设的一项重要策略。本节分别就多层居民区、别墅区、高层居民区、城中村以及老旧多层居民区的 LTE 室分系统覆盖建设进行了分析。

5.3.3.1 多层居民区

场景特点：建筑物高度一般较低矮，公共绿化面积相对较大，楼宇间距一般较近。小区由统一的物业管理，楼宇没有电梯及地下室。多层居民区示意图如图 5.10 所示。

图 5.10　多层居民区示意图

信号覆盖特点：小区内电磁传播环境较差，前后楼层阻挡会导致出现弱覆盖以及盲区等问题。电梯、地下车库等一般会成为覆盖盲区，底层信号覆盖受到周围楼宇的阻挡，出现弱覆盖。

解决思路：对于该类小区，若原有 2G 分布系统，则可在原有分布系统上进行 LTE 合路，并在天线不足的区域新增天线进行覆盖；若小区内无分布系统，且物业同意建设，通常采用地面美化天线覆盖，按照每个单元一个天线的方式覆盖。若物业不同意大规模开挖建设分布系统，可在居民楼顶安装高性能射灯型美化天线进行覆盖，或在小区周围高层楼宇的楼顶加装高增益美化天线，从高往低覆盖。也可采用在小区边角新增美化路灯型一体化站来解决 LTE 深度覆盖。射灯天线方案和地面灯杆站方案示意图如图 5.11 所示。

（a）射灯天线　　（b）地面灯杆

图 5.11　射灯天线方案和地面灯杆站方案示意图

5.3.3.2　别墅区

场景特点：楼宇一般低于 4 层，以 2～3 层为主，建筑物多为砖混结构，单个房间面积较大且内部纵深较大，区域内楼宇排列相对整齐，楼间距通常较大，区域内绿化较好，多以灌木类景观树木为主，容积率低，无电梯和地下室，小区用户数较少，但用户 ARPU 值较高。别墅小区俯瞰示意图如图 5.12 所示。

图 5.12　别墅小区俯瞰示意图

信号覆盖特点：别墅区由于楼宇楼层较低，所以室外覆盖相对容易。但别墅区属高档小区，物业条件限制较大，一般不允许建设室内分布系统，即便成功建设并投入使用，也会存在室分系统投资回收效益不高的问题。

解决思路：为有效满足用户对高速率网络服务的需求，需要对别墅小区进行 LTE 覆盖。当从室外向室内进行覆盖时，对于物业可协调的别墅小区可采用分布式基站结合美化天线的方式，包括路灯杆、草坪灯杆等形式；对于物业难协调的小区则可考虑从外侧的高楼或路灯进行覆盖，或者利用别墅区外围的室外基站，实现小区道路、住宅楼住户内的室内覆盖，发挥室外基站容量大、站间切换有保障的优势。对于存在公共地下车库的区域，优先考虑建设室内分布系统进行覆盖；在较大型别墅区，可在小区内部选择会所等公共建筑，设置微型站加强小区内部覆盖；另外，对投诉较多且为优质客户的房间考虑安装 Femto 小基站。

5.3.3.3　高层居民区

场景特点：建筑物一般为钢筋混凝土结构，楼层厚度较大，楼间距较大，楼宇基本在 15 层以上，配有电梯、地下停车场，绿化面积大，入住率较高。同时，具有统一的物业管理，对施工规范要求也相对较高。高层居民区示意图如图 5.13 所示。

信号覆盖特点：高层区域信号杂乱，没有主覆盖小区。电梯、地下车库等一般为覆盖盲区，位于小区中央区域的道路容易出现弱覆盖，平均穿透损耗为 20～25dB。

图 5.13 高层居民区示意图

解决思路：为保障高层小区用户对高速网络服务的需求并结合实际的建设难度，对该类小区的 LTE 深度覆盖建设有以下建议。

① 考虑到高层小区每层布线的工程量和建设难度，可适当考虑采用“室内分布系统+上仰角射灯天线或路灯天线系统”相结合的覆盖方式用以降低施工复杂度和提升建设效率。

② 使用室内分布覆盖电梯、电梯厅等室内公共区域和地下车库，采用 RRU 拉远外挂天线覆盖中高层。

③ 相邻的高层建筑之间也可以利用楼顶天线或墙体外挂天线对打的方式进行覆盖。

④ 地面射灯天线向上可以覆盖 5～6 楼的高度，因此还需要在上层增加天线，通过上下天线对打解决整栋建筑的覆盖问题，主要方式有楼顶安装射灯天线、抱杆天线、排气筒等。

⑤ 高层天线尽量采用垂直大张角天线增大覆盖面的高度。

⑥ 若楼宇施工存在困难，则可以考虑建设美化路灯站点，以用于解决小区 LTE 深度覆盖问题。大倾角天线和楼顶排气孔天线如图 5.14 所示。

（a）大倾角天线

（b）排气孔天线

图 5.14 大倾角天线和楼顶排气孔天线

5.3.3.4　城中村

场景特点：楼宇密集，道路狭窄，基础配套严重不足，居民区立体结构复杂，楼层高矮不一，无线传播环境复杂，物业管理较为混乱。城中村的居民一般多为中老年和外来务工人员。城中村示意图如图 5.15 所示。

图 5.15　城中村示意图

信号覆盖特点：建筑物阻挡严重，穿透损耗大，室内外覆盖严重不足。由于楼宇密集，LTE 宏站信号经过多次阻挡，用户房屋内信号急剧衰减，无法满足用户正常使用。

解决思路：覆盖信源可以采用 BBU+RRU 建设，同时在楼宇外墙安装板状天线对室内进行覆盖。由于物业管理混乱，在室内区域安装天线进行 LTE 的深度覆盖较难实现。并且面临楼宇间已有的网线、光缆等走线杂乱的问题，城中村的室分建设通常会耗费更多的时间周期。

5.3.3.5　老旧多层居民区

场景特点：该类小区一般位于老城区，建筑物年限较长，一般无统一的物业管理，小区绿化面积较小，室外电线、网线等走线散乱，楼宇外墙设备箱附挂情况较多，该类小区一般无地下停车场。老旧居民区示意图如图 5.16 所示。

信号覆盖特点：老旧多层居民区周围宏站数量较少，小区本身的楼宇间距较小，墙体厚，4 层以下楼层信号覆盖较弱。

解决思路：对该类小区进行 LTE 覆盖时通常采取室外覆盖室内的策略，通过室外天线覆盖住户及室外公共区域。考虑到投资效益，建议优先选择传统宏站的形式覆盖小区，合理利用小区地形及建筑物高度差，避免重叠覆盖和信号外泄。具体方法主要有在小区外围已建的高层建筑物上安装大倾角天线，并使用板状天线对低层进行信号覆盖。对于小区建设为一边高一边低的居民区而言，可采用在高层加装美化天线覆盖低层的方案。对于中高外低型小区，在高层加装美化天线覆盖低层的同时，还可在居中的高层楼宇上新增美化天线向周围楼宇进行覆盖，或在小区边缘建设美化型一体化站。

图 5.16　老旧居民区示意图

5.3.4　LTE 室内分布系统运营维护策略

为了保障 LTE 室内分布系统在施工建设完成后充分发挥实际功效，采用科学合理的运营维护手段作为总体建设策略的一个重要组成部分也是必不可少的。

在实际的系统运营过程中，首先如 5.3.3 节所示需根据不同的场景有针对性地采用差异化的覆盖策略。其次，需要对室内外网络资源进行合理的调整和优化，科学配置无线资源。再次，通过对网络的精细化调测来提升室内分布系统对业务的吸收承载能力，以增加室内分布系统业务量的吸收占比。同时，运营过程中还要尽可能地进行多系统的共建共享，从而达到成本控制、降本增效以及节能减排的目的。

对于 LTE 室分系统的运营维护策略而言，多侧重于系统后期的监测维护。然而，LTE 室分系统的监测与传统室分系统一样存在技术手段有限、监控盲区较多等问题。常用的监测手段有网管监控、网优业务指标监控、定期人工 CQT（Call Quality Test，呼叫质量播打测试）等。而这些手段通常又是效率较低、工作强度较大且成本较高，同时现有这些技术手段的应用还不足以反映网络状态的实时变化。在维护过程中，由于故障定位不够准确还会导致大量的时间耗费在现场的故障排查上，而频繁的进场维护又会引起业主的不满。因此，为了提升对整体系统的后期维护效率和质量，有必要搭建智能化的室分监控管理体系平台。就监控而言，可以利用相关的物联网技术对末端无源天线进行工作状态的监测，并完成精确的定位以方便后续快速的故障维护，克服了传统技术手段难以对无源器件进行监控的缺陷。就管理而言，智能平台需要对室分站点的资料及数据进行存储，并能通过多维度、多方式进行粒度化、精细化的统计对比分析，对站点可能发生的故障问题进行预测，从而可以更具针对性地提前安排相关人员对站点进行定点定期维护检修，提高工作效率。

5.4 LTE 室分系统网络性能影响因素

对于影响 LTE 室分网络性能的因素，本节从多系统合路、室分器件质量、单双通道建设以及施工建设过程 4 个方面进行了分析阐述。

5.4.1 多系统合路影响

当前，我国存在 GSM、CDMA、TD-SCDMA、WCDMA、TD-LTE、LTE FDD 等多种无线通信网络制式，各无线通信系统分别工作在 800MHz～2600MHz 多个公众无线通信频段上。随着新技术发展，无线网络应用环境将更加复杂，一个运营商拥有多个制式、多段频率，一个覆盖区多系统、多网络、全频段共存的情况也将越来越多。因此，当 LTE 与其他制式系统共同接入室分系统后，彼此间不可避免会产生各种类型的干扰，如第 6 章所描述的杂散干扰、互调干扰、阻塞干扰、噪声干扰以及邻频干扰等，都会在不同程度上影响所建设的 LTE 室分系统的网络性能。

5.4.2 室分系统器件质量影响

随着室分器件大规模批量化的生产制造，同时缺乏生产制造后对器件性能校正的有效程序，使实际工程所使用的器件质量难以保障。因此，对于当前的室分系统建设而言，系统中所采用的器件品质优劣已成为影响网络性能的一项重要因素。本节中主要关注无源器件对室分上行干扰的影响，其影响主要是由功率容限和互调抑制所致，并且跟载波配置和发射功率密切相关。载波数越多，发射功率越大，互调产物就越多，互调干扰就越大。

① 功率容限：是指器件产生的热能所导致器件的老化、变形以及电压飞弧现象不出现时所允许的最大功率负荷。当无源器件在不满足功率负荷要求时，会造成器件局部微放电引起频谱扩张，产生宽带干扰，影响多个系统；或者造成器件被击穿而损坏，进而导致通信中断。

② 无源互调：当两个以上不同频率的信号作用在具有非线性特性的无源器件上时，会产生无源互调产物。在所有的互调产物中，二阶和三阶互调产物的危害性最大，因为其幅度较大，可能落在本系统或其他系统的接收频段，无法通过滤波器滤除而对系统造成较大危害。在器件制作中需要对材料的选择、腔体内部接点的焊接、腔体内部的洁净等工艺有较严格的要求以降低器件的二阶、三阶互调。

根据统计数据来看，绝大多数的故障器件发生在信源的前三级和主干上，建议在网络中重点关注靠近信源侧和主干的前三级器件。同时为保障网络质量，建议靠近信源侧的器件直接更换为指标较好的高品质无源器件。另外，要从根本上解决互调问题，必须提高器件性能。同时，还要求通过规范施工来尽量避免无源互调干扰问题。

5.4.3　LTE 室分系统单双通道影响

MIMO 技术作为 LTE 室分系统的核心关键技术之一，其原理在于可以利用不相关的空间信道，使用相同的频率资源同时并行传送相同（分集模式）或者不同（复用模式）的数据流，从而获得空间分集增益（提高链路可靠性，配合分集接收可改善信号质量）或者空间复用增益（多流传输，成倍提升业务速率和系统容量）。

从理论上讲，室内建设双通道可使系统峰值速率和容量最大提升至单通道时的 2 倍，从而提升了单用户的峰值速率和系统的频谱效率。实际上双通道的整体性能提升率取决于整个系统的信号覆盖和质量水平，以及终端的分布情况。通常情况下，信号质量越好，MIMO 的增益越大。本小节分别对 FDD LTE 与 TD LTE 的单双通道的网络性能进行了对比，同时还对通道不平衡性的影响进行了分析。

5.4.3.1　FDD LTE 室分系统单双通道性能影响

2011 年在国内某运营商的 FDDLTE 试验网项目中对室分系统单双通道的性能进行了对比测试，结果如表 5.2 所示。

表 5.2　　FDD LTE 单双通道性能对比

峰值速率/Mbit · s^{-1}	单通道	双通道	提升比例/%
下行	45	95	111.11
上行	36	37	2.78

采用双通道之后，下行峰值速率可提升至原有单通道的 2 倍左右，而上行峰值速率基本没有变化，主要原因是这个试验网测试的终端能力所限，不支持双天线发射，因此上行只有分集增益，而无空间复用的容量增益。

另外，图 5.17 为近点、中点以及远点的上下行吞吐量测试结果，其中近点、中点的双通道相对于单通道下行吞吐量提升 70%～90%，远点吞吐量单双通道相当。总体而言，与单通道相比，双通道的下行平均吞吐量约提升 56%。而对于上行吞吐量，测试数据显示单双通道方案在上行吞吐量上没明显差异。

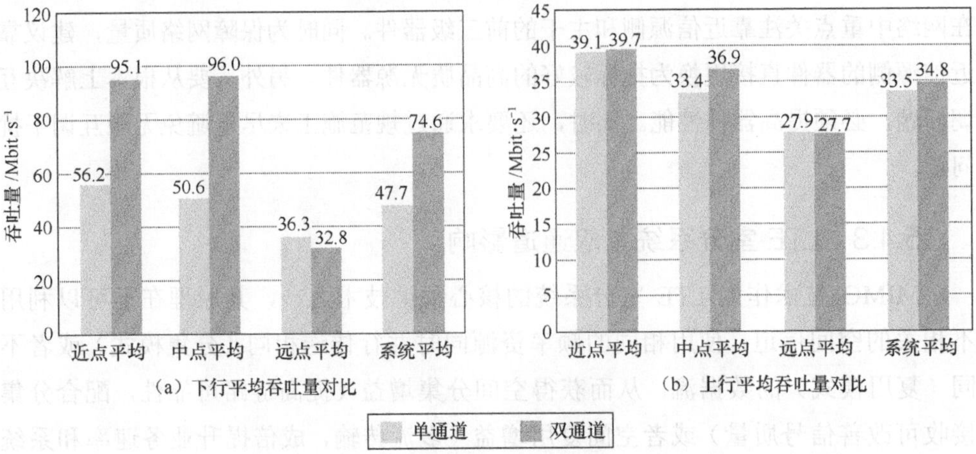

图 5.17　单双通道吞吐量对比

5.4.3.2　TD LTE 室分单双通道性能影响

对国内某运营商 TD LTE 扩大规模试验网项目中的室分单双通道的吞吐量进行了测试分析，图 5.18 和图 5.19 为目标覆盖小区的上下行吞吐量的测试对比结果。基于测试结果，双通道相对于单通道的下行吞吐量约提升 60%，而上行吞吐量基本没有差异。总体而言，双通道较单通道有较明显的技术优势。

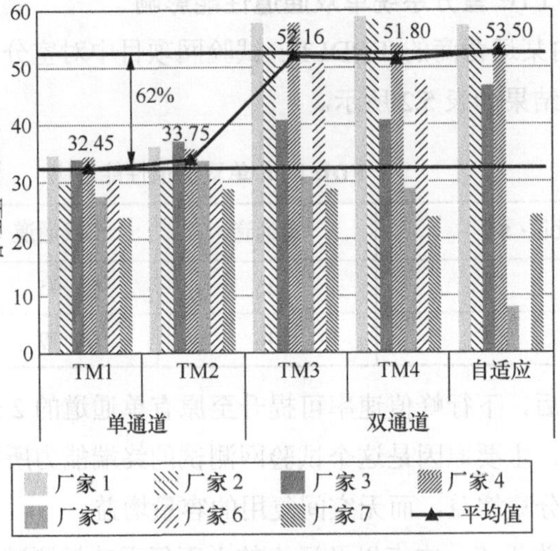

图 5.18　TD LTE 小区下行吞吐量

进一步的实验是通过某主设备厂家对小区近点、中点和远点的测试结果来分析单双通道的性能差异。相应的测试环境和条件为室内开阔场景（2330MHz～2350MHz），下行固定使用 32 个 RB，上行使用 RB 数由上行功控算法确定，最大使用 48 个 RB；在测试中，近中远点的定义分别为近点 RSRP=−80dBm，中点 RSRP=−95dBm，远点 RSRP=−105dBm。表 5.3 为相应的测试结果，根据表中的实测数据，室内双通道与单通道相比，近点可获得 90.28%的增益，中点可获得约 78%的增益，远点可获得 38%的增益。

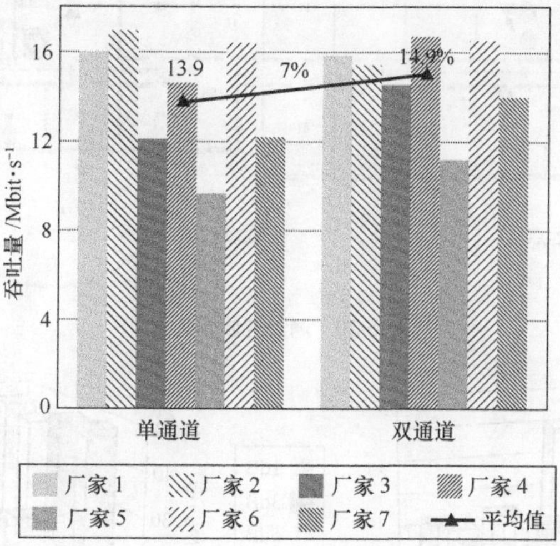

图 5.19 TD LTE 小区上行吞吐量

表 5.3 TD LTE 单双通道吞吐量数据展示

测 试 地 点	近 点	中 点	远 点
单通道 L1 平均吞吐率/（Mbit・s^{-1}）	11.21	11.21	9.17
双通道 L1 平均吞吐率/（Mbit・s^{-1}）	21.33	19.93	12.66
相对增益/%	90.28	77.79	38.06

5.4.3.3 通道不平衡性能影响

MIMO 技术通过多个空间信道进行数据传输从而提升吞吐量，如果各通道信号功率差距过大会导致低功率信号无法被正确接收，从而影响吞吐量。也就是说 MIMO 双通道之间的功率不平衡会导致 MIMO 性能的恶化，极端情况下将导致两个通道实际效果退化为一个通道，即使建设双通道也无法带来性能的增益。因此，需要关注通道不平衡性和 MIMO 性能的关系，从而为 LTE 的室分系统设计提供科学合理的指导和依据。

（1）信号平衡度

为了分析通道不平衡性对网络的影响情况，通过对某 TD-LTE 试验网室内分布系统双通道吞吐量的测试数据进行分析，从而得到通道不平衡性对网络的实际影响程度。图 5.20 为试验的测试区域图例。

如图 5.21 所示，对于单 UE 的测试结果进行分析，无论是远点、中点、近点，随着 MIMO 通道功率不平衡的加剧，单终端的上行、下行吞吐量都呈现下降趋势。

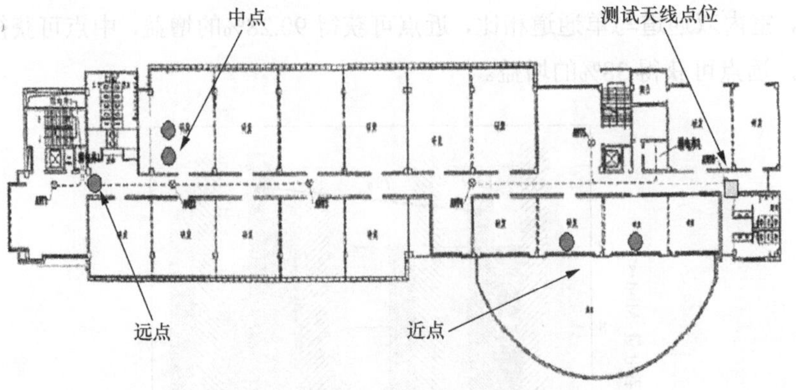

图 5.20　测试区域示意图

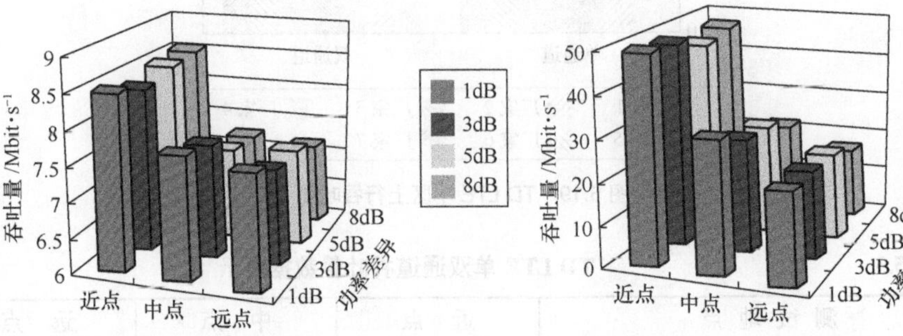

（a）上行　　（b）下行

图 5.21　单终端功率不平衡上下行吞吐量

图 5.22 为多终端测试结果，TD-LTE 的 2 个通道功率不平衡时的上行、下行吞吐量明显小于功率平衡时的吞吐量，尤其是下行吞吐量方面。

对测试结果进行整体分析，MIMO 通道功率不平衡的特性符合预期判断。室内分布系统 TD LTE 的 2 个射频通道，当其中一路因为合路等与另一路的功率产生差异时，即当通道功率不平衡时，系统的上下行吞吐量均呈现较为明显的下降趋势，且在 TD LTE 覆盖的近点、中点、远点都是如此。同时，随着 2 个通道之间功率差异的增加，系统上下行吞吐量性能也呈现较为显著的下降趋势，且在测试天线的整个覆盖范围内其结果都相对一致。因此，在 TD LTE 实际部署中，要高度重视 MIMO 通道功率平衡问题，将合路带来的差异控制在 3dB 以内，必要时可采用功率衰减补偿的方式进行通道功率的平衡控制。

（2）信号隔离度

MIMO 系统要获得空间复用的容量增益，需要两个天线支路和用户终端之间的空间信道不相关或者低相关。因此，如果 LTE 室分系统中采用单极化天线，则通道间隔离度主要由两副天线安装距离决定，要求同一个点位的两个天线之间要有足够的空间距离以保证空间信道的不相关性。图 5.23 为双天线间距和单点系统吞吐量的关系，其中 1、2、3 分别代表近点、中点和远点。

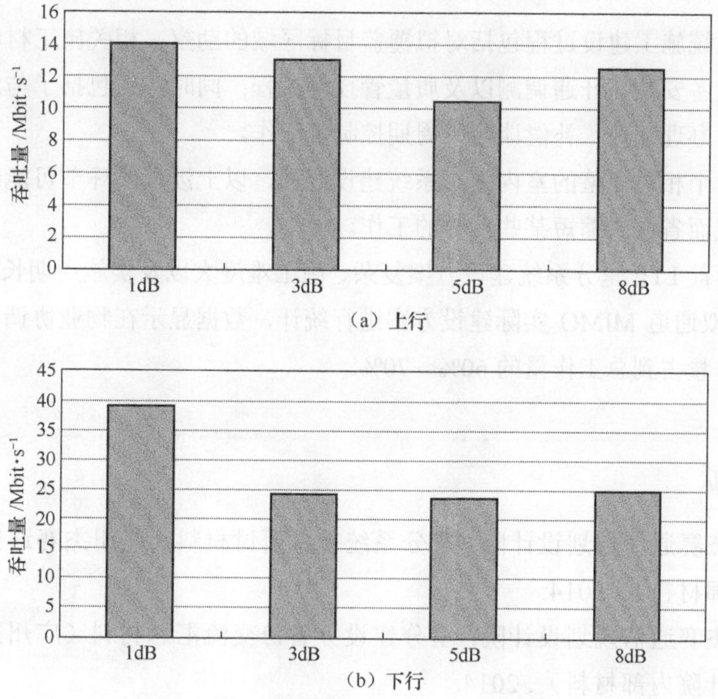

图 5.22　多终端功率不平衡上行、下行吞吐量

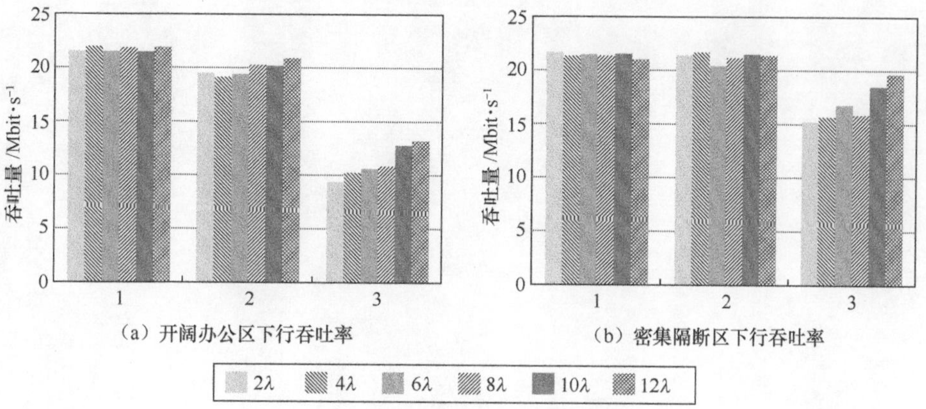

图 5.23　天线间距与 MIMO 性能对比测试

基于测试结果，无论是对于开阔区域还是密集隔断区域，随着天线间距的加大，双通道信号隔离度逐步加大，下行吞吐量会有相应的提升。当天线间距达到 10λ～12λ，在远点可获得比较明显的性能增益，因此可建议将天线间距控制在 10λ 左右的距离，其中 λ 为信号电磁波的波长。然而，需要注意的是天线的间距也并非越大越好，因为当天线间距过大，可能会导致不同支路天线到用户之间的传播损耗差异过大，从而加剧了通道之间的不平衡性，反而影响了 MIMO 的容量增益。

5.4.4 LTE 室分系统施工建设过程影响

室分系统施工建设过程包括对拟覆盖目标区域的勘察、相关施工材料准备、线路铺设、设备安装、开通调测以及质量管控等过程；同时，还包括了与业主沟通、物业协调、办理证件、补偿谈判、周期控制等工作。

作为一个相对完整的室内分布系统建设过程，以上涉及的环节可能会因为不同的建设模式而省去或缩短某些部分的工作。

结合目前 LTE 室分系统建设方案复杂、施工难度大以及实施周期长的特点，对大量 LTE 双通道 MIMO 实际建设方案进行统计，数据显示在物业协调和线缆布设方面的工作量占到总工作量的 60%～70%。

参考文献

[1] 广州杰赛通信规划设计院. 室分系统技术研讨材料（广州杰赛通信规划设计院内部材料）. 2014.

[2] 广州杰赛通信规划设计院. 室分建设分省份交流汇总材料（广州杰赛通信规划设计院内部材料）. 2014.

[3] 华为技术有限公司. LTE 室分规划设计及解决方案[Z]. 2014.

第 6 章
多系统共存的室内分布系统设计

我国当前存在着 GSM、CDMA、TD-SCDMA、WCDMA、TD-LTE、LTE FDD 等多种无线通信网络制式，以上的各无线通信系统分别工作在 800MHz、900MHz、1800MHz、1900MHz、2100MHz、2300MHz 等多个公众无线通信频段上，如图 6.1 所示。随着新技术的发展，无线网络应用环境将更加复杂，一个运营商拥有多制式、多段频率已成为常态，且一个覆盖区包含多系统、多网络、全频段的情况也将愈发普遍。

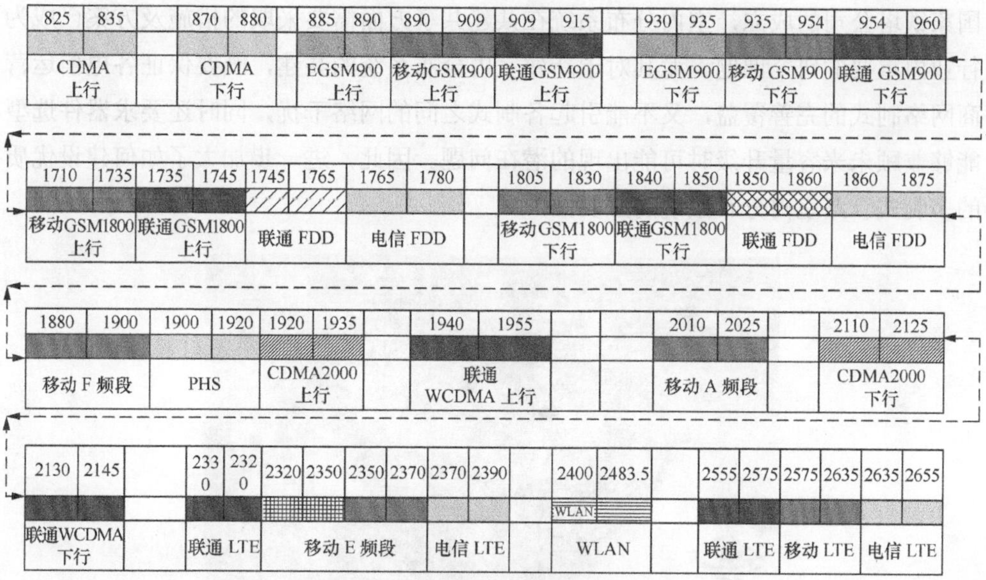

图 6.1　室内分布系统网络制式及频段

6.1 室内分布系统共建共享

近年来，移动通信飞速发展、用户需求越发广泛，网络建设的规模也越来越大，从而使室内网络覆盖方面的问题日益凸显。在大城市，大量的室外基站已经建立，且不断扩容，室外网络建设已经达到相当大的规模。然而，在室内环境中，特别是在无室内分布系统建设的大型建筑内，如饭店、写字楼、商场、地铁、机场、车站等，由于受到建筑物对室外信号屏蔽作用等诸多因素的影响，导致室内环境存在大量的信号盲区、弱区以及频率切换区。对于当前室内分布系统的建设而言，主要存在的问题集中在系统布线、机房建设、施工周期要求以及配套资源使用上。

① 系统布线：各电信企业独立进行覆盖系统的建设，对室内分布系统均采用单独布放线缆，从而导致管线的大量使用；

② 机房建设：各家电信企业由于只考虑自身需求，对机房未进行统一规划，造成机房资源需求增大；

③ 施工周期：各电信运营商分别安排施工周期，对物业方存在较大的干扰，同时对后期维护也存在较大争议的可能性；

④ 配套资源：部分建筑由于某些特殊原因，在基础设施等配套资源上对各运营商都有较高的要求。

随着工信部对节能减排的具体要求以及对电信基础设施的共享考核，同时伴随国家铁塔公司的成立，室内分布系统在共建共享方面需要采取的措施及方案已成为行业内重要的研究课题。尤其对于新建室内分布系统的共建，既要保证各电信运营商网络制式的完善覆盖，又不能引起各制式之间的网络干扰，同时还要求器件选型能够兼顾未来容量升级时可能出现的潜在问题。因此，进一步加大了如何建设优质的多制式合路室内分布系统的必要性。

图 6.2 共建共享（节能减排、资源优化）

6.2　室内分布多系统干扰原理

在多系统合用室内分布系统时，其所带来的各系统间干扰，需根据各系统之间的频率关系以及发射/接收特性进行具体研究。从无线信号干扰产生的机理来看，干扰可分为噪声影响、邻频干扰、杂散辐射、接收机互调、阻塞干扰。通常在分析合路系统干扰时，应首先明确各系统间的频率关系、上下行保护频段有多宽和是否存在同邻频干扰、互调或谐波关系，然后分析是否存在强干扰阻塞，最后对于码分多址系统应了解噪声的增加情况。另外，对于 TDD、FDD 系统来说，需要考虑上下行系统的影响，充分分析其共存的可能性。图 6.3 为室分多系统合路时各种干扰影响的简要示例。

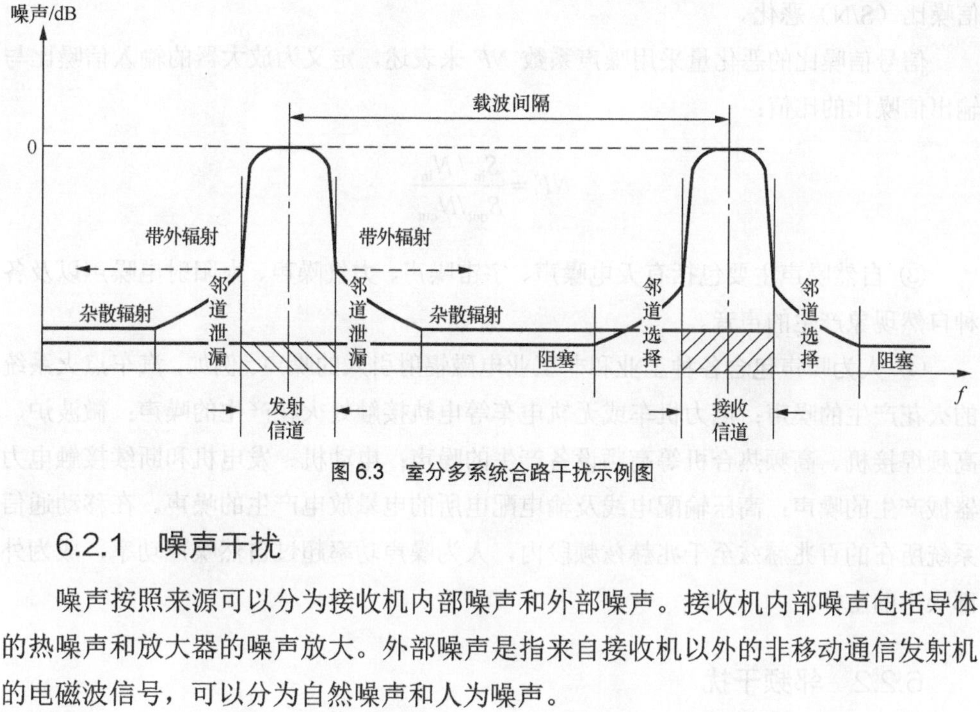

图 6.3　室分多系统合路干扰示例图

6.2.1　噪声干扰

噪声按照来源可以分为接收机内部噪声和外部噪声。接收机内部噪声包括导体的热噪声和放大器的噪声放大。外部噪声是指来自接收机以外的非移动通信发射机的电磁波信号，可以分为自然噪声和人为噪声。

① 热噪声是白噪声，在整个频段均匀分布，随工作温度的变化而变化。此外，接收机在一定的工作带宽内工作，使得只有在有效带宽内的热噪声被接收进来，因此接收机内的热噪声大小随其工作带宽变化而变化。由于接收机内都有非绝对零度的导体存在，所以热噪声是不能避免的噪声。热噪声是由一定温度下导体内的电子随机热运动产生的电势所引发的。

该电势大小为：

$$e_n^{-2} = 4KTWR_i$$

所对应的噪声功率为：

$$N=\frac{\left(\frac{\sqrt{4KWR_i}}{2}\right)^2}{R_i}=KTW$$

式中，K 为玻尔兹曼常数，值为 1.3806488×10^{-23}J/K；T 为开尔文绝对温度；W 为接收机有效带宽；R_i 为噪声源内部电阻。LTE 系统带宽在 1.4MHz～20MHz 可变，并且采用 OFDMA/SC-FDMA 的多址方式，用户实际只占用系统带宽中的一部分，因此信道的热噪声水平也会随着占用带宽的变化而变化。

② 放大器的噪声放大是由于接收机中的放大器受其器件的电流波动或表面杂质、半导体晶体不纯净等因素的影响，从而导致噪声放大，使得经过放大器的信号信噪比（S/N）恶化。

信号信噪比的恶化量采用噪声系数 NF 来表述，定义为放大器的输入信噪比与输出信噪比的比值：

$$NF=\frac{S_{\text{in}}/N_{\text{in}}}{S_{\text{out}}/N_{\text{out}}}$$

③ 自然噪声主要包括有天电噪声、宇宙噪声、大气噪声、太阳射电噪声以及各种自然现象产生的声音。

④ 人为噪声包含各种工业和非工业电磁辐射引入的噪声。例如，汽车点火系统的火花产生的噪声；电力机车或无轨电车等电轨接触处火花产生的噪声；微波炉、高频焊接机、高频热合机等高频设备产生的噪声；电动机、发电机和断续接触电力器械产生的噪声；高压输配电线及输电配电所的电晕放电产生的噪声。在移动通信系统所在的百兆赫兹至千兆赫兹频段内，人为噪声功率超过自然噪声功率，成为外部噪声的主体。

6.2.2 邻频干扰

如果不同的系统分配了相邻的频率，就会发生邻频干扰，由于收发设备滤波性能的非完美性，工作在相邻频道的发射机会泄漏信号到被干扰接收机的工作频段内，同时被干扰接收机也会接收到工作频段以外其他发射机的工作信号，决定该干扰的关键特性指标是发射机的 ACLR（Adjacent Channel Leakage Ratio，邻道泄漏比）和接收机的 ACS（Adjacent Channel Selectivity，邻道选择性）。

6.2.3 杂散干扰

发射机中的功放、混频、滤波等部分工作特性非理想，会在工作带宽以外很宽的范围内产生辐射信号分量（不包括带外辐射规定的频段），包括电子热运动产生的热噪声、各种谐波分量、寄生辐射、频率转换产物以及发射机互调等。

对于杂散辐射和邻频干扰，其中邻频干扰所考虑的干扰发射机泄漏信号是指被干扰接收机所处频段距离干扰发射机工作频段较近，但是两者工作频段带宽相差不到 2.5 倍，即尚未达到杂散辐射所规定的频段相差间隔。相对之下，当两系统的工作频段相差带宽在 2.5 倍以上时，滤波器非理想性将主要表现为杂散干扰。

6.2.4 互调干扰

接收机互调干扰包括多干扰源形成的互调、发射分量与干扰源形成的互调、交叉调制干扰 3 种。

多干扰源形成的互调是由于被干扰系统接收机的射频器件非线性，在两个以上干扰信号分量的强度比较高时，所产生的互调产物。

发射分量与干扰源形成的互调是由于双工器滤波特性不理想，所引起的被干扰系统的发射分量泄漏到接收端，从而与干扰源在非线性器件上形成互调。

交叉调制也是由接收机非线性引起的，在非线性的接收器件上，被干扰系统的调幅发射信号，与靠近接收频段的窄带干扰信号相混合，从而产生交叉调制。

互调干扰主要为三阶、五阶互调干扰。如果互调产物落在其中某一个系统的接收频段内，将会对该系统的接收灵敏度造成一定的影响，也应按同频干扰保护比的要求进行分析。

6.2.5 阻塞干扰

阻塞干扰就是以某系统的发射机的主载波作为干扰信号，分析对另一系统的接收机的影响，应该以接收机的抗阻塞干扰指标为依据进行分析。阻塞干扰并不是落在被干扰系统接收带宽内的，但由于干扰信号功率太强，而将接收机的低噪声放大器（LNA）推向饱和区，使其不能正常工作。被干扰系统可允许的阻塞干扰功率一般要求为：阻塞干扰功率≤LNA 的 1dB 压缩点-10dB。

6.3 室内分布多系统隔离分析

室分多系统的干扰隔离分析主要是采用确定性计算方法，通过数值的计算比较得出多个系统共存时所需要满足的隔离度要求。本节的分析计算主要是基于多制式室分系统合路的不同系统间的隔离度，对于存在的多种类型干扰，其中杂散、互调以及阻塞这 3 类干扰对覆盖效果的影响较大。因此，本节在隔离度计算的过程中也是通过这 3 个方面进行分析和切入。

就系统间干扰隔离准则而言，干扰基站发射机对受干扰基站接收机的隔离总体上取决于表 6.1 的 4 个准则要求。

表 6.1　系统间干扰准则

准则	内　容
1	从干扰发射机到受影响的接收机的杂散波功率在接收机底噪 10dB 以下
2	受影响的接收系统所接收到的全部干扰载波功率在 1dB 压缩点的 10dB 以下
3	由干扰载波导致受影响接收机产生的每个三阶交调（IMP）在接收机底噪 10dB 以下
4	受影响系统接收滤波器衰减的全部干扰载波功率在接收机底噪 10dB 以下，防止接收机不敏感或阻塞

注：根据相关资料，准则 2 受控于准则 4，即如果隔离满足原则 4，将自动满足原则 2。

6.3.1　移动通信系统频段

根据工信部相关频率规划的规定，目前我国不同网络制式的移动通信系统频谱划分如表 6.2 所示。

表 6.2　国内移动通信系统频谱划分简表

运营商	网络制式	带宽/MHz	下行/MHz	上行/MHz
中国移动	GSM900	2×19	935～954	890～909
	GSM1800	2×25	1805～1830	1710～1735
	TD-LTE(F 频段)	30	1885～1915	
	TD-SCDMA(A 频段)	15	2010～2025	
	TD-LTE(E 频段)	50	2320～2370	
中国电信	CDMA800	2×10	870～880	825～835
	LTE FDD1.8G	2×15	1860～1875	1765～1780
	LTE FDD2.1G	2×15	2110～2125	1920～1935
	TD-LTE2.3G	20	2370～2390	
中国联通	GSM900	2×6	954～960	909～915
	GSM1800/LTE FDD1.8G	2×30	1830～1860	1735～1765
	WCDMA2100	2×15	2130～2145	1940～1955
	TD-LTE2.3G	20	2300～2320	

6.3.2　杂散干扰分析及隔离度计算

杂散干扰就是一个系统的发射频段外的杂散发射落入到另一个系统的接收频段内而可能造成的干扰。杂散干扰对系统最直接的影响就是降低了系统的接收灵敏度。具体而言，是由于发射机输出的信号通常为大功率信号，在产生大功率信号的过程中会在发射信号的频带之外产生较高的杂散，并且这些杂散分布在非常宽的频率范围内。如果这些杂散落入某个系统接收频段内的幅度较高，导致受害系统的前端滤波器无法有效滤出，则会导致接收系统的输入信噪比降低，通信质量恶化。通常认为干扰基站落入受害系统的干扰低于受害系统内部热噪声 10dB 以下时干扰可忽略。

通过干扰分析可以计算出将干扰对系统的影响降低到适当的程度所需要的隔离度，即不明显降低受干扰接收机的灵敏度时的干扰水平。发射机的发射功率可能导致接收机阻塞，需要考虑为满足接收机阻塞指标时所必需的隔离度，而杂散辐射可能导致接收机的灵敏度下降，此时需要考虑满足杂散辐射不影响系统性能的另一个隔离度要求。这样在一组系统中都会得到多个隔离度要求的指标，在实际应用中选择最大的一个作为隔离度要求即可满足实际的工程需要。简化表示为：

$$I_{\text{requires}}=\text{MAX}(I_{\text{spurious}}, I_{\text{block}}, I_{\text{intermodulation}})$$

式中，I_{required} 为隔离度要求（dB）；I_{spurious} 为杂散隔离度要求（dB）；I_{block} 为阻塞隔离度要求（dB）；$I_{\text{intermodulation}}$ 为互调隔离度要求（dB）。考虑到互调干扰信号远小于阻塞信号的影响，因此可直接把隔离度要求化简为：

$$I_{\text{required}}=\text{MAX}(I_{\text{spurious}}, I_{\text{block}})$$

其中基于杂散的隔离度计算公式为：

$$I_{\text{spurious}}\geqslant P_{\text{spu}}-P_n-N_f-IntMargin-L_c$$

式中，P_{spu} 为干扰源发射的杂散信号功率，单位为 dBm；P_n 为被干扰系统接收机带内热噪声，单位为 dBm；N_f 为接收机的噪声系数，基站的接收机噪声系数一般不会超过 5dB；$IntMargin$ 为系统干扰保护，根据接收机灵敏度恶化余量确定，可取为−6、−7、−10 等值，单位为 dB；L_c 为合路器损耗，单位为 dB，当根据不同系统间的频率间隔采用相应的合路器时，其值会有所改变。

对于干扰发射杂散信号功率 P_{spu}，其具体计算如下：

$$P_{\text{spu}}=\text{协议基准值(杂散指标)}-10\lg\left(\frac{BW_{\text{int}}}{BW_{\text{aff}}}\right)$$

式中，协议基准值为所示的杂散电平值；BW_{int} 为杂散指标测量带宽（干扰系统）；BW_{aff} 为系统工作信道带宽（被干扰系统）。杂散干扰发射信号功率计算示例，如

表 6.3～表 6.5 所示。

表 6.3　杂散干扰发射信号功率计算示例（1）

被干扰系统	CDMA800			GSM		
BW_{aff}/kHz	1250			200		
干扰系统	杂散电平/dBm	BW_{int}/kHz	P_{spu}/dBm	杂散电平/dBm	BW_{int}/kHz	P_{spu}/dBm
CDMA800	—	—	—	-67	100	-64
GSM	-36	3000	-40	—	—	—
DCS	-36	3000	-40	-98	100	-95
TD-S	-98	100	-87	-98	100	-95
WCDMA	-98	100	-87	-98	100	-95
LTE-F	-98	100	-87	-98	100	-95
LTE-T	-98	100	-87	-98	100	-95

表 6.4　杂散干扰发射信号功率计算示例（2）

被干扰系统	DCS			TD-SCDMA		
BW_{aff} /kHz	200			1600		
干扰系统	杂散电平/dBm	BW_{int}/kHz	P_{spu}/dBm	杂散电平/dBm	BW_{int}/kHz	P_{spu}/dBm
CDMA800	-47	100	-44	-85	1000	-83
GSM	-98	100	-95	-96	100	-84
DCS	—	—	—	-96	100	-84
TD-S	-98	100	-95			
WCDMA	-98	100	-95	-98	100	-86
LTE-F	-98	100	-95	-98	100	-86
LTE-T	-98	100	-95	-98	100	-86

表 6.5　杂散干扰发射信号功率计算示例（3）

被干扰系统	WCDMA			LTE-FDD			LTE-TDD		
BW_{aff} /kHz	5000			20000			20000		
干扰系统	杂散电平/dBm	BW_{int}/kHz	P_{spu}/dBm	杂散电平/dBm	BW_{int}/kHz	P_{spu}/dBm	杂散电平/dBm	BW_{int}/kHz	P_{spu}/dBm
CDMA800	-30	1000	-23	-47	100	-24	-47	100	-24
GSM	-96	100	-79	-98	100	-75	-98	100	-75
DCS	-96	100	-79	-98	100	-75	-98	100	-75
TD-S	-98	100	-81	-98	100	-75	-98	100	-75

续表

干扰系统	杂散电平/dBm	BW_{int}/kHz	P_{spu}/dBm	杂散电平/dBm	BW_{int}/kHz	P_{spu}/dBm	杂散电平/dBm	BW_{int}/kHz	P_{spu}/dBm
WCDMA	—	—	—	-98	100	-75	-98	100	-75
LTE-F	-98	100	-81	—	—	—	-96	100	-73
LTE-T	-98	100	-81	-96	100	-73	—	—	—

对于各系统工作信道带宽内的热噪声功率 P_n，其计算如下：

$$P_n=10\times\lg(k\times T\times B)$$

式中，k 为玻尔兹曼常数，其值为 $k=1.38\times10^{-23}$J/K；T 为绝对温度，常温下取值为 $T=290$K；B 为信号带宽，单位为 Hz。将常量带入公式可以简化为：

$$P_n=-174\text{dBm}+10\lg(B)$$

① GSM、DCS1800 系统工作信道带宽为 200kHz，因此 GSM、DCS1800 系统工作信道带宽内的热噪声功率为：

$$P_n=-174\text{dBm}+10\lg(200\times10^3\text{Hz})=-121\text{dBm}$$

② CDMA 系统工作信道带宽为 1.25MHz，因此 CDMA 系统工作信道带宽内总的热噪声功率为：

$$P_n=-174\text{dBm}+10\lg(1.25\times10^6\text{Hz})=-113\text{dBm}$$

③ WCDMA 系统工作信道带宽为 5MHz，因此 WCDMA 系统工作信道带宽内总的热噪声功率为：

$$P_n=-174\text{dBm}+10\lg(5\times10^6\text{Hz})=-107\text{dBm}$$

④ TD-SCDMA 系统工作信道带宽为 1.6MHz，因此 TD-SCDMA 系统工作信道带宽内总的热噪声功率为：

$$P_n=-174\text{dBm}+10\lg(1.6\times10^6\text{Hz})=-112\text{dBm}$$

⑤ LTE 系统典型工作信道带宽为 20MHz，LTE 系统工作信道带宽内总热噪声功率为：

$$P_n=-174\text{dBm}+10\lg(20\times10^6\text{Hz})=-101\text{dBm}$$

根据 $I_{spurious}$ 的计算公式，表 6.6 为基于以上指标得出的杂散隔离度要求。一般情况下实际测试值会比协议计算值好，因为协议值通常选取干扰最严重的链路进行计算，所以结论比较严苛，但是对实际工程具有较强的指导意义。

表 6.6　　多系统合路室分系统杂散隔离度计算示例

被干扰系统	CDMA800		GSM		DCS		TD-S		WCDMA		LTE-F		LTE-T	
内部热噪声 P_n/dBm	-113		-121		-121		-112		-107		-101		-101	
干扰保护 *IntMargin*/dB	-10		-10		-10		-10		-10		-10		-10	
基站接收噪声系数 N_f/dB	5		5		5		5		5		5		5	
合路器损耗	频率间隔≥500MHz：1dB 500MHz≥频率间隔>20MHz：1dB 20 MHz≥频率间隔>10MHz：2dB 10 MHz≥频率间隔≥5MHz：4dB													
干扰系统	P_{spu}	杂散干扰隔离度	P_{spu}	杂散干扰隔离度	P_{spu}	杂散干扰隔离度	P_{spu}	杂散干扰隔离度	P_{spu}	杂散干扰隔离度	P_{spu}	杂散干扰隔离度	P_{spu}	杂散干扰隔离度
CDMA800	—	—	-64	61	-44	81	-83	33	-23	88	-24	81	-24	81
GSM	-40	77	—	—	-95	30	-84	32	-79	32	-75	30	-75	30
DCS	-40	77	-95	30	—	—	-84	32	-79	32	-75	30	-75	30
TD-S	-87	30	-95	30	-95	30	—	—	-81	30	-75	30	-75	30
WCDMA	-87	30	-95	30	-95	30	-86	30	—	—	-75	30	-75	30
LTE-F	-87	30	-95	30	-95	30	-86	30	-81	30	—	—	-73	32
LTE-T	-87	30	-95	30	-95	30	-86	30	-81	30	-73	32	—	—

6.3.3　互调干扰分析及隔离度计算

当有两个以上不同的频率作用于一个非线性电路或器件时，将由这两个频率相互调制而产生新的频率，若这个新的频率正好落于某一个信道而被工作于该信道的接收机所接收，即构成对该接收机的干扰，成为互调干扰。互调干扰产生于器件的非线性度，在合路系统里主要关注于 POI、合路器等设备器件的互调指标。通常，可能产生的互调干扰集中在三阶互调和五阶互调，如图 6.4 所示。

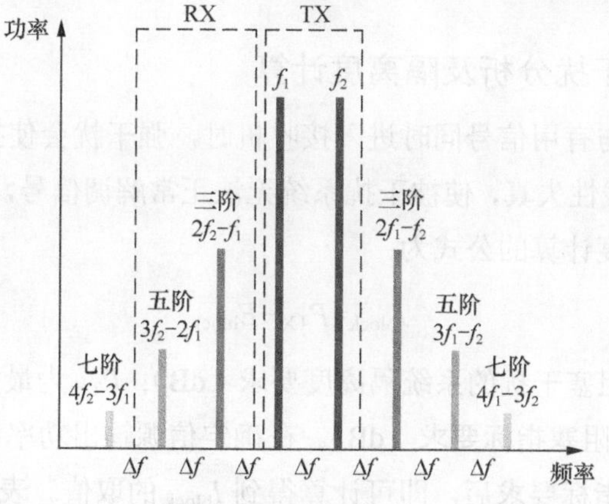

图 6.4　互调干扰示例

同时，表 6.7 对典型的三阶和五阶互调进行了简要的分析。

表 6.7　典型三阶、五阶互调分析简表

系统	下行 TX	上行 RX	三阶互调 /MHz	五阶互调 /MHz	结论
移动 GSM900	935～954	890～909	916～973	897～992	三阶不落入 RX 频段；五阶落入到自身 RX 的 897MHz～909MHz 频段和联通 GSM900 的 909MHz～915MHz 频段
联通 GSM900	954～960	909～915	948～966	942～972	三阶、五阶都不落入 RX 频段
电信 CDMA800	870～880	825～835	860～890	850～900	五阶落入移动 GSM900 RX 的 890MHz～900MHz 频段
移动 GSM1800	1805～1830	1710～1735	1780～1855	1755～1880	三阶、五阶都不落入 RX 频段
联通 GSM1800	1830～1860	1735～1765	1800～1890	1770～1920	三阶、五阶都不落入 RX 频段
联通 WCDMA	2130～2145	1940～1955	2115～2160	2100～2175	三阶、五阶都不落入 RX 频段
电信 CDMA2000	2110～2125	1920～1935	2095～2140	2080～2155	三阶、五阶都不落入 RX 频段

对于互调干扰的分析而言，3GPP 标准（例如 WCDMA 标准、LTE 标准）中虽未给出发射机互调指标的具体数值，但是明确要求发射互调电平不得超过带外辐射或者杂散辐射的要求。因此，如满足杂散干扰的隔离度要求，则互调干扰的隔离度要求也可同时满足，故本小节不再对互调干扰进行详细分析。实际系统部署时，应尽量避免一个系统的三阶互调产物落入另一个系统的共址频段。

6.3.4 阻塞干扰分析及隔离度计算

当强干扰信号与有用信号同时进入接收机时，强干扰会使接收机链路的非线性器件饱和，产生非线性失真，使被干扰系统无法正常解调信号，从而产生阻塞干扰。基于阻塞干扰隔离度计算的公式为：

$$I_{\text{block}}=P_{\text{TX}}-E_{\text{block}}$$

式中，I_{block}为阻塞干扰的系统隔离度要求（dB）；P_{TX}为最大发射功率（干扰系统）（dB）；E_{block}为阻塞指标要求（dB）。在确定信源输出功率以及根据相关标准明确各系统间的阻塞指标要求后，即可计算得到I_{block}的取值。表6.8为各系统间的阻塞指标要求参考示例。

表6.8　系统间阻塞指标要求参考示例　单位：dBm

干扰系统	被干扰系统									
	移动GSM	联通GSM	移动DCS	联通DCS	CDMA	WCDMA	TD-SCDMA	电信FDD-LTE	联通FDD-LTE	移动TD-LTE
移动GSM	—	8	0	0	-30	16	16	16	16	16
联通GSM	8	—	0	0	-30	16	16	16	16	16
移动DCS	8	8	—	0	-30	16	16	16	16	16
联通DCS	8	8	0	—	-30	16	16	16	16	16
CDMA	-13	-13	0	0	—	16	-15	16	16	16
WCDMA	8	8	0	0	-30	—	-15	16	16	16
TD-SCDMA	8	8	0	0	-30	-15	—	16	16	16
电信FDD-LTE	8	8	0	0	-30	16	-40	—	16	16
联通FDD-LTE	8	8	0	0	-30	16	-15	16	—	16
移动TD-LTE	8	8	0	0	-30	16	-15	16	16	—

在分析阻塞干扰时主要考虑发射机发射的信号对接收机的干扰，对于整个系统的阻塞干扰信号的抑制，通常使用多频合路器的通道隔离度来实现。举例来说，若WCDMA系统要求的干扰小于xdBm，多频合路器的隔离度为ydBm，干扰信号的强度为zdBm，则有要求$y \geqslant z-x$。当信源输出功率按照20W计算时，对应计算出各系统之间阻塞干扰要求的隔离度如表6.9所示。

表 6.9　　阻塞干扰隔离度计算示例（20W 信源功率）　　单位：dBm

干扰系统	被干扰系统									
	移动 GSM	联通 GSM	移动 DCS	联通 DCS	CDMA	WCDMA	TD-SCDMA	电信 FDD-LTE	联通 FDD-LTE	移动 TD-LTE
移动 GSM	—	35	43	43	73	27	27	27	27	27
联通 GSM	35	—	43	43	73	27	27	27	27	27
移动 DCS	35	35	—	43	73	27	27	27	27	27
联通 DCS	35	35	43	—	73	27	27	27	27	27
CDMA	56	56	43	43	—	27	58	27	27	27
WCDMA	35	35	43	43	73	—	58	27	27	27
TD-SCDMA	35	35	43	43	73	58	—	27	27	27
电信 FDD-LTE	35	35	43	43	73	27	83	—	27	27
联通 FDD-LTE	35	35	43	43	73	27	58	27	—	27
移动 TD-LTE	35	35	43	43	73	27	58	27	27	—

6.3.5　干扰隔离小结

对于室分多系统合路中的多种通信制式而言（如图 6.1 所示），其无线接入方式可以归为两类，一类即 FDD 收、发分开的不同频率接入方式；另一类是 TDD 收、发同频的接入方式。

对于 FDD 各种通信制式，如 CDMA、GSM、WCDMA 系统之间可能产生前述章节中所述的阻塞、带外杂散、互调等干扰，然而通常可以用收、发分开的天馈分布系统进行有效抑制。

但是，对于 TDD 通信方式，如 3G 的 TD-SCDMA（A 频段），它不能将收、发同频的射频信号分开来传递，因此它只能接入合路设备的下行或者上行，并受到邻频的 3G FDD 发射信号阻塞干扰，同时 TDD 用户终端上行信号也将干扰邻频的 3G FDD 接收。

基于上述对于多系统合路时干扰影响的分析，表 6.10 为综合各种干扰因素后得出的室分合路时多系统间隔离度的参考指标要求。

表 6.10　　室分多系统隔离度要求　　单位：dBm

干扰系统	被干扰系统									
	移动 GSM	联通 GSM	移动 DCS	联通 DCS	CDMA	WCDMA	TD-SCDMA	电信 FDD-LTE	联通 FDD-LTE	移动 TD-LTE
移动 GSM	—	35	43	43	77	32	32	30	30	30
联通 GSM	35	—	43	43	77	32	32	30	30	30
移动 DCS	35	35	—	43	77	32	32	30	30	30
联通 DCS	35	35	43	—	77	32	32	30	30	30
CDMA	61	61	81	81	—	88	58	81	81	81
WCDMA	35	35	43	43	73	—	58	30	30	30
TD-SCDMA	35	35	43	43	73	58	—	30	30	30
电信 FDD-LTE	35	35	43	43	73	30	83	—	30	32
联通 FDD-LTE	35	35	43	43	73	30	58	30	—	32
移动 TD-LTE	35	35	43	43	73	30	58	32	32	—

6.4　多系统合路设计

为了保障室分多系统合路的设计质量和使用功效，通常建议遵循一定的设计准则以保证实际系统建成后发挥良好的性能。

① 根据电信企业的建设需求，在充分核算多系统、多频率干扰隔离的基础上，选择合理的多系统路由方案。同时要求方案具备一定的扩展性和灵活性，对系统后期的扩容、升级和技术演进进行适当的考虑。

② 根据不同系统的网络指标要求，不同频段的传输损耗差异，对各系统进行合理的功率匹配以及覆盖均衡设计。

③ 多系统合路时，除合理配置各系统间隔离度以外，在系统设计时可对系统进行物理上的优化设计，通过天线间空间隔离、增加滤波器等多种方法进行干扰的抑制。

④ 室内分布系统器件应满足多系统共用的频段、输入功率等要求，特别是靠近信源的前级器件，应根据指标要求选择不同品质的器件。另外，主干线路建议采用 POI 合路，不宜采用合路器；在室内分布系统末端进行 WLAN 热点覆盖时，可采用满足性能指标要求的合路器。

6.4.1　路由方案

开展多系统合路方式进行室内分布系统的建设时，建议采用的路由建设方式有单缆方案、SISO 双缆方案以及 MIMO 双缆方案。

（1）单缆方案

单缆方案即上下行合缆，主要适用于合路的多路信源互调干扰较小或者可以规避的情形。该方案的优点是节省成本，几乎可以节省一半的天线、馈线和无源器件。其缺点是扩展性和系统性能较差，一旦引入存在互调干扰的系统，对被干扰系统的性能影响较大，需要将 POI 和部分无源器件更换成 PIM 和功率容限更优的产品。图 6.5 为单缆方案的示例图。

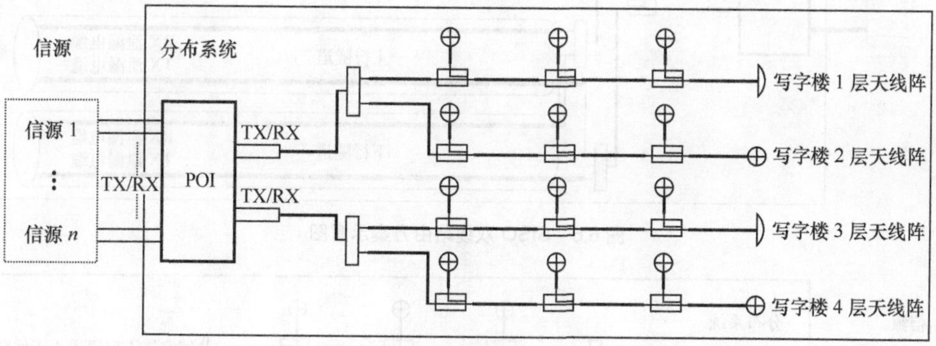

图 6.5　单缆路由方案

（2）SISO 双缆方案

SISO（Single-Input Single-Output）双缆方案对于只有频分双工（Frequency Division Duplex，FDD）系统合路的场景，室内分布系统采用双路，一路专用于发射，另一路专用于接收，两路系统间可通过空间隔离，使上行链路接收到的下行发射链路产生的三阶互调产物大大减弱，大幅降低系统的 PIM 要求。

SISO 双缆方案对于存在时分双工（Time Division Duplex，TDD）系统接入的场景，需要根据具体的接入频段来分析是否存在三阶互调的影响，以确定时分双工系统放在接收还是发射通道。如果可通过选择频分双工系统通道来规避三阶互调的影响，一般对系统的 PIM 要求不高。如果无法避免三阶互调的影响，则对系统的 PIM 要求较高。图 6.6 为 SISO 双缆方案简要示意图。

（3）MIMO 双缆方案

MIMO（Multiple-Input Multiple-Output）双缆方案对于 LTE 系统，包括 TD-LTE 和 LTE FDD，可采用 2T2R MIMO 技术，提高系统容量和用户速率；对于非 LTE 的频分双工系统，如 GSM、CDMA、WCDMA 等，则可采用收发分离的模式。然而，一旦有时分双工系统接入，三阶互调的影响几乎无法避免，对系统的 PIM 要求较高。图 6.7 为 MIMO 双缆路由方案示意图。

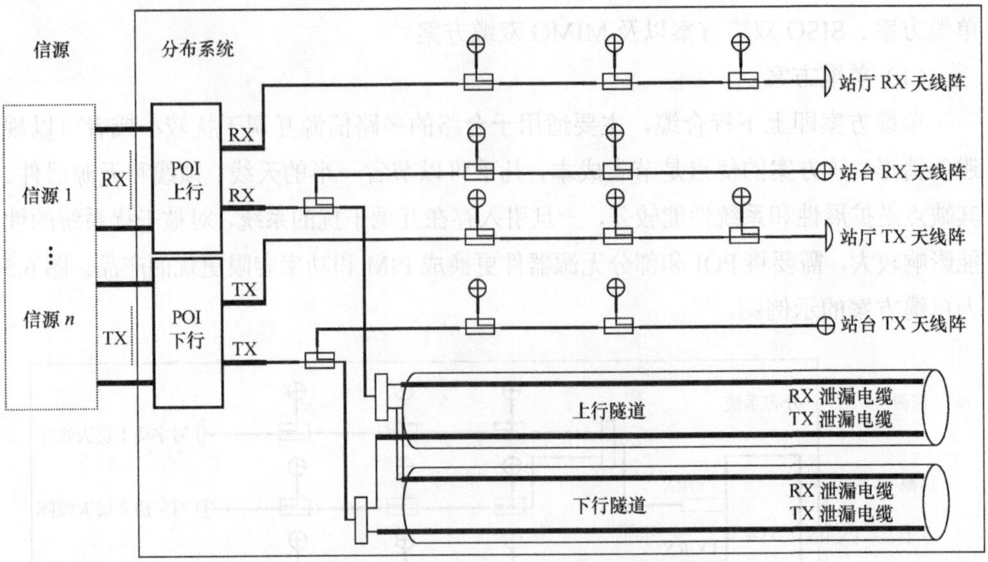

图 6.6　SISO 双缆路由方案示意图

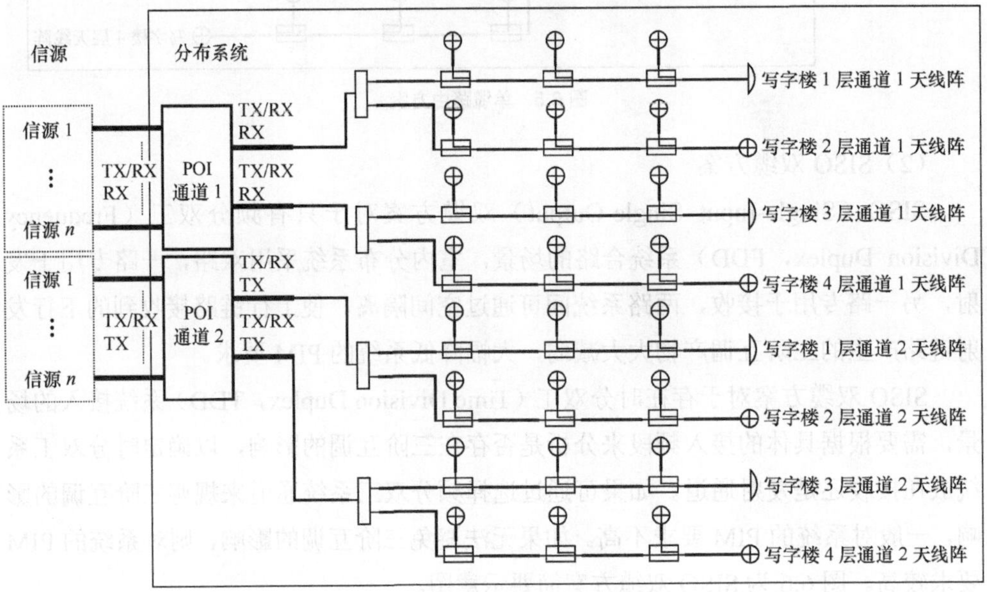

图 6.7　MIMO 双缆路由方案示意图

（4）路由方案对比

表 6.11 为单缆路由方案和双缆路由方案的优劣势对比。在多系统接入的情况下，应选择双缆路由方案，利用其抗干扰能力强、系统扩展性高，且具备提供 LTE MIMO 的能力。对于 LTE 的 MIMO 能力，这里特指采用两条缆后所达到的双收双发（2T2R）功能。

表 6.11　　　　　　　　　　　路由方案对比

路由方案	干扰	MIMO	扩展性	成本	优　点	缺　点
单缆方案	高	不支持	低	低	✓　在网络制式较少，无明显干扰影响的情况下，建设成本低	✓　只能在极其有限的频率组合下使用，适用性差 ✓　在多系统接入的情况下，存在难以规避的干扰，对系统性能影响较大 ✓　建成之后不具备改造成双缆的可能性，扩展性差
双缆方案	低	支持	高	高	✓　一般可通过合理的通道分配，降低干扰的影响，网络性能稳定 ✓　具备提供 LTE MIMO 的能力，可大幅提高系统容量和用户速率 ✓　系统的扩展性高，适用范围广	✓　需要两条分布系统路由，建设成本较高

6.4.2　覆盖场强

各制式通信系统频段不同，会存在无线传播损耗、有线传输损耗的差异。因此，在天线馈入功率设计时有必要充分考虑各系统为满足最低覆盖要求时所需要达到的技术指标。

当利用场强预测方法进行多制式系统合路的覆盖设计时，所使用的传播损耗模式为自由空间附加损耗模型。本小节以距离天线口功率 10m 处作为计算参考点，其空间损耗 L_t 为：

$$L_t=L(\text{自由空间损耗})+C(\text{附加损耗})$$

式中，$L=20\lg(f)+20\lg(d)+32.4$，f 单位为 MHz，d 单位为 km，C 为附加损耗（dB）。

计算最低信号场强时，有以下估算方法：

手机接收功率=天线口功率+天线增益−空间损耗−穿透损耗−多路径损耗

表 6.12 为常见的三大运营商 6 种制式，示例运算的穿透损耗、衰落余量、天线增益分别取 15dB、10dB、2dBi。根据各制式的最低覆盖门限要求，结合上述计算公式可推出各系统的天线口功率，然后再参考天线口功率与天线口输出总功率的关系即可得出满足覆盖门限要求时各制式所需的输出总功率指标。其中，对于 GSM 而言，由于没有导频功率的概念，因此天线口功率与输出总功率相同；对于 CDMA 和 WCDMA 而言，分别取天线口功率为总功率的 20%和 10%，以 dB 为单位进行计算。

CDMA 天线口功率＝CDMA 总功率−10lg(1/20%)

WCDMA 天线口功率＝WCDMA 总功率−10lg(1/10%)

另外，LTE 是取每个子载波的参考功率进行计算，对于共有 1200 个子载波的单载波 20MHz 带宽配置而言，其计算公式为：

LTE 天线口功率(RSRP)=LTE 总功率−10lg(1200)

基于表 6.12 数据可知，在距离室分天线口 10m 处，移动 TD-LTE 达到该网络覆盖最低接收门限时所需天线端口总功率最大。因此，在考虑同时满足 6 种制式网络覆盖要求的情况下，若采取共系统合路建设时，覆盖受限的是移动 TD-LTE 网络。总体而言，在室分多系统方案设计过程中，需要参照各运营商覆盖门限要求计算出受限系统，然后以受限系统为模型来进行天线点设计。

表 6.12　　多制式覆盖场强计算参考示例

制式	移动 GSM	移动 TD-LTE	电信 CDMA	电信 FDD LTE	联通 WCDMA	联通 FDD LTE
天线口功率	−5.0	−22.2	−10.8	−23.1	−3.0	−24.3
天线端口输出总功率	−5.0	8.6	−3.81	7.7	7.0	6.5
天线增益	2	2	2	2	2	2
空间损耗	52.0	59.8	51.2	58.9	59.0	57.7
频段	950	2350	875	2120	2140	1850
距离/m	10	10	10	10	10	10
需要达到最低门限指标	−80	−105	−85	−105	−85	−105
穿透损耗	15	15	15	15	15	15
衰落余量	10	10	10	10	10	10

6.4.3　干扰控制

室分多系统合路设计中，充分考虑到不同通信制式系统间或不同电信业务经营者之间相邻或相近的频段干扰协调，以及保障多系统合路的网络性能，在实际工程中需要科学合理地进行干扰控制。通常建议采用以下措施。

① 进行空间隔离，物理空间上的隔离大小取决于各干扰需要的最大隔离度；

② 通过配置合路器各端口的隔离度，实现系统间的隔离；

③ 合理降低干扰源的功率，使系统间减少干扰的相互影响；

④ 通过减弱杂散干扰的方式，可以考虑在发射机端增加滤波器，抑制杂散以及发射交调产物，降低干扰；

⑤ 对于接收机的阻塞、交调干扰，可以在被干扰系统端增加滤波器，抑制带外强信号的功率，降低干扰；

⑥ 对于接收的交调干扰，可以通过网络优化手段，避免三阶交调产物落入被干扰频段。

其中，保证合路器系统间隔离度以及加装隔离滤波器已成为室内分布系统多系统共存时抑制干扰的有效办法。对于当前建设的室分系统，系统间的干扰主要可以通过 POI 进行抑制，选取符合各系统隔离度要求、频段和插入损耗的 POI 是规避干扰的前提。要想减少系统间干扰的相互影响，必须满足系统间最小隔离度要求。通常情况下，POI 对于系统间的隔离度指标会大于 80dB，基于前述的系统间隔离度理论计算值，大多数系统间的干扰能够得到有效的抑制。但仍存在部分系统间隔离度不够理想的问题，这时就需要采用额外的隔离，一般是新增隔离滤波器。另外，由于 POI 制作时的系统间隔离度与频率间隔有很大关系，如果频谱资源相对比较宽裕的话，则可以灵活配置载波获得保护频带以加大 POI 系统间隔离度。

6.4.4　设备器件

综合考虑室分多制式系统建设的实际场景，上述描述的各种方法手段已经能够在很大程度上降低干扰对网络性能的影响。但是在实际工程中和网络运维过程中，还需重点关注分布系统中所使用的各种设备器件的指标参数、选型以及维护，因为设备器件的性能也会对多制式合路系统的运行效果产生重要影响。通常设备器件会存在指标参数不达标和故障老化的问题。

① 合路器等设备的隔离度指标不达标，导致室分系统多制式合路时相互间隔离度不足，从而各系统之间干扰严重。

② 信源设备发射机带外杂散指标不达标，导致杂散干扰信号发射功率增加，进而提升了各室分系统各制式对系统间隔离度以及物理上空间隔离度的要求。

③ 合路器、天线、接头等无源器件互调参数达不到指标要求，或者跳线、馈线等线缆接头氧化的问题，使得室分系统非线性因素增加，导致各系统间互调干扰加剧。

④ 电感、电容等小器件故障或者损坏，如信源发射装置内的滤波器等，由于滤波器的性能降低使得对带外杂散干扰信号的抑制能力减弱，无法有效控制室分各系统间的干扰。

对于上述所列的设备器件问题，通常建议采用以下措施。

① 施工建设准备前期，建设单位以及监理单位对工程中将要使用的设备器件进行相关的检验审核，通过后才能入场安装布放。对设备器件的质量要进行严格把控，比如关注设备器件的隔离度指标、互调抑制指标、功率容限要求等，同时选用宽频段无源器件和天线，并使用合适线径的馈线以兼容各制式的通信系统，保障分布系统的工作性能。

② 根据网络监控数据，定期开展必要的巡检维护以便于发现覆盖区域的网络异常，并积极进行故障排查，及时更换老旧的故障设备器件，维护和提升目标覆盖区

域的网络整体性能，提高用户体验感知。

6.5 多系统共存未来演进

随着国家铁塔公司的成立以及建设资源节约型、环境友好型社会的要求。工信部提出的减少电信重复建设，提高电信基础设施利用率的要求，促使今后室内分布系统的建设会更多地采用多系统共存方式进行。为了能更好地利用资源，在建设前期就需要对未来网络发展进行前瞻性的研究。

在具体建设时，应充分考虑运营商系统的接入需求、频率范围，在具体策略方面，适当考虑运营商网络扩容、技术演进等需求。针对多系统的共存，需要保证各级器件、线缆能适应未来网络发展频段需求，另外，由于多系统的接入，会导致系统间的互调、交调，从而产生未知的干扰，需要在无源器件的选择方面进行综合考量。

参考文献

[1] 吴为. 无线室内分布系统实战必读[M]. 北京：机械工业出版社，2012.

[2] 高泽华，高峰，林海涛，等. 室内分布系统规划与设计——GSM/TD-SCDMA/TD-LTE/ WLAN [M]. 北京：人民邮电出版社，2013.

[3] 广州杰赛通信规划设计院. 室分系统技术研讨材料（广州杰赛通信规划设计院内部材料）. 2014.

[4] 广州杰赛通信规划设计院. 室分系统培训交流材料（广州杰赛通信规划设计院内部材料）. 2014.

第7章 室内分布系统优化

随着室内移动用户数量的增长和相关业务的迅猛发展，如何提升室内深度覆盖、吸收热点业务量，保障室分网络质量和用户感知显得尤为重要。室分系统由于涉及规划、建设、验收、优化、维护等多个环节，同时基站信源、有源设备、无源器件、天馈系统以及优化参数的设置又会对室分网络的质量造成影响。因此，对室分网络建成后的优化维护提出了很高的要求。

目前室分系统常见的优化维护问题涵盖弱覆盖、质量（低接通、高掉话、高干扰）、业务吸收（零流量、低流量、高倒流）、用户感知（速率）、互操作（高重定向、CSFB 回落、VoLTE 切换）五大类问题。

本章旨在通过对现有常见室分系统问题进行研究，提出解决上述各类问题的优化建议和排查方法，为室分系统优化提供解决方案和指导意见，以提升室分系统优化效率。

7.1 室内分布系统优化原则和分类

本节从室分系统优化相关的工作内容、工作要求、测试要求以及分类要求这 4 个方面对室分系统总体的优化原则和分类进行了说明。侧重于使用优化测试对不同场景存在的问题进行分析和解决，从而找到适合于不同场景和专题的合理优化方案，为后续的室分优化提供方案以及借鉴。

7.1.1 工作内容

工作内容由问题分析、优化调整以及效果验证三个部分组成。

（1）问题分析

问题分析的核心在于对室内分布系统相关数据进行分析，重点关注覆盖、接入、切换、质量等相关指标，协助优化调整方案的制定。对于优化过程中发现的室内分布系统自身硬件问题，协调室内分布系统各厂家处理。

（2）优化调整

将已制定的优化方案提交相关人员实施，包括对设备硬件进行重启、更换；对覆盖范围进行增补或调整；对出现自激或干扰的设备进行输入功率、放大系数等参数的调整，增加衰减或对天线安装方式进行调整；对室内外基站、邻区及切换等参数进行调整等。

（3）效果验证

对已实施完成的优化调整观察其指标、告警信息的变化情况，需要时进行现场复测，确认问题解决情况。在实际的效果验证阶段主要关注以下问题。

① 室内覆盖干扰问题：主要包含弱覆盖、无覆盖、高底噪、干扰等问题。

② 速率问题：存在无法上网、速率较低或者不稳定的现象。

③ 切换问题：如高层考虑高层和低层不同小区之间的切换、高层室内外切换；低层考虑低层室内外信号（门口）的切换；电梯或者地下车库切换；室内同一平面同频小区之间的切换；异频异系统之间的切换。

④ 室内信号外泄问题：室内信号外泄会对网络性能带来影响，如果造成网络性能恶化，则需要分析外泄的原因。

⑤ 室外信号入侵：室外信号入侵会给室分系统用户带来影响。

7.1.2　工作要求

室分系统优化相关的总体工作要求如下。

① 利用已投入使用的室内分布监控系统，对信源和覆盖区域性能进行监控，及时发现网络问题。

② 室内分布系统优化根据信源的不同进行更为细致的话务分析，充分考虑室分系统覆盖区域的用户和话务分布情况，同时结合用户投诉和 MR（Measurement Report，测量报告）等数据，合理设置相关参数。

③ 室内分布系统优化现场测试时应重点关注切换性能和保持性能。

7.1.3　测试要求

室分系统优化在测试方面有以下要求。

① 测试步行速度应适中、迈步均匀，一般步速控制在每分钟 50 小步以内。

② 测试的路径一定要保证全面，保证每个天线覆盖的范围都要测试到。

③ 测试楼层要求为每个信源必测，地下停车场、大堂、电梯、1 层和顶层等重要场景为必测；设计覆盖楼层在 5 层（含 5 层）以下全测；设计覆盖楼层在 5 层以上，10 层（含 10 层）以下的测试间隔为 1 层；设计覆盖楼层在 10 层以上，20 层（含 20 层）以下的测试间隔为 3 层；设计覆盖楼层 20 层以上的测试间隔为 5 层；具体测试中

测试次数的密集度向高层适当减少。

④ 在打点记录测试路径轨迹时，严格依据上北下南、左西右东的规则对应记录测试位置的真实方向，记录路径的长度应按照比例进行对等均衡分配，对于可以导入楼层平面图的，应导入楼层平面图。

⑤ 电梯进出、大堂进出、1 楼进出、高层窗边为测试的重点所在，应加大这些位置区的测试频度，在开展对这些区域的测试时，应细致严谨，保证测试质量。

⑥ 对于测试的 log 数据应进行统一规范的编号，以保证后续数据处理上的方便，编号统一采用以下规则：场景名称 + 测试建筑物名称 + 楼层号（如果有楼层）+ 业务类型 + 时间。

⑦ 测试结束后需保存原始 log 测试数据。

7.1.4　优化分类

室分系统优化通常按照目标区域的开放程度或者容量需求进行场景的区分。

（1）按照开放程度区分场景

室内覆盖环境的开放程度，对其规划和优化有着很大的影响。按照开放程度，室内覆盖场景可以划分为封闭场景、半封闭场景、半开放场景和开放场景。

① 封闭场景：室内环境封闭，室外信号难以达到室内。如地下室、电梯、地铁和公路隧道等场景。封闭场景的优化重点是保证最低信号覆盖强度。

② 半封闭场景：室内环境相对封闭，但是室外信号可以通过窗户覆盖到室内的小片区域中去。如商务写字楼、大型购物商场、宾馆酒店等。

③ 半开放场景：这类场景，或拥有大量的玻璃幕墙，或室内楼层高且空旷。前者如北京中兴大厦，拥有大量的玻璃幕墙，室内外信号可以轻易相互影响。后者如展览中心，单天线视距覆盖范围广，可能出现信号覆盖区域过大的情形。半开放场景的优化重点是合理进行小区规划，减少室外信号或者相邻小区信号干扰。

④ 开放场景："鸟巢"就是典型的开放场景，天线安放位置高，视距覆盖距离大，一个小区配置较少的天线数量，因此必须严格进行单天线覆盖控制。通常，属于开放场景的有机场检票大厅、候机大厅、大型体育场馆等。开放场景的优化重点是严格控制单天线覆盖区域，确保大容量话务的充分吸收。

（2）按照容量需求区分场景

室内覆盖环境按照容量需求进行优化维护时，场景可分为重覆盖场景、重容量场景以及有覆盖和容量需求的场景。

① 重覆盖的场景：这类场景话务需求较低，依靠室外信号无法完成对室内的覆盖，因此需要引入专门的室内覆盖系统。例如居民区、地下室、电梯等场景。实际设计中，这类场景通常会结合干放进行覆盖。

② 重容量的场景：这类场景对容量需求大，也是网络规划的重点。例如场馆、展览馆、机场、车站等人群集散中心。这类场景重要要求合理优化各小区覆盖范围，减小多小区之间的干扰。

③ 有覆盖和容量需求的场景：多数重要楼宇属于这一类，如四星、五星酒店，高级写字楼、办公楼、大型商场等。针对这种场景，需要注意合理设计高低层的切换和邻区设计，规避高层信号的乒乓切换。

7.2 室内分布系统优化流程

本节中对室分系统优化流程的阐述分为室分系统通用优化流程和室分系统专项整治流程两个部分。

7.2.1 室内分布系统通用优化流程

室分系统通用优化流程基于 KPI（Key Performance Indicator，关键绩效指标）分析方法，图 7.1 为室分系统通用优化流程示意图。室分系统优化首先通过统计 KPI 相关数据，发现异常指标，筛选 TOPn 小区，判断是个体还是全局站点的问题。然后，提取小区级或者网元级（如 TAC、RNC、BSC）告警并进行后续的分析和处理。

对于处理告警后所检测到的干扰问题，常用的方案有以下几种。

① 频点、扰码、PCI 优化问题：2G 网络可进行同频干扰排查，3G 系统可进行同频同扰码组排查，LTE 则进行同频同 PCI 排查。

② 载波隐型故障问题：可以通过互换载波或者关闭怀疑有问题载波进行定位，或者通过 MR 测量干扰带分析载波质量。

③ 元器件互调干扰问题：可以通过仪器仪表检查元器件互调指标。

④ 天馈系统干扰问题：可以更换天馈线。

⑤ 系统间干扰问题：例如可以关闭 2G 系统以验证对 LTE 网络的影响有多大，再进行优化。

⑥ 网外干扰问题：通过扫频进行网外干扰排查，一般网外干扰具有频域比较宽、时域比较长、幅度比较高并且稳定等特性。

室分系统内部优化中的网络容量分析主要从话务量、拥塞率、网络利用率、寻呼负荷以及站点 CPU 负荷等方面进行综合分析。首先判断是公共资源受限还是业务资源受限，然后通过载波、公共信道、码道、RE 资源调整来缓解话务负荷。如果还是无法解决，则增加站点或者小区分裂来吸收话务量。对数据业务来说，传输容量对速率影响比较大，必须保证有足够容量支持数据流量，如有需要可进行及时扩容。对于接入容量，主要通过调整公共资源进行解决，如 SDCCH 数量（2G）、PRACH 条数（3G）等。同时，参数也会影响小区容量，如最低接收电平和导频功率等。天馈系统调整也会对容量产生较大影响，如变换方位角、下倾角等。另外，在分析寻呼容量时，主要可通过调整 LAC（Location Area Code，位置区码）、TA（Tracking Area，跟踪区）、位置更新定时器的长短等参数来进行。

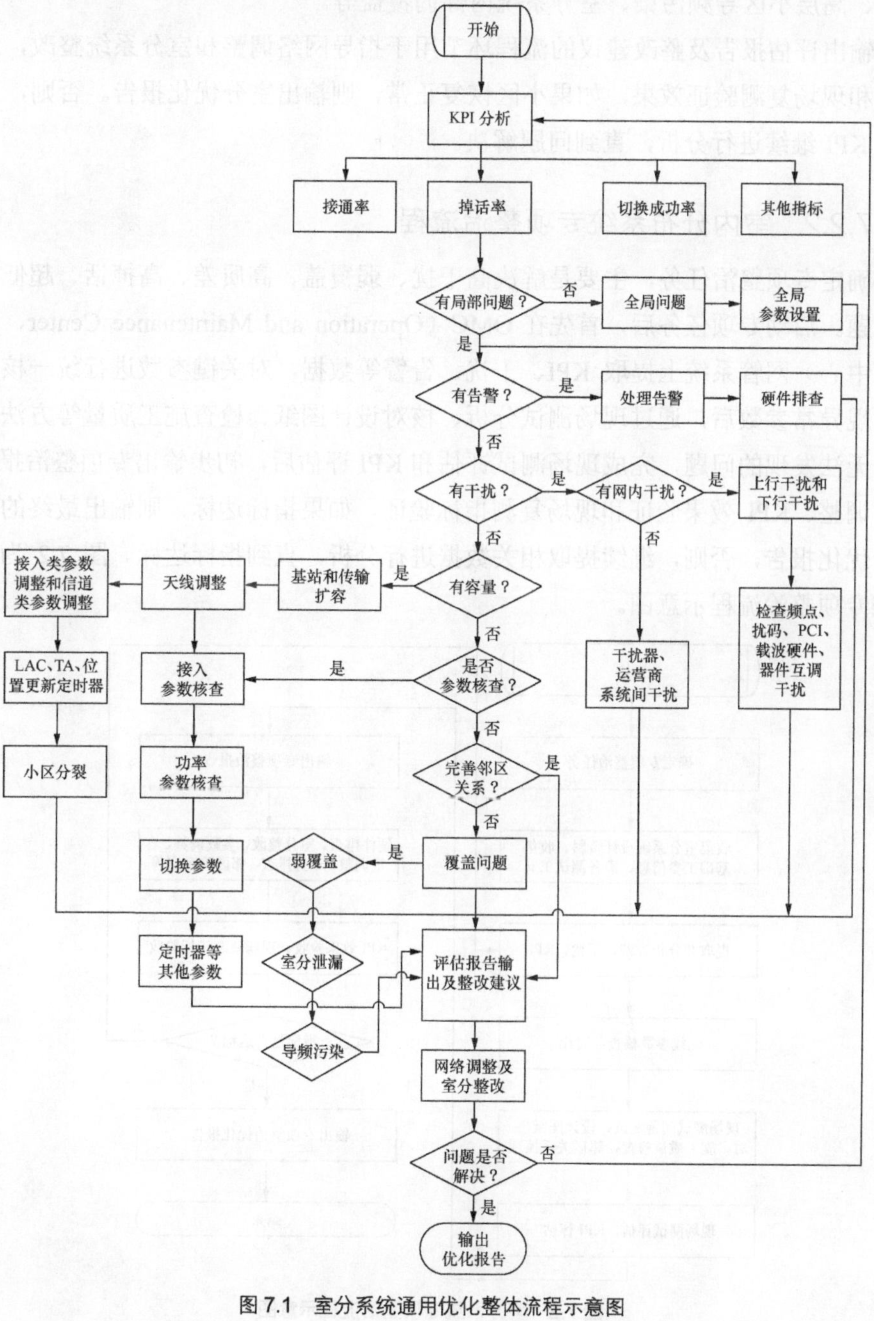

图 7.1　室分系统通用优化整体流程示意图

对于优化流程中的参数核查，由于无线参数比较多，因此建议重点关注接入类、功率类、信道类、切换类、定时器等参数。

完善邻区关系的流程是日常优化工作重点，邻区关系是否合理会影响很多指标，如：接通率、掉话率、切换成功率等。

覆盖问题的流程环节同样是室分优化工作的重点，常见的问题有低层小区室分泄漏、高层小区导频污染、室分系统内部弱覆盖等。

输出评估报告及整改建议的流程环节用于指导网络调整和室分系统整改，通过KPI 和现场复测验证效果，如果小区恢复正常，则输出室分优化报告。否则，再次统计 KPI 继续进行分析，直到问题解决。

7.2.2 室内分布系统专项整治流程

确定专项整治任务，主要是解决高干扰、弱覆盖、高质差、高掉话、超低话务等问题。启动专项任务后，首先在 OMC（Operation and Maintenance Center，操作维护中心）网管系统上提取 KPI、干扰、告警等数据，对关键参数进行统一核查。在发现异常参数后，通过现场测试分析、核对设计图纸、检查施工质量等方法发现后台无法发现的问题，完成现场测试评估和 KPI 评估后，初步输出专项整治报告、网络调整、KPI 效果验证和现场复测指标验证，如果指标达标，则输出最终的专项整治优化报告，否则，继续提取相关数据进行分析，直到指标达标。图 7.2 为室分系统专项整治流程示意图。

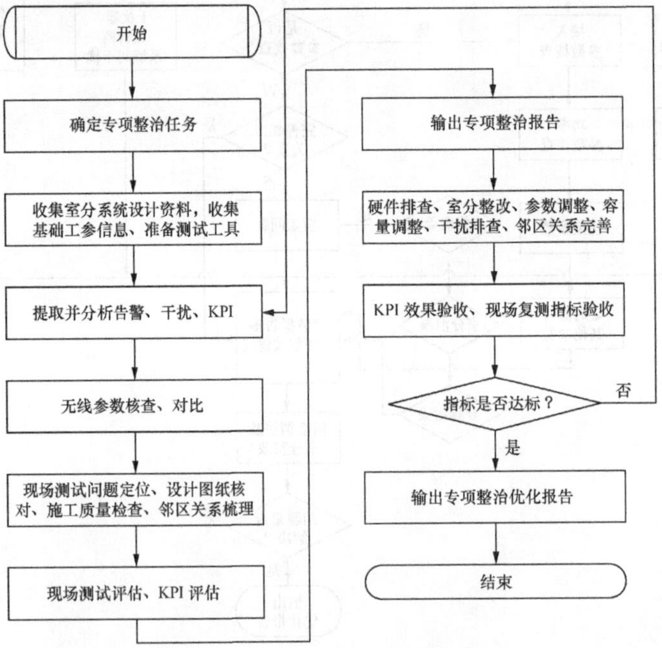

图 7.2　室分系统专项整治流程示意图

7.3　室内分布系统评测标准及方法

本节以 LTE 为例，从覆盖、外泄、切换、器件等方面对室分系统的评测标准及方法进行了论述。

7.3.1　覆盖评估测试

覆盖评估主要以 DT（Drive Test，驱动测试）为主，测试方法一般设置为长呼，并用于测试信号的强度和质量。覆盖测试的过程和相关要求如表 7.1 所示。

表 7.1　LTE 覆盖评估评测

测试项目	LTE 参考信号覆盖测试
测试目的	测试室内的 RSRP 和 RS-SINR，评估 LTE 网络室内覆盖情况
测试环境	1．应根据建筑物设计平面图和室内分布系统设计平面图设计测试路线，尽可能遍布建筑物各层主要区域，包括楼宇的地下楼层、1 层大厅、中层、高层房间、走廊、电梯等区域 2．办公室、会议室应注意对门窗附近的信号进行测量；走廊、楼梯应注意对拐角等区域的测量
准备条件	1．验收测试区内所有小区正常工作，邻区 50%网络负荷 2．室内路测系统 1 套以及测试终端 1 部
测试步骤	1．根据室内实际环境，选择合适的测试路线 2．以步行速度按照测试路线进行测试 3．使用路测系统和测试终端，记录 RSRP 和 RS-SINR 的测量值
测试输出	LTE RS 覆盖率
结果分析	LTE RS 覆盖率 ＝RS 条件采样点数（RSRP≥−105dBm & RS SINR≥−3dB）/总采样点×100%
备注	参考评估标准：LTE RS 覆盖率≥95%

7.3.2　业务性能测试

业务性能测试对象分为语音和数据，采用 CQT 和 DT，测试的设置情况如表 7.2～表 7.5 所示。

（1）语音业务：2G/3G 三网语音业务、4G（CSFB 及 VoLTE）语音业务。

表 7.2　语音业务评测

序号	测 试 业 务	测 试 方 法
1	2G/3G 语音业务	拨打设置：通话时长 180s，呼叫间隔 30s
2	CSFB 语音业务	拨打设置：通话时长 30s，呼叫间隔 30s

续表

序号	测试业务	测试方法
3	VoLTE 语音业务	1．拨打设置：通话时长 180s，呼叫间隔 30s 2．呼叫方式 ① 锁网在 2G/3G 网络的 VoLTE 终端呼叫 LTE 网络的 VoLTE 终端 ② LTE 网络的 VoLTE 终端呼叫锁网在 2G/3G 网络的 VoLTE 终端 ③ 双端 VoLTE 呼叫

（2）数据业务：包括 FTP、HTTP 以及视频业务。数据业务使用两个模块，一个模块进行 FTP 下载、HTTP 浏览、HTTP 下载、视频 4 种业务串行测试；另一个模块进行上行业务测试，并结合 WLAN 模块进行下载业务测试。所有模块均不锁网测试，分下行和上行，表 7.3、表 7.4 所示为进行实际的数据业务测试之前对 LTE 网络上下行的配置。表 7.5 以基于 FTP 的数据业务为例进行了测试设置说明。

表 7.3　LTE 下行模块配置

序号	测试业务	测试方法
1	FTP 下载	1．测试次数：1 次 2．测试间隔：15s 3．文件大小：500MB 文件 4．线程设置：5 线程
2	HTTP 浏览	1．测试次数：1 次 2．测试间隔：15s 3．必选浏览参考地址：百度、京东、搜狐、淘宝、网易、新浪网首页共 6 个地址 4．随机浏览地址个数：4 个 5．浏览间隔时间：2s 6．超时时间：30s
3	HTTP 下载	1．测试次数：1 次 2．测试间隔：15s 3．下载地址：建议选取主流网站的软件安装包下载链接地址，如腾讯 QQ 安装软件下载链接 4．下载文件大小：50～60MB 5．超时时间：200s
4	视频业务	1．测试次数：1 次 2．测试间隔：15s 3．必选视频参考网站：优酷视频、搜狐视频、爱奇艺共 3 个 4．流媒体链接地址：建议选取视频长度在 120～140s 的视频资源 5．视频清晰度：建议标清或者流畅 6．缓冲区播放门限：5s

表 7.4　　LTE 上行模块配置

序号	测试业务	测试方法
1	FTP 上传	1．测试次数：1 次 2．测试间隔：15s 3．文件大小：上传 100MB 文件 4．线程设置：1 线程

表 7.5　　FTP 数据业务评测

测试项目	LTE 高速数据业务（FTP）测试
测试目的	评估室内覆盖区域内高速数据业务的覆盖情况和业务性能
测试环境	1．应根据建筑物设计平面图和室内分布系统设计平面图设计测试点位，尽可能遍布建筑物各层主要区域，包括楼宇的地下楼层、1 层大厅、中层、高层房间、走廊、电梯等区域 2．办公室、会议室应注意对门窗附近的信号进行测量；走廊、楼梯应注意对拐角等区域进行测量
准备条件	1．验收测试区内所有小区正常工作，邻区 50%网络负荷 2．室内路测系统 1 套以及测试终端 1 部 3．上下行流速测试软件正常工作 4．验收测试区域内禁止其他用户接入
测试步骤	1．根据室内实际环境，选择合适的测试点位，测试点应为人员经常活动区域，测试楼层的选点应保证 RSRP 不小于−105dBm 2．使用路测系统记录下行 BLER，并在网络侧记录上行 BLER 3．使用 DUMETER 等工具记录应用层速率 4．用测试终端(Category3)，通过 FTP 工具发起业务。如不能成功，等候 15s 后重新激活，直到成功；上传一个 1GB 文件，记录 FTP 下载/上传速率
测试输出	1．LTE 高速数据应用层速率 2．LTE 高速数据链路层误块率
结果分析	1. LTE 高速数据业务应用层传输效率 ＝ 应用层传送文件平均速率/网络实际配置情况下的理论速率×100%。典型的 20MHz 带宽，2∶2（10∶2∶2）子帧配比，MIMO 双通道系统的理论速率为 61.2Mbit/s 或 16.9Mbit/s（DL/UL）（Category3 终端） 2. LTE 高速数据链路层误块率= LTE 链路层出错块次数 /LTE 链路层传输总块数×100%（链路层，分上下行）。
备注	参考评估标准： ① LTE 分组数据应用层传输效率≥60%，后续根据组网方案及组网性能修正 ② BLER≤10%

7.3.3　切换成功率测试

室分优化过程中进行切换测试的主要目的是测试业务持续性，重点测试室分与室外、室分与室分之间的小区切换成功率。另外，切换成功率还会影响掉话、拥塞等性能。LTE 切换成功率测试过程和要求如表 7.6 所示。

表 7.6　　**LTE 切换成功率评测**

测试项目	LTE 切换成功率测试
测试目的	测试室内覆盖区域内切换成功率，评估室内覆盖切换性能
测试环境	1．室内小区切换测试路线要包含室内不同小区间的切换带，典型场景是电梯和平层之间或平层和平层之间不同小区切换带 2．室内外小区切换测试路线应覆盖建筑物内外所有出入口，遍历室内外小区切换带
准备条件	1．验收测试区内所有小区正常工作，邻区 50%网络负荷 2．测试终端若干部
测试步骤	1．选择室内小区切换测试路线，测试路线要包含室内不同小区间的切换带，典型场景是电梯和平层之间或平层和平层之间不同小区切换带 2．用测试终端，通过 FTP 工具发起业务 3．按照测试路线以步行速度进行测试，记录切换失败次数、切换成功次数和发生切换次数 4．选择室内外切换测试路线，测试路线要包含建筑物所有出入口，遍历室内外小区切换带
测试输出	1．LTE 切换成功率（室内小区间） 2．LTE 切换成功率（室内外小区间）
结果分析	LTE 切换成功率=（切换成功次数/切换尝试次数）×100%
备注	1．参考评估标准：LTE 切换成功率≥98% 2．切换成功率的发生切换次数应在 20 次以上，以 100 次为宜 3．可使用多部终端并行发起业务测试

7.3.4　驻波比测试

驻波比（Standing Wave Ratio，SWR）全称为电压驻波比（Voltage Standing Wave Ratio，VSWR），指驻波波腹电压与波谷电压幅度之比，又称为驻波系数。驻波比为 1 时，表示馈线和天线的阻抗完全匹配，此时高频能量全部被天线辐射出去，没有能量的反射损耗；驻波比为无穷大时，表示全反射，能量完全没有辐射出去。室分优化过程中进行室分主干部分、各支线主干部分的驻波比测试要求如表 7.7 所示。

表 7.7　　**室分系统驻波比评测**

测试项目	分布系统主干驻波比、平层驻波比测试
测试目的	统计室内分布系统驻波比，评估网络性能
测试环境	按照设计图纸进行抽查测试，测试点位的选择必须包括主干驻波，点位数量原则上不少于总点位的 20%
准备条件	1．验收测试区内所有小区正常工作 2．按测试要求对设计图纸进行驻波点位编号 3．驻波比测试仪等测试仪器设备到位

续表

测试项目	分布系统主干驻波比、平层驻波比测试
测试步骤	1．针对各系统的实际使用频段进行测试 2．测试主干驻波比时，从基站信号源引出处测试，前端未接任何有源器件或放大器。若中间有放大器或有源器件，在放大器输入端处加一负载或天线，所有有源器件应改为负载或天线再进行驻波比测试 3．测试时平层分布系统驻波比时，从管井主干电缆与分支电缆连接处测至天线端的驻波比 4．测试时，从放大器输出端测试至末端的驻波比，前端未接任何放大器或有源器件
测试输出	1．统计信号源所带无源分布系统驻波比 2．统计平层分布系统驻波比 3．统计干线放大器所带分布系统驻波比
结果分析	评估测试结果是否满足驻波比指标
备注	参考评估标准：驻波比≤1.5

7.3.5　无源器件抽检

无源器件是室分系统重要组成部分，无源器件的品质优劣很大程度上影响着整个室分系统的网络性能。因此，评估无源器件性能指标，避免产品质量问题也是室分优化中的一个重要环节。对于无源器件，侧重于测试其互调抑制、功率容量以及端口隔离度（仅针对合路器）等指标。评测过程和要求如表 7.8 所示。

表 7.8　无源器件指标抽检评测

测试项目	无源器件指标抽检
测试目的	对无源器件的指标进行抽检，评估无源器件性能是否满足无源器件设备规范相关要求
测试环境	1．按照设计图纸进行抽查测试，具备条件的应按照无源器件测试规范相关要求进行测试，不具备条件的应依据外部标识或产品型号核查器件的标称指标是否满足使用要求 2．3dB 电桥、合路器、负载和衰减器应全检，耦合器和功分器抽检的器件原则上不少于该类器件总数量的 5%
准备条件	1．室内分布系统正常开通 2．频谱仪、互调测试仪、信号源、功放、矢量网络分析仪等，具体参见无源器件测试规范相关要求
测试步骤	1．针对各系统的实际使用频段进行测试 2．测试互调抑制、功率容量和端口隔离度（仅针对合路器）等指标，具体方法参见无源器件测试规范 3．整理测试记录
测试输出	互调抑制、功率容量和端口隔离度（仅针对合路器）等指标
结果分析	评估指标是否满足无源器件设备规范相关要求

续表

测试项目	无源器件指标抽检
备注	1．单系统总功率在 36dBm 以上的器件三阶互调抑制应不差于-140dBc(@2×43dBm)，五阶互调抑制应不差于-155dBc(@2×43dBm) 2．功率容量应与系统多载波功率需求相匹配 3．端口隔离度应符合多系统共存要求

7.3.6 天线口输出功率测试

天线口输出功率大小直接影响室分覆盖，在对室分网络进行优化的过程中需按设计要求输出合理功率，具体的评测过程和要求如表 7.9 所示。

表 7.9　天线口输出功率评测

测试项目	天线口输出功率测试
测试目的	统计室内分布系统天线口输出功率，评估天线口输出功率与设计方案一致性及天线辐射情况
测试环境	按照设计图纸进行抽查测试，测试的点位原则上不少于总点位的 10%
准备条件	1．室内分布系统正常开通并加载到设计的网络负荷 2．频谱仪或功率计一部
测试步骤	1．针对各系统的实际使用频段进行测试 2．将天线拧下，直接连频谱仪或功率计，分别读取室内分布系统各制式的信号强度 3．整理测试记录
测试输出	天线口输出功率
结果分析	评估天线口输出功率是否满足发射功率要求
备注	天线口输出功率与设计方案一致性参考标准：|实际发射功率-设计发射功率|≤3dB

7.3.7 双通道功率平衡性测试

使用双通道，就是芯片组可在 2 个不同的数据通道上分别寻址、读取数据。在 2 个通道上同时进行收发工作，通常情况下，双通道实现下载的处理速度比单通道的要快些。在网络优化中，双通道功率是否平衡会直接影响下载速率。具体的评测过程和要求如表 7.10 所示。

表 7.10　LTE 双通道功率平衡性评测

测试项目	LTE 双通道功率平衡性测试
测试目的	统计 LTE 双通道室内分布系统通道发射功率平衡情况，以保证 MIMO 性能
测试环境	按照设计图纸进行抽查测试，测试的点位原则上不少于总点位的 10%

续表

测试项目	LTE 双通道功率平衡性测试
准备条件	1．验收测试区内所有小区正常工作 2．频谱仪或功率计一部
测试步骤	1．根据室内环境，选择测试点位 2．将天线拧下，直接连频谱仪或功率计，分别读取两路信号输出功率 3．整理测试记录
测试输出	LTE 双通道功率平衡率
结果分析	LTE 双通道功率平衡率=$\frac{\text{符号}(\lvert RSRP0-RSRP1\rvert \leqslant 5\text{dB})\text{的采样点}}{\text{总采样点}}\times 100\%$ 此处，1 个共室分系统的天线点位即为 1 个采样点
备注	1．参考评估标准：LTE 双通道功率平衡率≥95% 2．该指标可以通过室内分布系统调整进行改进

7.3.8　上行干扰测试

为保障室分系统性能，通常需要评估网络的上行质量情况，并进行上行的干扰测试，其评测过程和要求如表 7.11 所示。

表 7.11　　上行干扰评测

测试项目	上行干扰测试
测试目的	统计室内分布系统上行干扰，评估有源器件、系统间干扰及外部干扰引起的上行干扰情况
测试环境	按照设计图纸对每一个信源设备进行测试
准备条件	室内分布系统正常开通
测试步骤	通过网管系统读取系统上行干扰
测试输出	系统上行干扰值
结果分析	评估系统上行干扰是否满足要求
备注	参考测试评估标准：系统：一周的忙时（早 8：00～11：00 时，晚 18：00～21：00 时）上行干扰高于−110dBm 的采样点比例不超过 30%

7.4　室内分布系统优化问题及方案

针对室分问题，为保障室分网络性能的优化效果，除正常的优化手段外，通常还需要采用一些更具针对性的分类处理方法。本节中通过对覆盖、干扰、外泄、切换、速率等问题的分析说明，形成了一些具有实际参考价值的针对室分常见问题的优化整改方案。

7.4.1 覆盖问题分析及优化整改方案

室内覆盖问题主要包含无覆盖、弱覆盖、室分信号泄漏、上下行不平衡、导频污染等，分析该类问题需要综合考虑接收电平、参数设置等指标。对于室内的弱覆盖，则需要根据测试结果和施工来确定是否补点，宏站信号天馈是否需调整或者器件是否需整改。对于无覆盖情况，则需要根据实际情况靠新建站点或者调整宏站信号来增加覆盖；对于覆盖中的干扰，则需要根据实际情况调整频点或者输出功率，或者对器件进行整改来优化。图 7.3 为覆盖问题分析流程图。

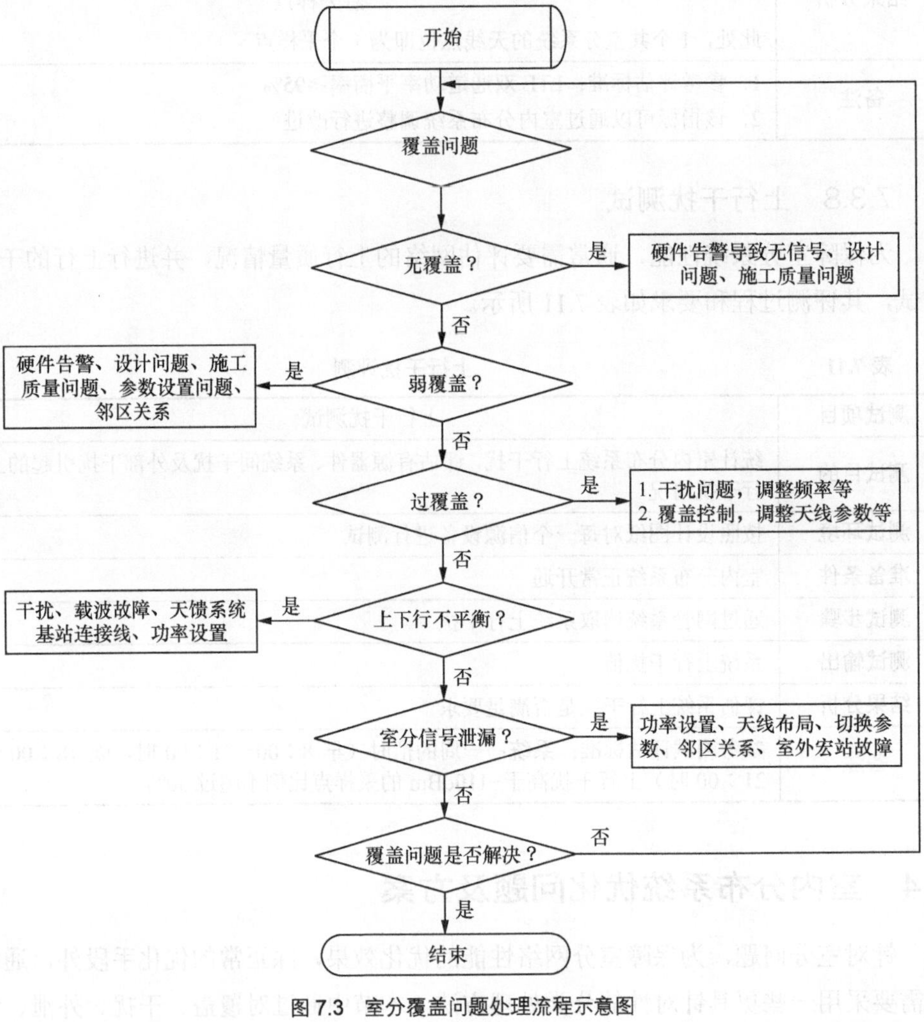

图 7.3 室分覆盖问题处理流程示意图

（1）无覆盖

无覆盖是指手机接收电平低于手机接收灵敏度。室分系统在设计时，存在缺陷，或者施工方没有严格按照设计图纸施工，导致一些区域无信号覆盖。同时，设备故障导致射频单元无功率输出也会产生无覆盖问题。通常的解决方法主要有以下几种。

① 重新进行室分系统设计，增加该区域天馈系统；

② 按照设计图纸进行施工；

③ 排查硬件告警；

④ 采用 RRU 拉远方式进行覆盖。

（2）弱覆盖

弱覆盖是指手机接收信号强度比较低。弱覆盖现象产生的原因主要有设计图纸缺陷、施工质量不达标、天线分布不合理、设备硬件故障或者老化、无线参数设置不合理等。解决方法主要有以下几种。

① 重新进行室分系统设计，增加该区域天馈系统；

② 按照设计图纸进行施工；

③ 排查硬件告警；

④ 整改天馈系统的天线分布；

⑤ 小区功率参数和最低接收电平参数设置不合理；

⑥ 对室分器件电气特性进行检查，如插损、驻波比；

⑦ 完善邻区关系，如一栋大楼内室分系统小区考虑互加邻区关系。

（3）信号外泄

信号外泄是指信号的覆盖超过规划覆盖区域，影响切换指标，导致小区间干扰。对于室分系统来说，如果覆盖控制不好，有可能产生过覆盖。室分信号外泄一般要求在室外 10m 处满足接收信号强度小于等于绝对门限，或者室内分布外泄的接收信号强度比室外宏站最强的接收信号强度低 10dB。抑制信号外泄的解决方法主要有以下几种。

① 排查干扰，现场测试信号质量，分析周边频点、扰码、PCI、BSIC 等参数，原则是复用距离保持在合理范围内，如果发现有异常现象，进行参数修改，然后通过复测，验证参数调整后的效果；

② 控制覆盖，调整定向天线参数（如下倾角、方位角、挂高），或者调整发射功率，但调整功率会对整个小区覆盖产生影响。因此，一般建议多调整天线参数为宜；

③ 调整不合理的切换参数，如迟滞、时间设置过大或者过小；

④ 完善邻区关系，避免漏加室外宏站邻区关系；

⑤ 及时发现并处理室外宏站故障，避免室外区域只有室分信号而导致的室分信号泄漏。

（4）上下行不平衡

上下行不平衡一般指目标覆盖区域内，业务出现上行覆盖受限（表现为手机的发射功率达到最大仍不能满足上行 BLER 要求）或下行覆盖受限（表现为下行发射功率达到最大仍不能满足下行 BLER 要求）的情况。解决方法主要有以下几种。

① 排查干扰，通过后台查看上行干扰或者现场测试观察下行干扰，主要检查频点、扰码、PCI、网外干扰等；

② 排查载波故障，接收机或者发射机工作异常可以通过载波互换来排查；

③ 检测天馈系统老化或者故障，如驻波比严重；

④ 调整天线参数，多面单极化天线方向角、倾角相差较大，尽量把天线方向角和下倾角调整为一致；

⑤ 检查基站连接线接错问题，如接收和发射连接线部分相互错接；

⑥ 检查基站、RRU、直放站等设备故障问题；

⑦ 避免施工质量问题，如天线连接处连接线松动；

⑧ 避免小区功率设置不合理问题，设置过大或者过小，都会导频功率与业务功率的差距。

7.4.2 高质差问题分析及优化整改方案

高质差是影响无线网络掉话率、接通率等系统指标的重要因素之一，图 7.4 为室分高质差处理流程示意图。高质差不仅影响了网络的正常运行，而且直接影响了用户的通话质量，是用户申告的主要原因之一。在 OMC 上进行查询，如果存在告警，应及时通知相关人员处理，一般驻波比、载波故障、传输误码率等告警会影响高质差。提取上行干扰数据，分析是否存在上行干扰。同时，有必要对功率控制参数设置进行分析，对设置异常和不合理的参数进行调整。

7.4.3 高干扰分析及优化整改方案

室分优化中高干扰问题的处理流程如图 7.5 所示。其中，干扰分为上行干扰和下行干扰，一般情况下，上行干扰在 OMC 上统计或观察，下行干扰在现场测试中通过相关质量参数分析得出，如 C/I、SINR。系统外干扰主要通过扫频仪测试排查，如果发现强干扰源，可汇报给电信运营企业协调处理。系统内干扰则主要分析频点、扰码、PCI、时隙设置等，同时还要关注无源器件的互调干扰指标。

7.4.4 低接通分析及优化整改方案

室分低接通处理流程如图 7.6 所示。如果小区无任何告警和干扰，则进行拥塞分析，体现在业务容量是否超过了硬件本身支持能力，该分析手段是日常网络优化的重要工作之一。拥塞解决方法主要有以下几种。

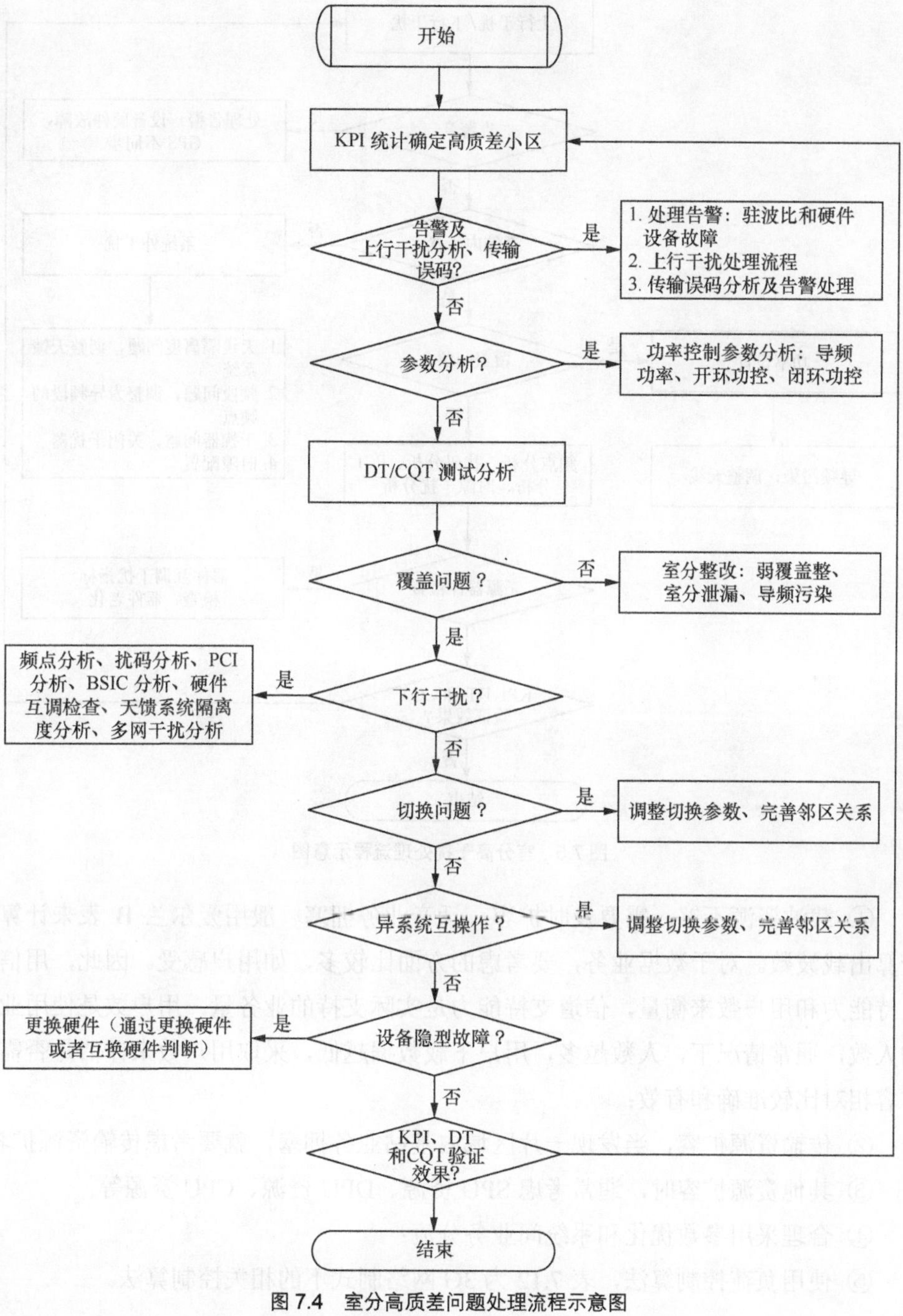

图 7.4　室分高质差问题处理流程示意图

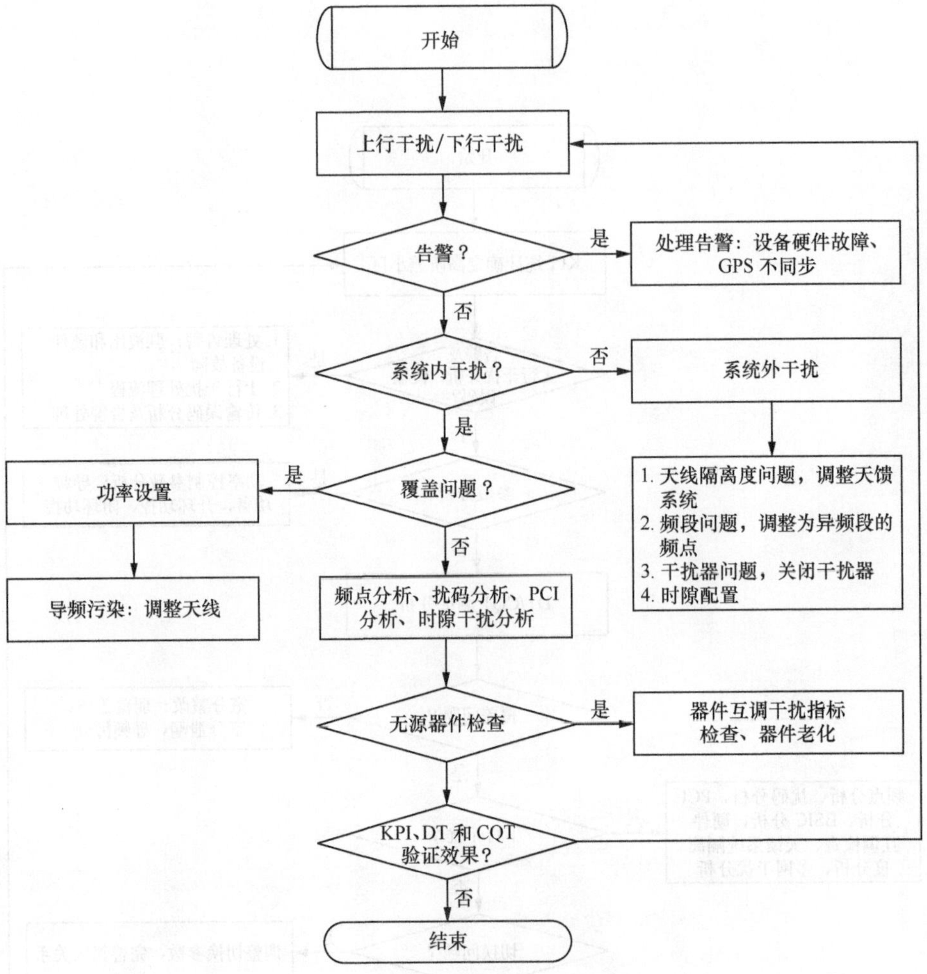

图 7.5　室分高干扰处理流程示意图

① 载波资源不够，需要及时扩容。话音业务拥塞一般用爱尔兰 B 表来计算，计算出载波数。对于数据业务，要考虑的方面比较多，如用户感受。因此，用信道支持能力和用户数来衡量，信道支持能力是实际支持的业务量，用户数是使用业务的人数，通常情况下，人数越多，用户下载数据越低，采取用户数来评估是否需要扩容相对比较准确和有效；

② 传输资源扩容，当发现一片区域内基站业务拥塞，就要考虑传输资源扩容；

③ 其他资源扩容时，通常考虑 SPU 资源、DPU 资源、CPU 资源等；

④ 合理采用参数优化和系统间业务分流；

⑤ 使用负荷控制算法，表 7.12 为 3G 网络制式下的相关控制算法。

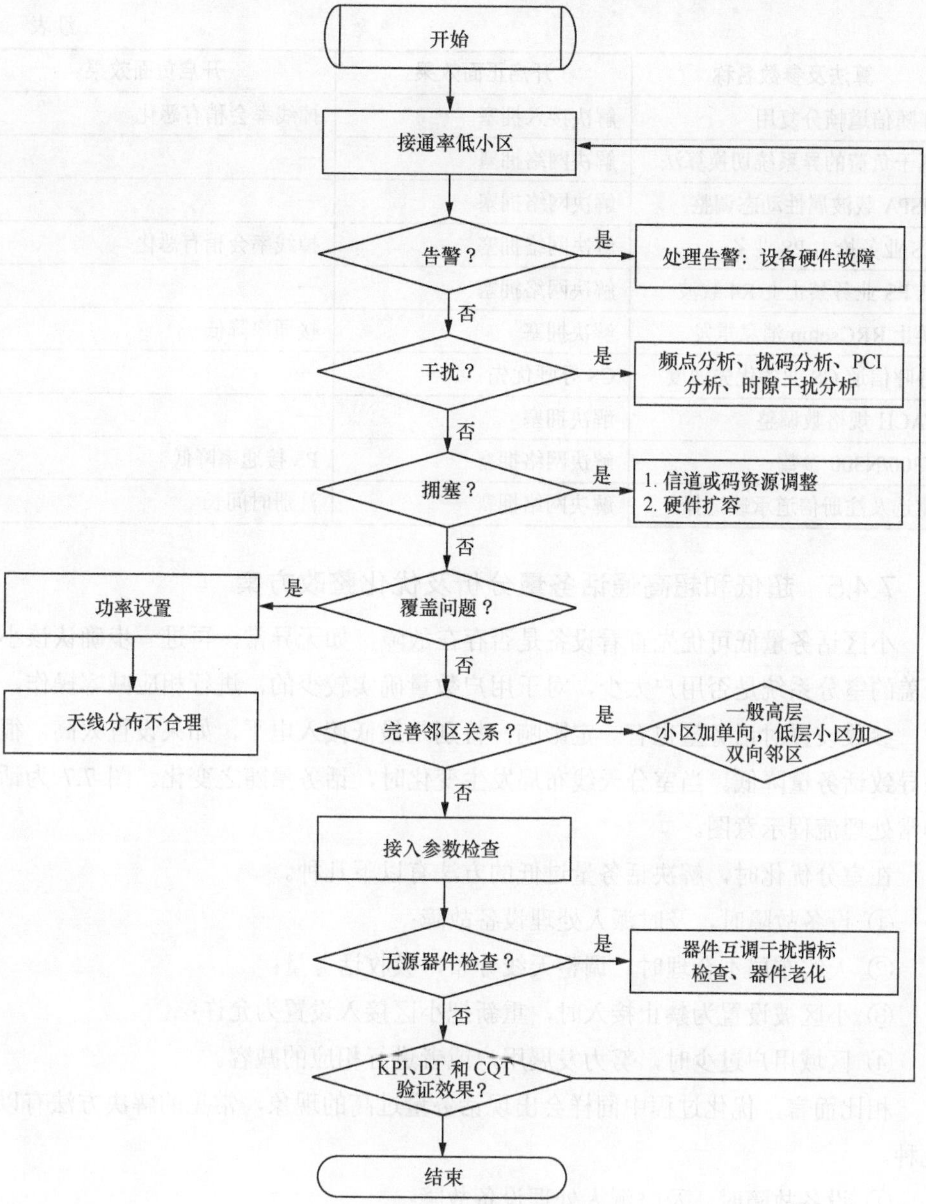

图 7.6 室分低接通处理流程示意图

表 7.12 3G 网络相关负荷控制算法示意表

算法及参数名称	开启正面效果	开启负面效果
小包检测	解决拥塞	掉线率会稍有恶化
智能 RRC 信令帧分	解决接入拥塞	接入时延稍长
RRC 拥塞抢占算法	提高 RRC 接入成功率	释放抢占 PS，PS 算掉线
自适应 DCCC 算法	解决网络拥塞	—
自适应 LDC 帧分降速算法	解决接入拥塞	—

续表

算法及参数名称	开启正面效果	开启负面效果
伴随信道帧分复用	解决接入拥塞	掉线率会稍有恶化
基于负荷的异系统切换算法	解决网络拥塞	—
HSPA 载波属性动态调整	解决网络拥塞	—
CS 业务抢占 PS 业务	解决网络拥塞	掉线率会稍有恶化
纯 PS 业务禁止上 R4 载波	解决网络拥塞	—
禁止 RRCsetup 消息重发	解决拥塞	接通率降低
寻呼信道 CS 业务优先调度	CS 寻呼优先	—
FACH 规格数调整	解决拥塞	—
T300/N300 参数	解决网络拥塞	PS 接通率降低
重选及注册信道承载选择	解决网络拥塞	注册时间长

7.4.5 超低和超高通话务量分析及优化整改方案

小区话务量低可优先查看设备是否存在故障，如无异常，再进一步确认该小区覆盖的室分系统是否用户太少，对于用户数量确实较少的，进行相应减容操作。同时，参数设置对话务量也有一定影响，特别是最低接入电平，如果设置太高，很容易导致话务量降低。当室分天线布局发生变化时，话务量随之变化。图 7.7 为话务异常处理流程示意图。

在室分优化时，解决话务量过低的方法有以下几种。

① 设备故障时，及时派人处理设备故障；

② 天线布局不合理时，调整天线分布，吸收话务量；

③ 小区被设置为禁止接入时，重新把小区接入设置为允许；

④ 区域用户过少时，努力发展用户或者进行相应的减容。

相比而言，优化过程中同样会出现话务量过高的现象，常见的解决方法有以下几种。

① 设备故障时，及时派人处理设备故障；

② 天线布局不合理时，调整天线分布，分散话务量；

③ 业务拥塞时，进行扩容或者分流用户、合理调整负荷参数。

7.4.6 外泄问题分析及整改方案

室内信号外泄会对网络性能带来影响，当造成网络性能恶化时，则需对外泄原因进行分析。常用的解决手段是针对部分天线整改，从功率、速度切换、小区重选参数调整等方面来进行改善。泄露常见问题排查处理过程如图 7.8 所示。

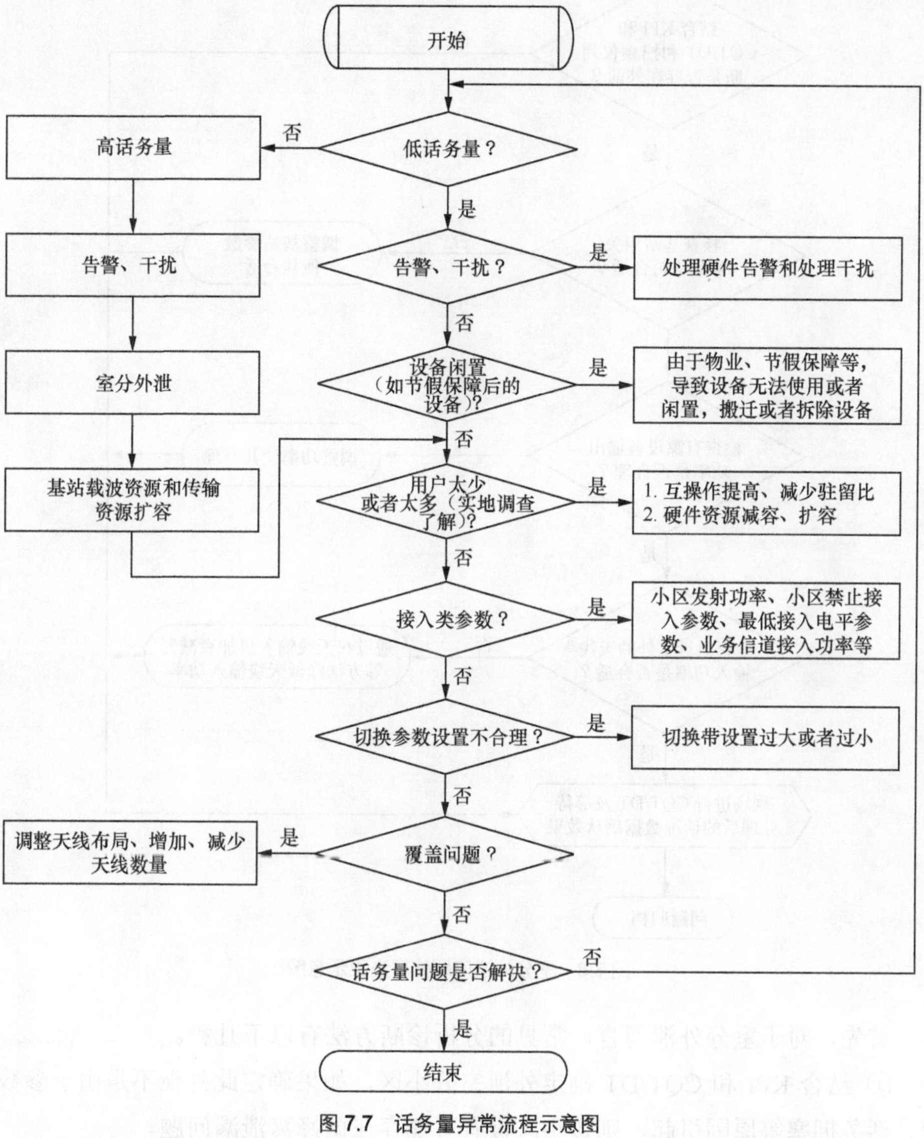

图 7.7　话务量异常流程示意图

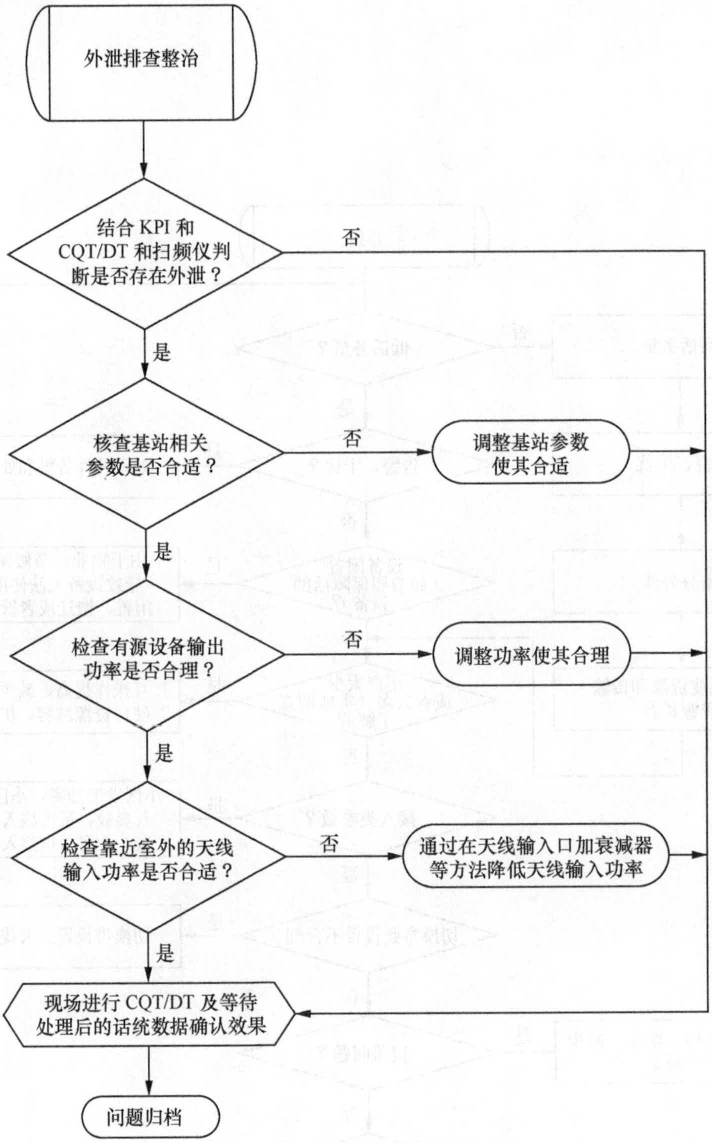

图 7.8　室分外泄问题处理流程示意图

首先，对于室分外泄而言，常见的分析诊断方法有以下几种。

① 结合 KPI 和 CQT/DT 确定外泄室分小区，如果确定此外泄不是由于参数设置、话务拥塞等原因引起，则该小区极有可能存在微蜂窝泄漏问题。

② 对基站参数核查，主要核查射频参数、层参数、接入参数和切换参数。这些参数对控制手机的接入和切入/切出有密切的关系，通过调整这些参数可以很好地控制室分小区的外泄。

③ 检查有源设备输出功率是否合理。如果有源设备输出功率较高，虽然整体室内信号较强，但很可能会引起外泄问题。

④ 检查靠近室外的天线选型、安装和输入功率是否合理，尽量避免产生外泄的可能。

为保障优质的网络性能，尽量抑制由于室分外泄导致的不良影响，基于产生室分外泄的原因给出了相应的参考优化整改方案。

① 基站参数排查整治。基站有三类参数对室分小区外泄有较大影响，分别是层参数、接入参数和切换参数。其中，层类参数可以有效地控制各小区覆盖范围。接入参数通过功率参数可控制微蜂窝发射功率。同时，接入参数自身还可控制微蜂窝的静态接入信号电平。

② 有源设备排查整治。通过 CQT/DT，若发现建筑物整体信号偏强，且无整改条件，则可在客户容许的条件下适当降低设备整体输出功率，从而降低外泄可能。

③ 天线排查整治。检查窗边区域天线选型、安装以及功率等是否合理，如更换窗边的全向天线为定向天线，并以朝内覆盖的方式进行整改。还可通过 CQT/DT 结合频谱仪检查靠近室外的天线注入功率是否过大造成外泄，如果过大，在保证出入口正常切换的情况下，在有外泄窗边天线分布系统支路上增加衰减器降低信号外泄。

7.4.7　切换问题分析及整改方案

切换问题在室分优化中涉及较多，在实际的分析处理中通常要求重点关注和把握以下几方面。

① 考虑高层和低层不同小区之间的切换、高层室内外切换；

② 考虑低层室内外信号（门口）的切换；

③ 电梯或者地下车库的切换；

④ 室内同一平面同频小区之间的切换。

切换问题产生的原因主要有告警、干扰、覆盖问题、切换参数设置、邻区关系、互操作等。常用的解决办法主要有基站故障处理、检查服务小区和邻区同频同扰码等参数检查、调整切换参数、完善邻区关系以及调整互操作参数。图 7.9 为室分切换问题的具体处理流程示意图。

7.4.8　掉话问题分析及整改方案

掉话率是网络优化重要指标，掉话原因比较多，处理方法比较复杂。具体的室分掉话问题的分析处理流程如图 7.10 所示，就流程图中相关的处理方法如下。

① 通过话务统计分析掉话原因，如无线链路失败、UE（User Experience，用户体验）无响应等；

② 在 OMC 上查看告警和干扰，如果有，则及时排查故障和处理干扰；

③ 切换问题导致掉话，通过完善邻区关系和调整切换参数、调整天线参数可以

解决；

④ 高层小区覆盖和低层室分泄漏，可以通过调整天线布局来解决；

⑤ 传输问题，表现为传输误码率高，应检查各传输接口是否松动或者损坏；

⑥ 完善邻区关系；

⑦ 硬件问题，应检查无源器件是否老化等；

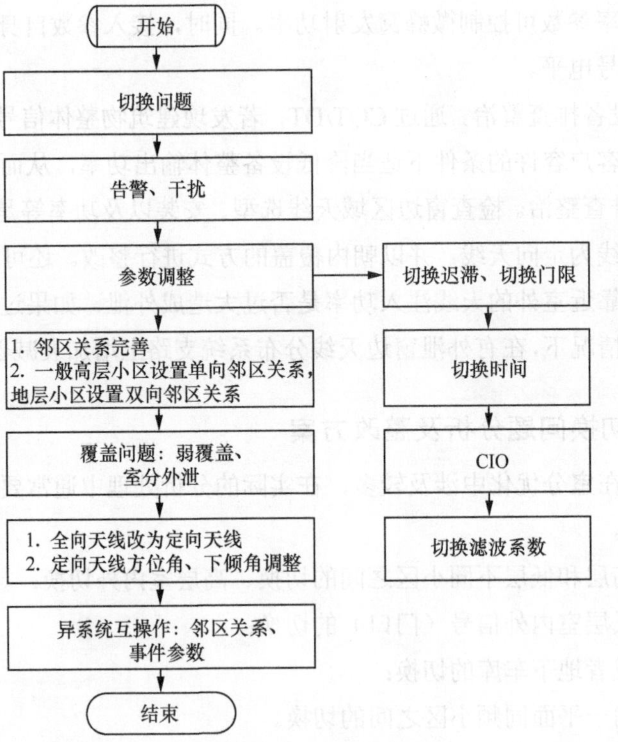

图 7.9 室分切换问题处理流程示意图

⑧ 开启一些特性算法可能会引起掉话，因为某些特性算法是对资源重新分配，用于寻找容量与质量的平衡点，如果开启某一个特性算法，务必观察掉话指标。

7.4.9 速率问题分析及整改方案

速率问题直接关系用户在使用数据业务时的体验感知，因此被作为室分网络优化中的重要指标，下面对相关速率问题的处理分析进行了分类探讨，并通过图 7.11 对处理室分速率问题时的流程进行了简要的描述。

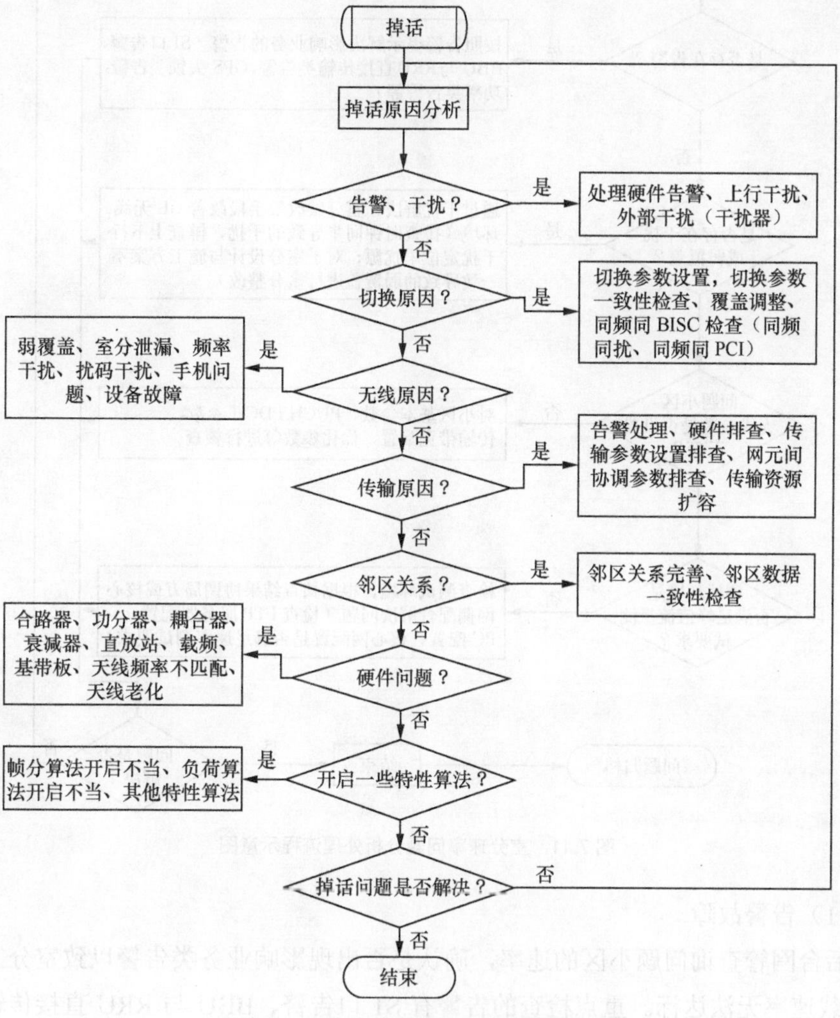

图 7.10　室分掉话问题分析处理流程示意图

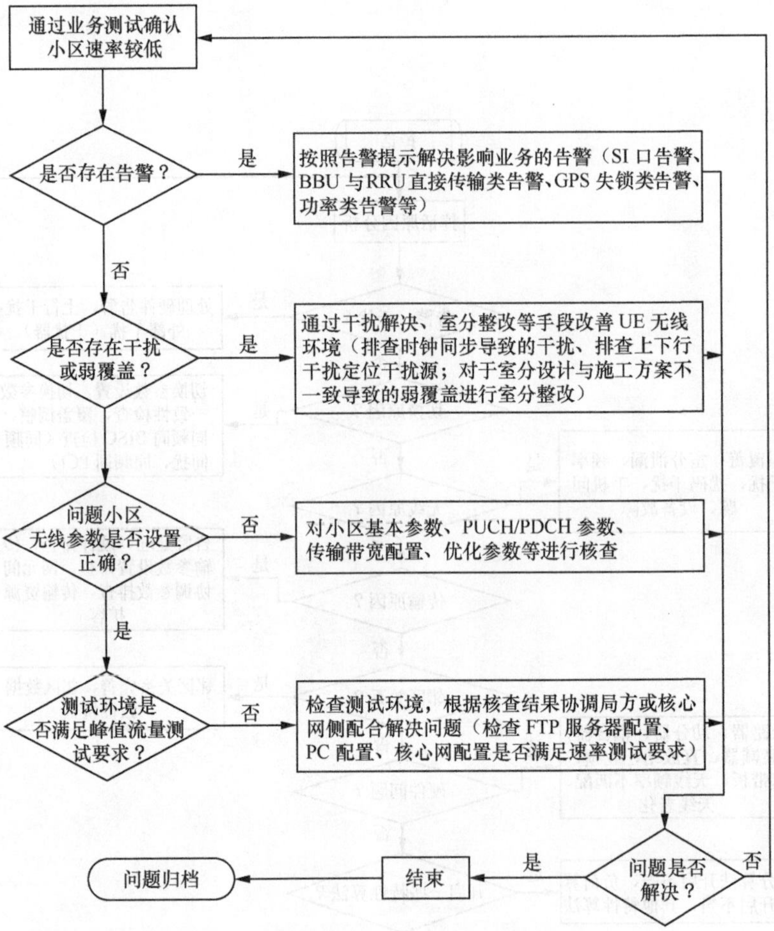

图 7.11　室分速率问题分析处理流程示意图

（1）告警故障

后台网管查询问题小区的速率，确认是否出现影响业务类告警以致室分上传速率/下载速率无法达标。重点检查的告警有 S1 口告警、BBU 与 RRU 直接传输类告警、功率类告警、GPS 失锁类告警（包括问题小区、附近小区基站 GPS 类告警都要核查）。

（2）干扰问题

首先，排查时钟同步导致的干扰。其次，排查上行干扰。具体方法有在网管侧使用实时数据统计中频谱分析部分；根据接收机底噪计算公式判断是否存在干扰，当前配置下（系统带宽 20MHz，工具是按照每 RB 进行测量，接收机 eNb 的噪声系数为 3dB），低噪应为−118.4dBm，如果测试中的 RxPow 值明显大于这个数值则说明当前网络存在上行干扰；干扰源定位，可以选取闲时进行闭站操作，再采用频谱分析工具进行清频测试。最后，需要排查下行干扰。通常下行干扰比较容易判断，在使用路测工具进行测试时如果发现 SINR 与主服务小区及邻区测量结果相差较大即可初步判断，如果需要确认并定位就需要进行闭站和进行清频；另外，系统内的下行干扰还可能是由基站小区间干扰和附近其他终端下行业务带来的干扰，小区间干扰可通过合理的覆盖优化手段进行优化，终端下行业务干扰可通过合理的参数配置进行优化。

（3）分布系统问题

通过现场测试摸底室内覆盖情况，是否存在室分信号太弱或无信号导致用户无法正常占用的问题。重点关注 RRU 出口处的干路无源器件。

（4）参数设置核查

后台网管对基本参数及优化类参数配置进行核查，如小区参考信号功率、上下行子帧配比、特殊子帧配比、小区系统带宽、上下行 MCS、小区 UE 上下行最大可分配 RB 个数、小区 CFI、小区 MIMO 切换模式属性等参数，调整不合理的参数设置，避免导致室分小区上下行速率受到影响。

（5）测试环境核查

核查 FTP 服务器配置、核查峰值速率测试 PC 配置、核查核心网配置、核查传输带宽配置，确保测试环境不会影响到上下行速率。

7.4.10　重定向问题分析及整改方案

室分优化中，对于高重定向小区，首先在后台网管进行邻区核查和参数核查，然后再进行现场测试定位。实际维护优化工作也证明大部分重定向问题都是由于邻区问题和参数问题所导致，所以可以通过后台网管和现场测试进行综合定位。典型的问题排查处理流程如图 7.12 所示。

解决重定向问题的具体方法如下。

（1）故障告警处理

后台网管查询高重向小区在统计周期内是否存在告警，确认告警发生时间与指标统计周期是否吻合。如出现基站光接口性能恶化告警、射频单元驻波告警等，则易导致信号损耗较大而影响覆盖。

（2）切换处理

核查室内外邻区关系，是否存在漏配、错配周边宏站邻区关系，并核查配置的邻区关系中各项数据是否存在错误（如频点、TAC、PCI 等），检查异频切换指标是否存在异常，切换参数是否合理。

（3）参数处理

核查异系统 A2 门限和异系统盲切换的门限设置，并检查是否与机型重定向原则符合，是否存在异系统重定向门限太高而导致的早定向到异系统等情况。

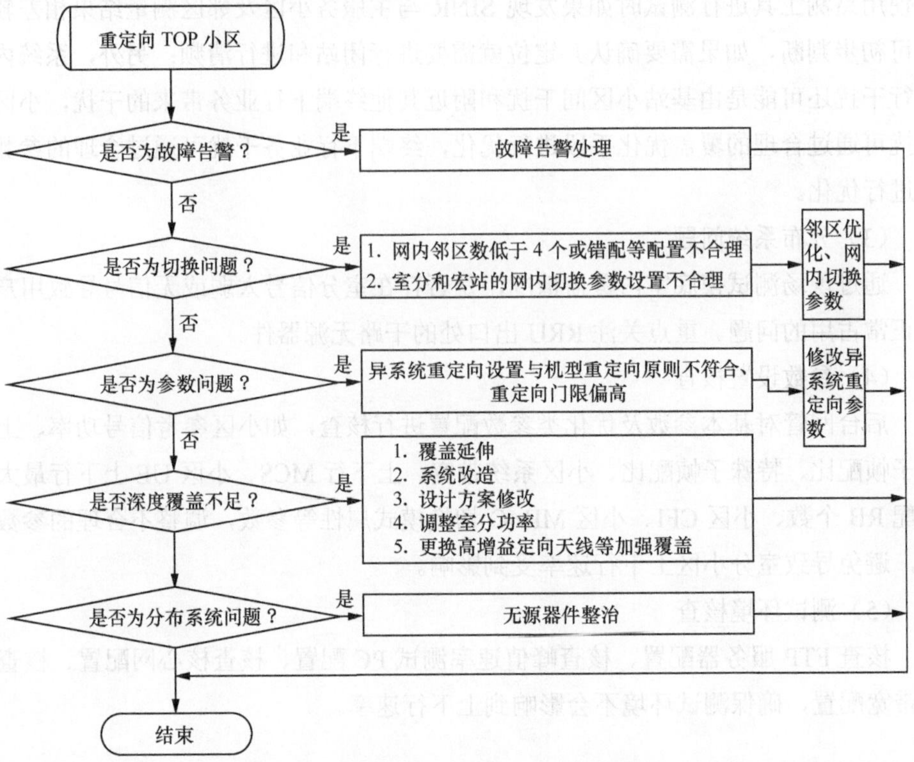

图 7.12　室分重定向问题分析处理流程示意图

（4）深度覆盖处理

现场测试，对于深度覆盖不足的区域，可延伸覆盖，改造室分系统，修改设计方案，检查小区的参考信号功率，提升参考信号功率，加强覆盖。

（5）分布系统处理

结合设计图纸，对室分进行遍历性测试，定位是否存在弱覆盖区域。从设计图纸核查定位弱覆盖区域在室分系统中的位置，如具体的干路、支路或天线点位。

7.4.11　CSFB 问题分析及整改方案

室分优化中，CSFB（Ciruit Switched Fallback，电路域回落）成功率问题需首先在后台进行参数和告警的检查，同时现场测试需要对网络间同步进行测试。图 7.13 为室分 CSFB 问题分析处理的流程示意图。

（1）告警、硬件故障排查

后台网管查询低回落小区及其共站的回落小区在统计周期内是否存在告警，确认告警发生时间与指标统计周期是否吻合。经核查无告警后，需对重点参数进行核查，CSFB 开关是否开启、切换门限是否合理、是否合理配置周边回落小区室分或宏站的邻区关系。LAC/TAC 是否一致且是否存在跨 Pool（跨 Pool 导致 CSFB 寻呼差）。

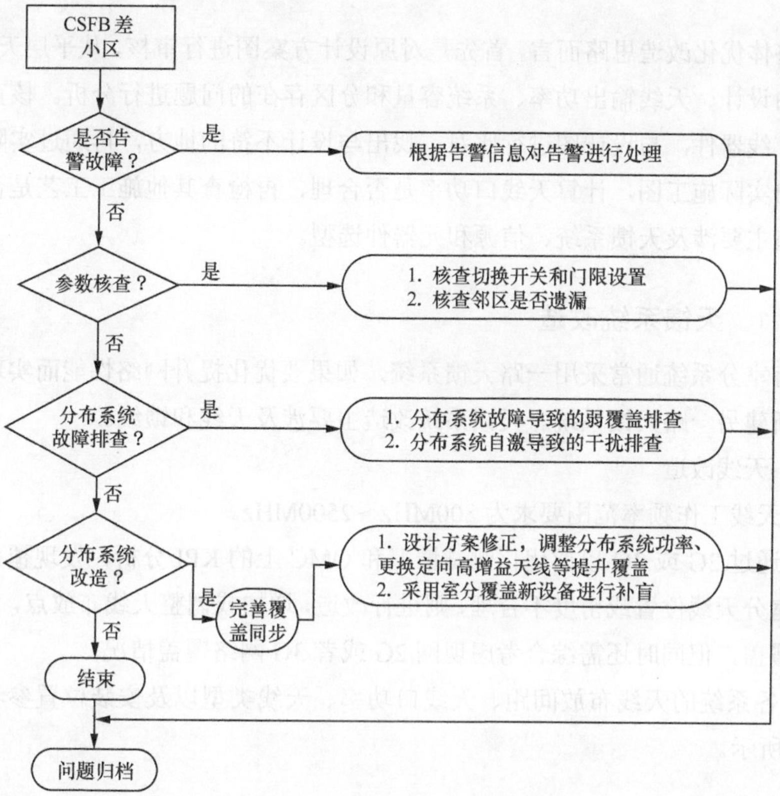

图 7.13　室分 CSFB 问题分析处理流程示意图

（2）分布系统排查

排查是否由于室分系统故障导致部分区域存在弱覆盖，同时核查室分系统是否存在自激干扰。

（3）室分深度覆盖问题

经前面排查流程均无异常，结合分布系统内遍历性测试结果和室分设计图纸判断是否为覆盖不同步、天线点位不足、设计方案不合理、建筑室内结构布局复杂、信号阻挡严重导致弱覆盖。对于覆盖不同步的情况，需整改使其覆盖同步。设计方案不合理的需要重新设计更改，室内建筑物阻挡的需调整分布系统功率、更换定向高增益天线等提升覆盖，或者增加室分覆盖新设备进行补盲。

7.5　室内分布系统优化改造

随着 LTE 网络建设的全面铺开，使得现有 2G/3G 室分系统需要适应新的技术要求。因此，对现有2G/3G室分系统优化改造迫在眉睫。综合考虑网络性能、改造难度、资源情况、投资成本等因素后，才能更具针对性地选择最佳建设改造模式。

就整体优化改造思路而言，首先是对原设计方案图进行审核，从平层天线布置、主干路由设计、天线输出功率、系统容量和分区存在的问题进行分析。核查现场每个天线、线器件，与设计图进行比对，找出与设计不符的地方，再通过实际施工情况整理出实际施工图，计算天线口功率是否合理，再检查其他施工工艺是否存在问题。改造主要涉及天馈系统、信源和元器件选型。

7.5.1 天馈系统改造

原有室分系统通常采用一路天馈系统，如果要优化提升网络性能而实现双流，还必须新建另一路天馈系统。天馈系统改造主要涉及天线和馈线。

（1）天线改造

① 天线工作频率范围要求为800MHz～2500MHz。

② 通过2G或3G以前优化测试情况和OMC上的KPI分析，发现覆盖问题。若原有室分天线位置或密度不合理，则进行改造，增加或调整天线布放点，保证LTE的网络覆盖，但同时还需综合考虑现网2G或者3G网络覆盖情况。

③ 各系统的天线布放间距、天线口功率、天线类型以及安装位置参考原则如表7.13所示。

表7.13 各系统天线参考原则

场景	天线间距	天线口功率	天线类型	天线安装位置
开放型	2G 900:20～35m	2G 900:0～5dBm	主要为全向吸顶天线，安装条件受限或狭长的开阔区域可以使用定向板状天线	公共区
	TD:15～25m	TD:3～8dBm		
	WLAN:15～20m	WLAN:12～15dBm		
	LTE:15～25m	LTE:5～10dBm		
密集型	2G 900:10～20m	2G 900: 5～13dBm（楼层较高且电磁环境复杂时，建议天线口功率为10～15dBm）	主要为全向吸顶天线，切换区及容易产生泄漏的区域可以适当使用定向板状或定向吸顶天线	公共走廊，天线布放位置尽量靠近房间门口；纵深10m或以上的房间，可以考虑天线内置房间，内置后天线口功率应适当降低，减少功率浪费或外泄影响
	TD:6～12m	TD:5～10dBm		
	WLAN:6～10m	WLAN:12～15dBm		
	LTE:6～12m	LTE:10～15dBm		

续表

场景	天线间距	天线口功率	天线类型	天线安装位置
半密集型	2G 900:15～25m	2G 900:5～13dBm（楼层较高且电磁环境复杂时，建议天线口功率为 10～15dBm）	主要为全向吸顶天线，切换区及容易产生泄漏的区域可以适当使用定向板状或定向吸顶天线	公共走廊，面积较大的会议室或房间建议天线安装到房间内，内置天线口功率应适当降低，减少功率浪费或外泄影响
	TD:8～15m	TD:5～10dBm		
	WLAN:8～12m	WLAN:12～15dBm		
	LTE:8～15m	LTE:10～15dBm		

（2）馈线改造

在原分布系统功率分配不够且施工条件允许的情况下，可按照如下原则进行馈线的优化改造。

① 原有分布系统平层馈线中长度超过 5m 的 8D/10D 馈线均需更换为 1/2in 馈线；主干馈线中不使用 8D/10D 馈线；

② 原有分布系统平层馈线中长度超过 50m 的 1/2in 馈线均需更换为 7/8in 馈线；主干馈线中长度超过 30m 的 1/2in 馈线均需更换为 7/8in 馈线。

7.5.2　信源改造与元器件选型

对于信源的改造有以下建议。

① 对于使用多个 RRU 覆盖的物业点，当需进行 RRU 覆盖分区时，设计时应使各个 RRU 分区间的隔离度尽可能高，以利于后期扩容，降低改造工作量。

② 对于采用双路室分系统的建设场景，应使用双通道 RRU，并将 RRU 的两个通道对应覆盖相同区域。对于采用单路室分系统的建设场景，可使用双通道 RRU 的两个不同通道分别对应覆盖不同区域。设计时保证 RRU 通道间的隔离度尽可能高，以利于后续空分复用技术引入，提升单路天馈线系统的容量。

③ RRU 每通道输出功率按 20W 计算。

④ 根据厂家 RRU 设备支持能力进行 RRU 级联级数设置，通常情况下室内覆盖系统 RRU 级联级数建议为 3 级以内。

⑤ 根据室内分布系统的实际情况，因地制宜选择链状和星状拓扑结构，以体现方案的合理性和经济性。

另外，室分优化过程中对元器件选型的要求为根据实际工程的工作频率范围、驻波比、损耗需求等选取合适的器件，让优选的器件尽可能发挥最大的使用功率。

7.6 多系统间协同优化

随着LTE建网规模越来越大，各电信运营商同时存在2G/3G/4G/WLAN等各种制式，导致多系统间协同优化越来越复杂。但是，为了保障并提升用户在多制式网络环境下的体验感知，要求各电信运营商根据自身的网络特点和场景应用情况，并结合用户满意度和KPI，全力保障各制式网络的覆盖、容量以及质量。

7.6.1 多系统间协同部署原则

国家大力发展互联网+，数据业务将会迎来新一轮增长，室分系统的重点部署正好在于支撑数据业务资源。因此，多网络制式融合的室分系统部署需根据用户人群、楼宇情况以及各网络特点，进行综合部署，可参考以下原则。

① 室内场景的数据热点区域要做到2G/3G/4G的全部覆盖；对于仅需覆盖电梯和地下室保证语音通信的室内区域，原则上仅建设2G系统，不新增LTE覆盖；对于整体覆盖的室内场景，如果电梯和地下室的LTE覆盖投资增加不多，则可考虑同步建设。

② 对于已有合路建设的2G/3G/WLAN室内分布系统区域，可根据链路预算及容量考虑，增加LTE室分的馈入合路。

③ 对于新增室分系统，某些建设场景，如医院、交通枢纽、商业街区/楼宇、行业服务窗口等公共场所，可以同步考虑建设 WLAN，其余场景暂不考虑；对于WLAN已经单独建设的，原则上仍保留WLAN覆盖，通过空间隔离或增加滤波器等措施，减少LTE对WLAN信号的影响。

7.6.2 多系统间参数优化

由于每个系统都有一套完善的参数算法，以LTE的重定向和重选过程为例重点介绍系统的参数优化。

（1）重定向

LTE 中的重定向是指系统通过 rrcConnectionRelease 消息中的redirectedCarrierInfo来指示UE在离开连接态后要尝试驻留到指定的系统/频点。重定向有两种方式，分别是基于测量的和非测量的，对于基于非测量的重定向也就是所谓的盲重定向。目前LTE采用重定向事件情况如表7.14所示。

表 7.14　　　　　　　　　　**LTE 重定向事件**

移动性管理	互操作方向	采 用 事 件
重定向	4G→3G	A2+B1
盲重定向	4G→2G	A2

其中，A2 事件表示服务小区信号质量低于一定门限，满足此条件的事件被上报时，基站启动异频/异系统测量，类似于 UMTS（Universal Mobile Telecommunications System，通用移动通信系统）里面的 2D 事件。B1 事件表示服务小区质量低于一定门限并且异系统邻区质量高于一定门限，类似于 UMTS 里进行异系统切换的 3A 事件。重定向涉及参数设置情况如表 7.15 所示。

表 7.15　　　　　　　　　　**重定向参数设置情况示例**

重定向方向	采用事件	需要设置小区	F 频段小区	D 频段小区	E 频段小区
4G 往 3G 测量重定向	A2+B1	异系统小区测量启动门限 A2 RSRP Threshold（包含迟滞的计算值）（UTRAN）/dBm	−118	−118	−122
		异系统小区测量停止门限 A1 RSRP Threshold（包含迟滞的计算值）（UTRAN）/dBm	−114	−114	−118
		B1 事件异系统判决门限 utran B1: b1-threshold /dBm	−92	−92	−92
		A2 事件触发时间 A2-TimeToTrigger/ms	640	640	640
4G 往 3G 盲重定向		盲重定向 A2-Threshold /dBm	−122	−122	−126
3G 往 4G	3A	TL 切换出 3A 测量 LTE 系统 RSRP 门限/dBm	−114	−114	−114
		TL 切换出 3A 测量本系统门限/dBm	−20	−20	−20
		TL 切换出 3A 测量触发定时器/ms	640	640	640

（2）重选

LTE 中的小区重选，分为同频小区重选和异频小区重选（包括不同 RAT 之间的小区重选）两种。与小区重选有关的参数来源于服务小区的系统消息 SIB3、SIB4 和 SIB5，其中 SIB3 中包含了小区同频和异频（包括 Inter-RAT）重选的信息。小区重选必需首先满足小区重选测量启动准则，然后满足 S 和 R 准则，才有可能进行小区重选。测量启动 S 准则和 R 准则分别如表 7.16 所示。

表 7.16　　测量启动 S 准则和 R 准则

S 准则	R 准则
Srxlev ≤ SnonintraSearch	Rs ≤ Rn
Srxlev > 0	Rs = Qmeas，s + QHyst
Srxlev = Qrxlevmeas − (Qrxlevmin + Qrxlevminoffset) − Pcompensation	Rn = Qmeas，n − Qoffset

重选过程中涉及的参数设置情况如表 7.17 所示。

表 7.17　　重选过程参数设置示例

重选方向	参数名称	F 频段小区	D 频段小区	E 频段小区
4G	最低接入电平 /dBm	−122	−122	−126
4G 到 3G	异频异系统启动测门限（s-NonIntraSearch）/dBm	−92	−92	−114
	判决门限（ThreshServinglow）/dBm	−118	−118	−122
	向 3G 重选判决门限（ThreshXlow（UTRAN））/dBm	−92	−92	−92
	异系统重选迟滞时间 Treselection/s	2	2	2
4G 到 2G	异频异系统启测门限（s-NonIntraSearch）/dBm	−92	−92	−114
	判决门限（ThreshServinglow）/dBm	−118	−118	−122
	向 2G 重选判决门限（ThreshXlow（GERAN））/dBm	−92	−92	−92
	异系统重选迟滞时间 Treselection/s	2	2	2

7.6.3　多系统间话务优化

虽然，室分系统的数据业务是未来发展的主流和趋势，但是语音业务的承载也是必不可少的。若 2G 系统上语音业务负荷较重，通常需要分流一部分到 4G 和 3G 网络上以缓解拥塞，充分利用资源。常用的话务优化策略如下。

（1）话务评估

统计 1 周的数据进行评估，进行话务量、数据流量趋势以及拥塞数据分析。对于拥塞数据分析需要结合告警和资源数据。

（2）话务分流

根据话务评估结果，详细了解各网络的话务情况，通过覆盖、切换、重选、算法优化等技术手段，实现话务分流，分流完成后，提取各网话务数据，并评估实施效果。话务分流后可能会影响现网性能指标，需要通过一些算法来保证网络质量。算法优化相对比较复杂，主要是为了解决系统的容量和质量，其具体的方式如下。

① 通过帧分、抢占等算法减少现网拥塞次数，增加现网接入用户数和吸收流量；

② 通过容量评估，针对高价值高负荷室分区域采取扩容，提升用户感知吸收流量；针对低价值多用户室分区域采取帧分和抢占，增加接入用户数吸收流量；

③ 公共信道优化，配置第二信道，减少码资源不足导致的接入失败，增加接入用户数，提升分流能力；

④ 并发业务 PS 策略优化；

⑤ 双通道 RRU 等覆盖增强手段的应用。

（3）用户行为分析

分析不同用户人群构成情况和使用业务情况，结合每个网络承载的业务情况，引导用户使用某一个网络。如 3G 网络数据业务拥塞且无法扩容时，引导用户使用 LTE 或者 2G。

（4）节假日保障

根据往年话务趋势，判断各网的话务峰值，结合各网的资源，采取扩容和互操作进行参数调整，进行用户分流，保障节假日网络运行质量。

7.6.4　多系统间质量优化

多系统间质量优化主要从频率、硬件、指标等方面进行分析。

（1）频率分析

室分频点一般是独立频段，但当 2 个网络使用频段比较接近时，或者有一定重叠时，就会产生干扰，应该规避。

（2）硬件分析

多网共用室内分布系统时，可以进行的优化工作如下。

① 及时发现硬件的损坏和老化，通过告警观察和测试仪器排查故障，如驻波比大于 1.5；

② 互调干扰，检查互调仪测试无源器是否满足互调要求。

（3）指标分析

当一个网络指标异常时，可以考虑通过其他网络来承接业务，例如：小区拥塞和小区故障，采用关闭故障小区和设置互操作参数等手段解决。当存在室分系统共用情况，发现多网指标异常，应排查共用的无源器件是否损坏或者老化。当一个网络指标异常，其他网络正常时，也有可能是互调干扰引起的指标恶化。

7.7 室内外协同优化

室内外协同作为近年来的热门研究课题，下面从其优化原则、方法手段以及实际效果出发对室内外协同优化的优势进行分析说明。

7.7.1 室内外协同优化的原则和方法

室外网络在覆盖上是连续的，其优化先从簇优化开始，继而延伸到片区优化，最后拓展为实现全网优化。而室内覆盖网络则是离散的，其优化是针对每一个单独的站点进行的。考察室内外协同优化的基本参考原则如下。

① 室内外的优化手段相通，可以充分借鉴室外网络的优化手法，扩展至室内优化；

② 针对具体场景实现具体分析，使优化方案侧重点不同，实现差异化处理；

③ 保证室内覆盖的良好性能，结合室外网络构建优质化室内外协同覆盖；

④ 打造易于升级和扩容的室内外协同覆盖系统。

为实现良好的室内外协同优化效果，关注的核心在于覆盖、邻区和参数。要求在覆盖优化、邻区优化以及参数优化的基础上，保障业务的连接成功率指标、掉线率指标和切换成功率指标。

7.7.2 协同提高覆盖率

良好的无线覆盖是保障移动通信质量和指标要求的前提，覆盖的优化非常重要，并贯穿网络建设的整个过程。

在实际网络的建设过程中，常会遇到在室外 DT 测试过程中，当经过一些室分站点区域，发现室分信号比较强，手机占用室分信号，切换不及时，很容易引起掉话。使用室内外协同优化手段则可以有效地解决该类现象：

① 室内：通过室分整改后，保证室分信号不外泄，采用定向天线覆盖室内。

② 室外：调整室外小区天线的方位角或者下倾角，加强该路段覆盖。

另外一种常见的现象是在一些室内区域的室外信号强于室分信号，特别是高层小区，当用户在窗户边缘做业务时，会发生乒乓切换，当用户往其他区域移动时，信号会变差，引起掉话。同样，使用室内外协同优化手段也可以有效地解决该类现象。

① 室内：室分整改，增加天线，加强覆盖；重选和切换参数优化，增加向室外重选或者切换难度，保证常驻留在室分小区，做业务时，尽量保持在室分小区通话。

② 室外：完善邻区关系，特殊情况下，可以添加单向邻区；调整室外小区方位

角、下倾角；频率优化，高层区域导频污染，接收到很多小区信号，通过频率调整来保证通话质量。

7.7.3　协同提高连接成功率

室内覆盖中，有时会出现接入困难的现象，一般而言还是覆盖有问题，或者存在干扰。具体而言，主要原因有弱覆盖、切换区不合理以及干扰。当出现呼通率较低时，应分析产生的原因。通常室内信号强度设计是满足呼通率要求，如：LTE 室内覆盖是由 2G/3G 系统改造而来，或是直接由 2G 系统改造而来，LTE 为确保覆盖设计了较多小区，各小区之间重叠覆盖区域严重，切换区不合理。因此，为从根本上解决问题还需要采用室内外协同优化手段，从 RF 控制入手，并同时辅以组网频率优化手段才能较好地解决。

7.7.4　协同降低掉线率

一般而言，掉话的原因主要有 3 个方面：由覆盖引起的掉线、由切换引起的掉线、由干扰引起的掉线。解决思路可参考利用室内外协同优化手段提高连接成功率的经验。

7.7.5　协同提高切换成功率

采用室内外协同优化来提升切换成功率的重点在于室内外良好的小区重选和切换设计。以协同优化手段在室内外小区出入口切换和电梯内外切换的应用为例进行了分析。

（1）室内外小区出入口切换

现网中，有些大楼大厅空旷，室外信号在出入口形成了强覆盖，一直覆盖到电梯口。此时这就需要对室内外的切换带和切换参数进行调整。室内向室外的切换可以采用基于绝对门限触发测量方案。而室内小区则配置更高级别，当室外 UE 进入室内挂机后，迅速驻留在室内小区中。

（2）电梯内外切换

在高层多小区建筑中，通常电梯和低层设计同一小区，减少用户进出电梯的切换。受电梯工程布线的限制，电梯和高层将发生大量切换。高层用户出入电梯时，将发生类似街道拐角效应的瞬时切换，对用户主观感受影响较大。常用的有效解决的手段如下。

① 提高电梯内覆盖信号，当 UE 进入电梯厢中，电梯内信号很强，无须电梯门关闭来减少电梯外小区信号，就已经切换到电梯中去。当 UE 离开电梯厢后，信号很快衰减，可以顺利切换到外部小区。

② 电梯内外异频组网，高负载、同频时切换成功率较低，而异频切换的成功率高。

参考文献

[1] 李军. 移动通信室内分布系统规划、优化与实践[M]. 北京：机械工业出版社，2014.
[2] 吴为. 无线室内分布系统实战必读[M]. 北京：机械工业出版社，2012.
[3] 广州杰赛通信规划设计院. 室内外综合覆盖课题（广州杰赛通信规划设计院内部材料）. 2014.
[4] 广州杰赛通信规划设计院. 室分系统技术研讨材料（广州杰赛通信规划设计院内部材料）. 2014.
[5] 广州杰赛通信规划设计院. 室分建设分省份交流汇总材料（广州杰赛通信规划设计院内部材料）. 2014.

第8章 室内分布系统典型场景应用解决方案

8.1 室内场景分类

为了详尽分析和阐述不同室内场景中分布系统的设计和建设方案，根据功能用途可将建筑物划分为8大室内场景及24种细分场景。首先以交通枢纽类、大型场馆类、商务楼宇类、住宅小区类、学校类和其他类作为6大主场景，其中又以机场、地铁/隧道、体育场馆、会展中心、商务写字楼、大型宾馆酒店、别墅小区、多层小区、高层/环抱小区、独栋高层、学校校园、休闲场所、电梯/地下停车场、沿街商铺 15 种细分场景最具代表性和特点，相比而言剩余其他细分场景均可类比参照这15种细分场景进行室内覆盖。

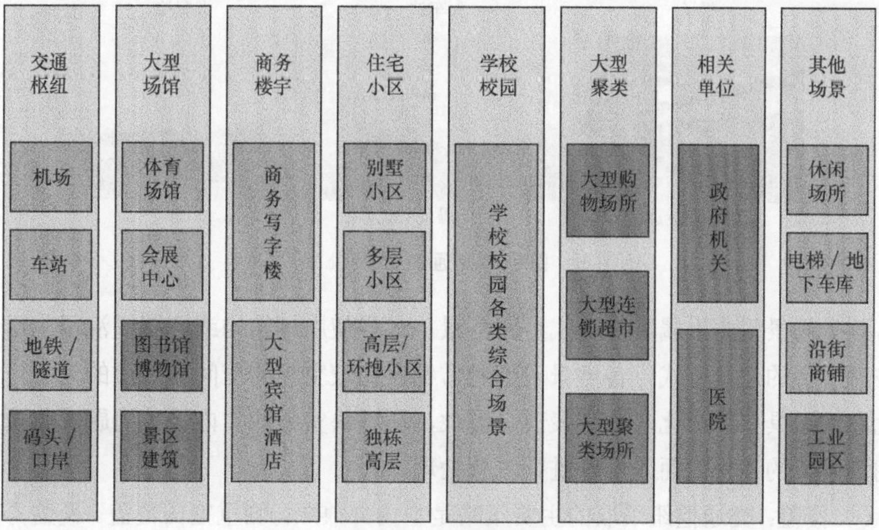

图 8.1 室内场景划分

8.2 室内覆盖考虑因素

对于差异化的场景而言，为了建设具有客户感知良好，成本管控合理，且易于扩展和维护的室分系统，需要优先考虑满足以下六大因素。

① 建筑物的规模和传播特性；

② 服务指标要求；

③ 建设造价；

④ 系统维护便利性；

⑤ 系统安全性/稳定性；

⑥ 系统可扩展性。

8.3 交通枢纽类场景

随着经济社会的发展，人口流动以及物资流通的加快，交通枢纽场景在人们的现代生活中扮演了重要的角色。如图 8.2 所示，根据所承载的交通工具的不同可以分为机场、火车站、汽车站、地铁及隧道、码头及口岸 6 个子类。

图 8.2 交通枢纽类场景

该类场景基本上属于开阔式封闭场景，大多使用钢结构或者钢筋混凝土结构外加玻璃外墙的建筑方式，各场景内部通常都有比较空旷的空间和大量的人流，同时彼此之间又具有差异化的业务表现。因此，在解决实际的室内覆盖问题时就要求就不同场景下的 4 个层面的问题进行区分处理。

① 覆盖：交通枢纽采取的主要策略是室内外兼顾，侧重室内覆盖。覆盖方案的选取主要依据场景规模、建筑物形态以及功能分区等。

② 容量：对于交通枢纽业务量的评估而言，通常与对应的场景类型、规模大小、用户总量及用户行为有直接的关联。

③ 切换：重点考虑的切换区域有建筑物出入口、不同楼层以及不同功能区（如电梯）等。

④ 干扰：各场景开放式的环境不可避免地会与室外宏站覆盖有交互，因此需合理控制室内信号的外泄和室外信号的穿透所带来的相互之间的干扰。应协同考虑室内外综合覆盖手段、频率策略、邻区配置、天线选型及位置信息等。

8.3.1　机场

机场属开阔式封闭场景，其中航站楼多采用钢结构外加玻璃幕墙方式，穿透损耗较小，覆盖面积大。候机楼内人流量非常大，高端用户较多，对语音和数据业务需求均较高。

8.3.1.1　总体覆盖思路

① 以室内分布系统覆盖为主，重点覆盖航站楼内各功能区域。

② 采用无源室内分布系统，技术成熟，适应大型场景覆盖，且工程实施复杂度相对较低。

③ 也可采用有源光纤分布系统，主干使用光纤建设以减少损耗，末端再使用线缆以提升系统性能。

④ BBU 集中放置，RRU 可以拉远布放在相应楼层电井，水平分区。

⑤ 根据中国铁塔公司承建高品质、高性能室内分布系统的要求，对于重点的数据需求区域，有必要采用双通道 MIMO 进行覆盖，如航站楼的 VIP 候机室、出票大厅、候机厅、商业区域、安检厅、员工办公室等。

最后，细化到各功能区域，在满足总体室内覆盖建设要求的基础上，还需要进一步因地制宜地选用具体的覆盖方案。机场室内网络简要示意图如图 8.3 所示。

8.3.1.2　覆盖策略

1．功能区域覆盖

室内分布全覆盖遵循“小功率、多天线”的布放思路。同时，还需要根据航站楼内不同的功能区域合理选择相应解决方案。

① 值机厅、候机厅：吊顶较低时可采用新型全向吸顶天线进行覆盖。吊顶较高（8m 以上）时，建议使用定向板状天线或赋形天线进行覆盖，以避免新型全向吸顶天线覆盖范围难以控制的缺点。

② 行李厅、登机连廊：采用定向板状天线或定向壁挂天线进行覆盖，如图 8.4 所示。

③ 玻璃外墙边缘处：使用定向吸顶天线安装在外墙上，方向朝内进行覆盖，半径 10～16m。

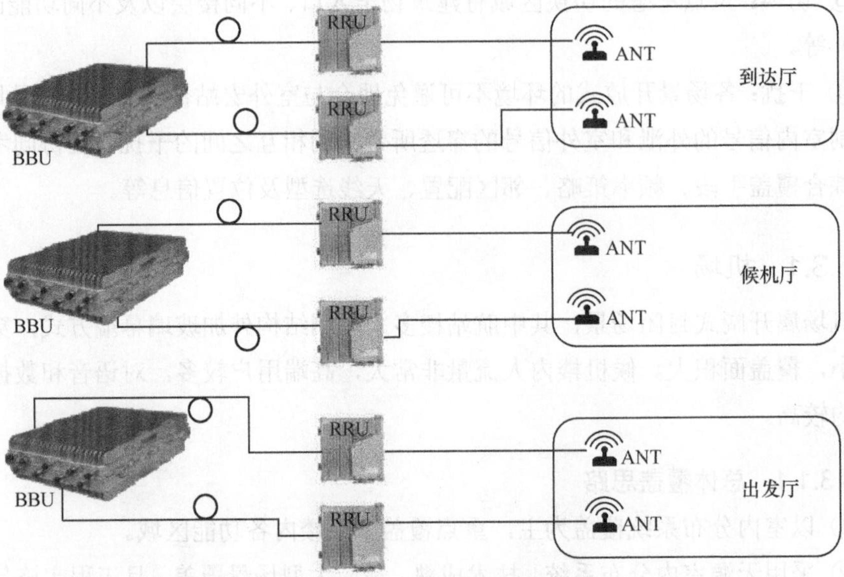

图 8.3　机场室内网络简要示意图

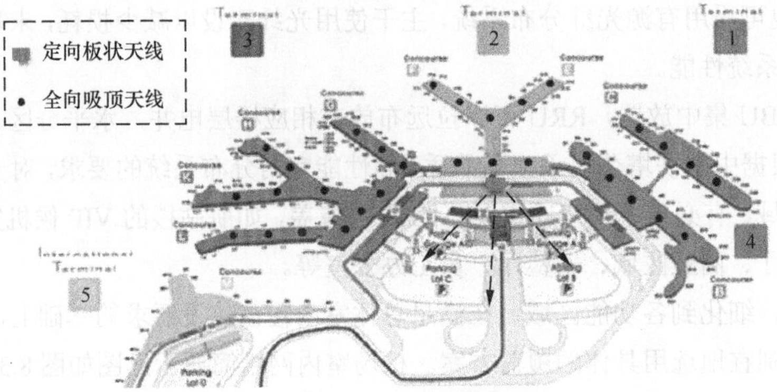

图 8.4　吸顶天线、板状天线覆盖方案

④ 房间、商铺、VIP 候机区及办公区：采用暗装的方式尽可能将全向吸顶天线安装在房间内以覆盖纵深较深的房间、有隔断的商铺、VIP 候机室及办公区，如图 8.5 所示。

⑤ 电梯：通常采用定向壁挂天线安装在电梯井道内，主瓣方向朝上或者下覆盖。如不能在电梯井道内布放天线，可在电梯厅口布放定向吸顶天线，主瓣方向朝向电梯轿厢。如为观光梯，在电梯厅口布放全向吸顶天线即可。

⑥ 旅客捷运系统：采用对数周期天线覆盖时，在捷运系统路径上选择天线安装位置（如连接两侧候机厅的廊桥上），小功率覆盖车厢内部。选择旁瓣抑制比高的定

向天线，避免干扰捷运系统临近区域。当使用泄漏电缆时，类似地铁隧道，将电缆挂装在轨道侧面，与车窗等高。RRU 放置于弱电机房，如捷运行程较长则需沿途布放多个 RRU，并通过共小区的方式提高切换成功率。该方案覆盖均匀，对捷运两侧区域干扰小。

⑦ 室外停机坪：若无法通过宏站进行覆盖，可通过 RRU 拉远或室分外引手段，使结合、美化天线兼顾。

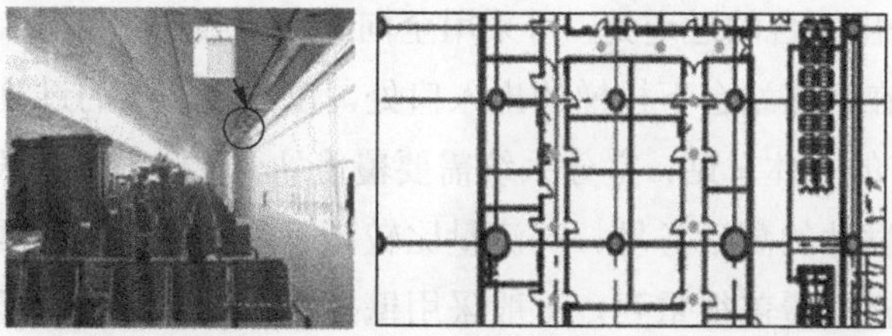

玻璃外墙边缘　　房间、商铺、VIP 区、办公区

图 8.5　外墙、房间、商铺等区域覆盖方案

图 8.6　机场捷运传送系统覆盖方案

2. 容量规划

① 交通枢纽场景用户数多、时变特性明显、节假日发生业务高峰，因此容量配置需参照最高峰时段的需求。通常需考虑话音和数据业务的历史业务量统计、用户数增长趋势及渗透率变化。

② 交通枢纽覆盖系统建成后调整难度较大，设计阶段应充分考虑预留灵活的扩容空间来满足日后容量需求。

8.3.2　火车站、汽车站

火车站、汽车站一般为全钢筋混凝土骨架外加玻璃幕墙的建筑结构，其中售票处和候车室通常有比较开阔的大空间，基本无阻挡、无隔断，属于视距传播，且吊顶距离地面位置较高。该场景用户人流量很大，语音和数据业务需求高，节假日具有突发性超高业务量。其总体的覆盖思路与机场类场景基本相同，其中若以高品质标准进行承接，则对于业务需求量高的地点如候车室、VIP 区、售票处等区域有必要采用双通道 MIMO 进行覆盖以提升网络性能，而传统的单通道非 MIMO 方式则可以覆盖如行包托运处、停车场等区域。

1．功能区域覆盖

对于车站类场景的三大功能区域也是采用了对应的覆盖方式。

① 候车厅、售票处：吊顶较低时可采用新型全向吸顶天线覆盖；吊顶较高（8m 以上）时则建议使用定向板状天线或赋形天线进行覆盖。

② 过道：进出站台的过道处，可采用全向吸顶天线进行覆盖；铁路出入口过道处，天线应安放在铁路站台下楼梯的出入口处，以方便切换的过渡。

③ 站台：有的立体车站，室分系统需要覆盖站台，此区域一般比较空旷，穿透损耗比较小，突发性的高话务量、高流量比较频繁，同时该区域网络还需经常和铁路的专网进行切换，覆盖很重要，一般采用壁挂天线覆盖。车站类场景功能区域覆盖方案示例如图 8.7 所示。

图 8.7　车站类场景功能区域覆盖方案示例

2．容量规划

由于车站属于峰值容量受限场景，所以在进行容量规划时需要留有余量。

① 通常话务及数据的峰值发生在节假日开始到结束的一段时间内，所以容量估算要以节假日的峰值为参考。

② 由于漫游用户比例较高，所以规划设计时需同时留有一定的漫游话务。

③ 为满足集中的数据业务需求和缓解扩容需求，可考虑增加 WLAN 的覆盖。

8.3.3　地铁及隧道

地铁站点属于封闭式结构，通常有地下站、地面及高架站。目前大部分站点和线路都属于地下站，结构较为封闭，与地面上的网络隔离，室外信号无法覆盖，需进行室内分布系统的建设。该类场景人流量大，尤其是在早晚上下班高峰期，通常会有突发性的语音和数据业务需求。

8.3.3.1　总体覆盖思路

① 由于该场景空间及环境的局限性，一般采用多家电信运营企业共建 POI 和天线分布系统，接入各自信源，覆盖地下通道、站厅、站台、设备间、地铁商业街、换乘通道、区间隧道等区域。

② 主干路由采用光纤，将 RRU 拉远至需要覆盖的区域。

③ 站台、站厅采用常规手段布放分布系统天线。

④ 隧道采用泄漏电缆覆盖。

8.3.3.2　覆盖策略

1. 功能区域覆盖

（1）站台站厅

① 地铁进出口、站厅、站台采用 POI+无源分布系统，通过全向、定向天线覆盖。

② 各站出入口处设置室内外信号重叠覆盖区，保证进出车站的平滑切换。

③ 分布系统天线选择新型全向吸顶天线或定向板状天线。天花板为石膏板或胶合板，天线可内置安装；使用金属材质时，天线须外露安装。

④ 换乘站设计时需要考虑与原线路已有室分的统一规划和切换。

（2）隧道覆盖

① 隧道列车行驶有上下行两条轨道，使用 POI 将各运营商信号合路后（保证系统间干扰隔离），对上下行（RX 与 TX）两路信号采取收发分缆的技术手段覆盖隧道。

② 对于地下隧道上下两条行车方向，收发分缆要求每个方向各布放两条泄漏电缆对应上下行信号，形成双洞 4 缆的布设方式。比较而言，地面的铁路隧道由于上下行两个方向的隧道通常是分开建设，因此这种布设方式通常为单洞双缆结构。

③ 隧道内布线严格区分，保证泄漏电缆安装在弱电侧。采用 13/8 泄漏电缆的覆盖方式，布设于隧道侧壁上，高度应与列车窗口等高。地铁及隧道类场景网络覆盖示意图如图 8.8 所示。

2. 切换规划

① 根据人流量及流向规划切换区，应设在业务发生率较低的区域，预留足够的切换区域。

② 人员出入口应设置过渡天线，满足切换不掉话，同时注意控制信号外泄，合理设置天线安装位置和发射功率，实现与室外信号的协同覆盖。

③ 隧道出入口需要设置引导覆盖天线或泄漏电缆；在隧道内，根据各通信制式切换特点，设置相应切换保护带；隧道口覆盖向外延伸，与室外小区保证合适的切换电平；如隧道内需要分区，应根据车速核算切换带的长度，保证用户在运动过程

中的业务感知。

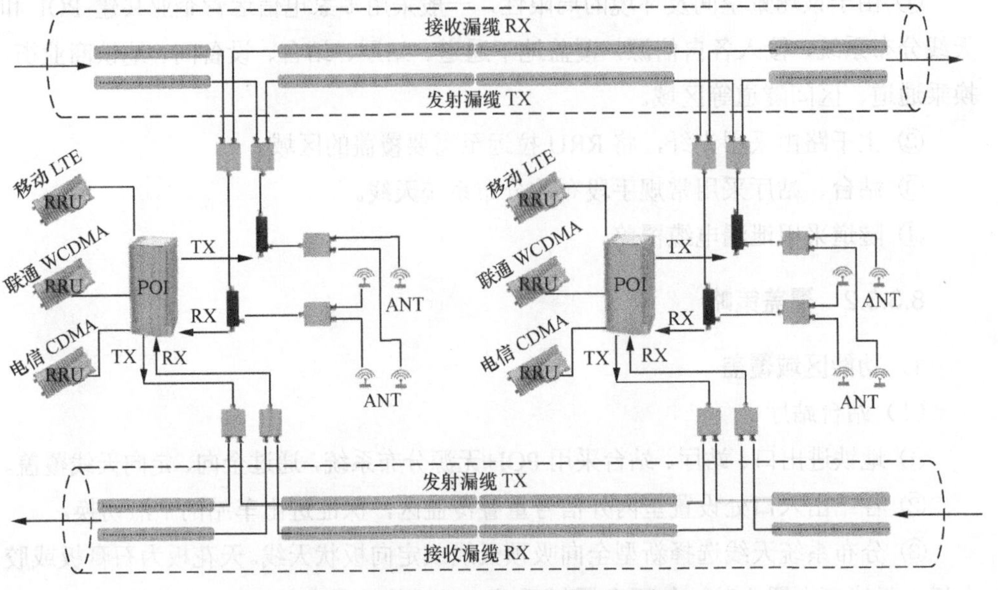

图 8.8 地铁及隧道类场景网络覆盖示意图

④ 对高峰人流量不大的非换乘站，站台、站厅及隧道可采用一个小区覆盖；对高峰人流量大的换乘站，通常保持站台与隧道同小区覆盖，站厅另设小区覆盖。

地铁隧道类场景简要切换示意图如图 8.9 所示。

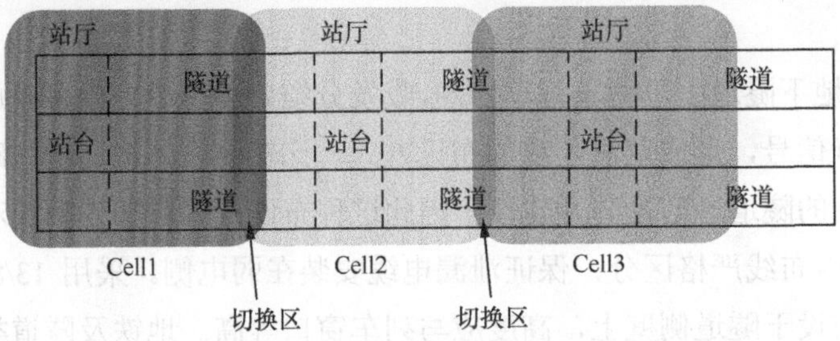

图 8.9 地铁隧道类场景简要切换示意图

8.4 大型场馆类场景

随着国内人民生活水平的逐步提高，人们对文娱活动的日益追捧正在促进各种大型场馆的兴建，用以举办相关的国际赛事、大型展览以及各类游园游玩活动。因此涉及的场景类型较多，根据场馆功能的不同通常有体育场馆、会展中心、公共图书馆、景区建筑物、博物馆剧院等，如图 8.10 所示。

这些场景在进行室内分布建设时，同样需要从总体上进行考虑，主要包括以下几方面。

图 8.10　大型场馆类场景示例图

① 覆盖：大型场馆主要以室内覆盖为主，体育场馆、会展中心等典型场景兼顾室外覆盖。选择覆盖方案时主要考虑建筑物体量、内部构造、人员分布疏密等因素。

② 容量：场馆业务量及类型与场馆功能、赛事活动、用户行为相关。容量估算主要对忙闲时段、峰值用户规模、业务类型、建筑物功能分区进行预测。

③ 切换：需考虑建筑物平层、上下层、出入口、地下室出入口、电梯等。

④ 分区：场景规模较大，小区规划的合理与否直接影响场馆覆盖、容量及切换优劣。需考虑区域人流疏密、人员流向、频率复用、场馆外延伸覆盖等。

8.4.1　体育场馆

对于大型体育场馆而言，一种较为常见的建筑结构是半开放式（如：鸟巢、深圳大运会中心体育场），主体为钢筋混凝土结构，建筑物举架高，内部空旷，隔断很少，无线传播环境较好。场馆内用户集中于看台区域。另一种结构是全封闭式（如：广州体育馆），场馆内部挑高，隔断较少，场馆内用户集中于看台区域，受室外宏站的干扰程度较轻。体育场馆室内覆盖示意图如图 8.11 所示。

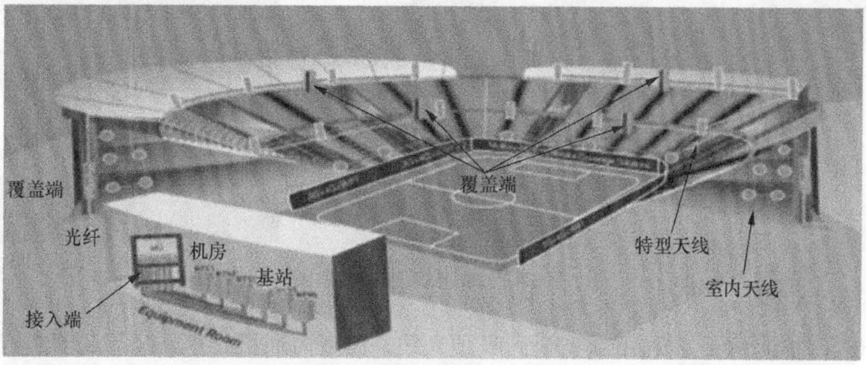

图 8.11　体育场馆室内覆盖示意图

该类场景的网络通常表现为覆盖受限和容量受限。就覆盖方面，由于场馆内部区区域空旷，邻区数量众多，故覆盖区易交叠干扰并且难以控制。容量方面表现在客户集中，容量要求高，对媒体区、VIP 区等有大容量需求。业务有突发、忙闲差别大，且业务突发时，业务密度大。

8.4.1.1 总体覆盖思路

① 组网：考虑覆盖系统的高可靠性要求、交付的便利性，以及成本控制。

② 覆盖：天线选型，合理控制干扰；专业工具，模拟仿真，合理布放天线，保证覆盖。

③ 容量：综合语音及数据业务，根据场馆赛事活动统计规律进行容量规划。

④ 性能：合理的高品质的室内覆盖建设需区分双通道 MIMO 覆盖区域和单通道非 MIMO 覆盖区域。

⑤ 小区：根据场馆特点、规划容量、切换区、小区干扰控制等因素合理设置小区。

⑥ 扩容：设计阶段预留扩容余地，方案应具有灵活性以便后期优化调整。

8.4.1.2 覆盖策略

1．功能区域覆盖

体育场馆各功能分区的特点不同，应合理选择相应的覆盖方式。

① 看台：容量大、小区密度大，为严格控制小区间相互干扰及切换区域，宜采用赋形天线覆盖。采用赋形天线的优势在于主瓣覆盖区域之外急速滚降，旁瓣获得严格控制；同时俯仰角可进行遥控调节并且具有较宽的频率范围，支持多系统的馈入。通常，赋形天线安装在场馆顶棚的马道附近钢梁的位置，以合适角度覆盖看台目标区域。

图 8.12 赋形天线挂装示意图

② 室内功能区：利用新型全向吸顶天线，在室内通道、办公区等局部进行滴灌覆盖。在媒体、VIP 等功能区增加 WLAN 热点覆盖。场馆其他区域如贵宾区、功能

房、地下停车场等可以用普通定向壁挂天线或全向吸顶天线进行覆盖，对于房间纵深超过 4m 的情况，建议天线进房间实现覆盖。

③ 场馆外区域：考虑话务高峰出现的时间规律以及人流活动情况，采用美化天线的隐蔽安装方式，利用场馆内的频率资源或新建小区对体育场馆外进行覆盖。场馆外区域综合覆盖如图 8.13 所示。

图 8.13 场馆外区域综合覆盖

2. 切换规划

为保障通信的畅通，尽量减少切换，合理制定不同区域的相关切换策略有助于适应体育场馆话务迁移的特性。其中涉及切换的主要区域有：平层、上下层、出入口、地下室出入口。

① 平层切换：设置在人流较少处，且满足人员流动的速度，尽量将连接紧密的功能区域设置成相同的小区以减少切换（如：坐席区与对应的接待大厅设为同小区）。

② 上下层/出入口切换：由于进场离场时的话务量大，为保证上下层区域切换要求，通常需在楼梯口安装吸顶天线，保证重叠区域的顺利过渡。

③ 地下室出入口切换：尽量设置在出口通道内，保证在出通道后顺利切换至室外小区。由于用户多为车载用户，移动速度快，出入口切换带长度需保证切换成功。

④ 场馆与场馆外宏站切换：切换带应设在以出入口为基准并向场馆外方向延伸一段距离的地方，避免用户在出入口频繁切换。

3. 小区及容量规划

在进行小区规划时，为保证话务的均衡性以避免出现超忙小区或者超闲小区，综合考虑体育场馆赛前赛后的业务的流动特性，建议将场馆内和广场规划为同小区从而充分利用载频资源。同时，考虑人员流向一般以纵向为主（出入口至看台），小区划分应以垂直为主，小区边界应设在人流较少的区域，避开走道。为避免同频干扰，在小区规划时还需注意频率组的划分，图 8.14 为体育场馆平面图，图中相同颜色表示使用同样的频率组，同频率组的信号小区不可以产生重叠，以防止同频干扰。

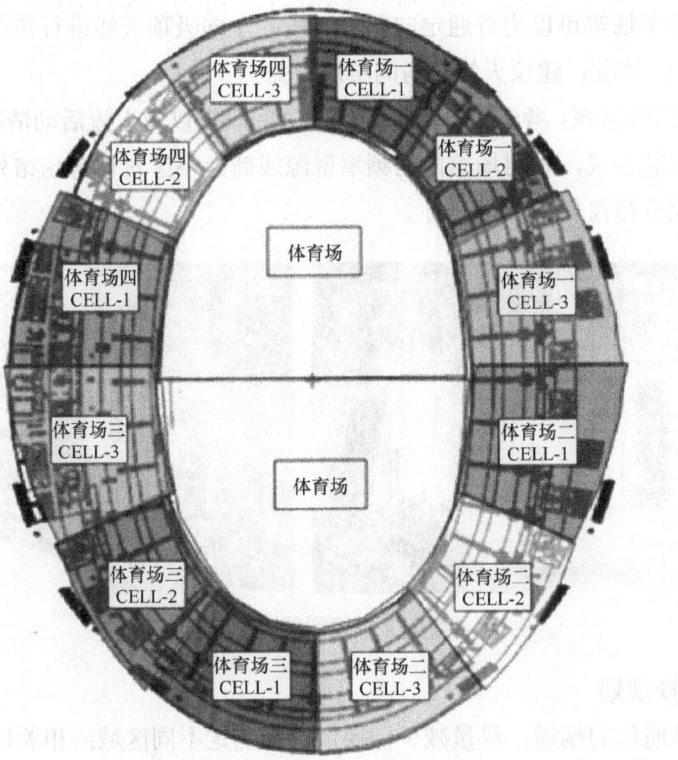

图 8.14　小区规划频率组划分

就容量设计而言，不仅要充分考虑赛事峰值时大量、突发性强的业务需求，还需要考虑无活动期间资源闲置的问题。通常应对这个两难问题的策略是采用资源共享的折中办法实现容量的动态调度。首先搭建大容量的 BBU 资源池（如图 8.15 所示），在场馆内人员流动的区域之间或者整个场馆与周边区域之间进行基站资源的共享，容量随业务量自适应配置，在提高资源利用率的同时节约了投资。

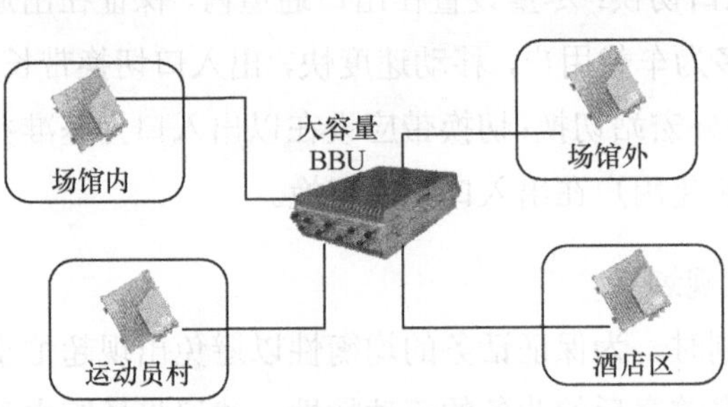

图 8.15　大容量资源池

8.4.2　会展中心

会展中心作为大型场馆类的另一个典型场景，在近 10 年的时间里极大地促进了相关产业在科技、商贸以及文娱上的交流，推动了产业的发展并产生了良好的社会效益。同时在会展期间，凝聚了大量的高价值商业用户，高品质的网络服务体检也能在品牌形象的建设上产生良好的经济效益。

会展中心主体多为钢筋混凝土结构，内部用轻质墙隔断分割成多个展位（如广州琶洲会展中心、深圳会展中心）。此类场景建筑物举架较高，内部空旷，无线传播环境较好，用户相对分散。类似于体育场馆类场景，会展中心同样也面临覆盖难控制、容量大且突发性强以及业务量潮汐效应等问题，所以其总体的覆盖建设思路可以参考体育场馆类场景。

会展中心的覆盖策略如下。

① 会展中心整体：采用空间立体小区划分的形式，通过垂直、水平两个方面划分小区。

② 会展中心展厅：通常采用普通定向壁挂天线进行覆盖，天线可安装于顶棚的横梁上，或者展览厅两端的柱子上。

③ 其他区域：如休息区、地下停车场等可以将普通定向壁挂天线或全向吸顶天线覆盖。

④ 尽量采用 POI 结合无源分布系统的建设方式，使用 POI 可以较好地控制多系统馈入时的干扰，同时统一使用高品质无源分布系统以保持系统长期稳定的运行，避免后期的二次施工和整改。

8.5　商务楼宇类场景

商务楼宇通常会建成地标性建筑，从而成为一个城市的名片和象征。这类楼宇一般包括顶级写字楼、超五星级酒店、高端服务式公寓、高档商场等功能综合性建筑物，如图 8.16 所示。

这类场景中高端用户比例较大，对高价值业务以及各种数据业务需求量都较大。因此，对高性能的无线网络建设需求较为强烈。然而这些大型建筑物周围高楼林立，无线传播环境复杂，各种大小场景的相互嵌套又导致了建设难度的增大。更高的建设要求主要还是反映在以下 4 个方面。

① 覆盖：商务楼宇的室分建设需要根据楼宇的高度、宽度和形态来选择相应的覆盖方案。

② 容量：商务楼的业务量大，高端用户集中，需要结合楼宇内人员结构、业务类型进行预测。

③ 干扰：高层信号混杂，干扰大，通信质量差。需要室内外协同考虑，从频率策略、邻区配置、天线选型、天线位置等多方面进行考虑。

④ 切换：信号外泄和切换问题多，需合理设置切换区域，同时考虑高层、电梯、

地下停车场出入口等区域的切换。

图 8.16　商务楼宇类场景示例图

8.5.1　商务写字楼

商务写字楼作为重要的高话务区，每座楼均可以独立考虑网络建设，按照覆盖场景可分为塔楼、裙楼、地下停车场以及电梯。其中塔楼多为钢筋混凝土结构外加玻璃幕墙,平层内部建筑隔断较多,穿透损耗情况复杂,楼层间穿透损耗也较大,在中、高层的楼层干扰较大。裙楼则多为钢筋混凝土结构，同层内建筑隔断较少，内部空间较空旷，但是楼层间的穿透损耗仍然较大。对于比较特殊的电梯和地下停车场场景也需要重点关注。

8.5.1.1　总体覆盖思路

① 主要采取室内分布系统进行合理的室分系统建设，覆盖楼内所有区域。

② 采用无源室内分布系统覆盖，交付快捷，工程实施简单，稳定运行，避免后期重复施工整改。

③ 信源采用分布式基站，通过光纤将 RRU 布放在相应楼层，降低传输损耗。

④ 高层室内需防止室外宏站信号的干扰，通常安装室内定向吸顶天线增强覆盖。

8.5.1.2　覆盖策略

1. 功能区域覆盖

① 办公区、普通会议室可考虑采用板状天线靠墙安装或者新型室分吸顶天线布放。

② 走廊区域可考虑每隔 12～15m 安装一个吸顶天线以保证信号强度。

③ 靠近窗边信号容易泄漏区域采用定向天线从窗边往内打覆盖。

④ 吊顶超过 8m 的大堂、会议室适宜采用板状天线或壁挂天线覆盖。

⑤ 进深超过 10m 的开阔办公区、会议室应将天线设置在房间内部。

⑥ 高速、超高速电梯运行时产生较大的风压，一般采用安全性相对较高的泄漏电缆的覆盖方式。

⑦ 低速电梯及中速电梯一般使用板状定向天线朝电梯厅方向进行覆盖，一般 3 层 1 副天线，如图 8.17 所示。对于多部电梯并排的情况，不同电梯井内的天线应错开楼层覆盖，使覆盖更全面。

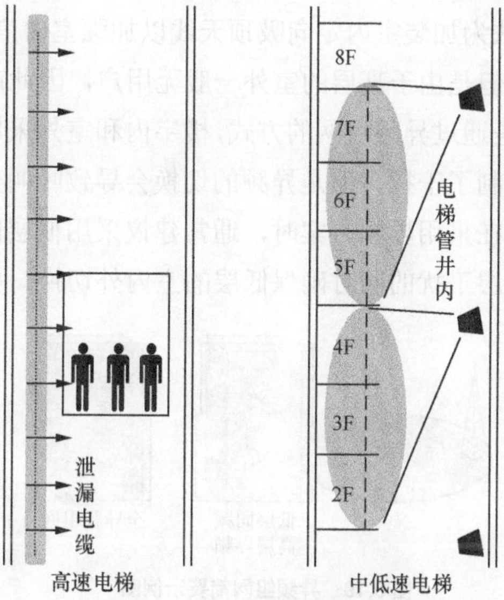

图 8.17　电梯场景覆盖简要示例图

2．分区规划

① 对高层写字楼，基于切换及干扰考虑，一般采用垂直分区，如图 8.18（a）所示。

② 当裙楼单层面积较大且超过单个小区的覆盖面积时，可采用水平分区，如图 8.18（b）所示。

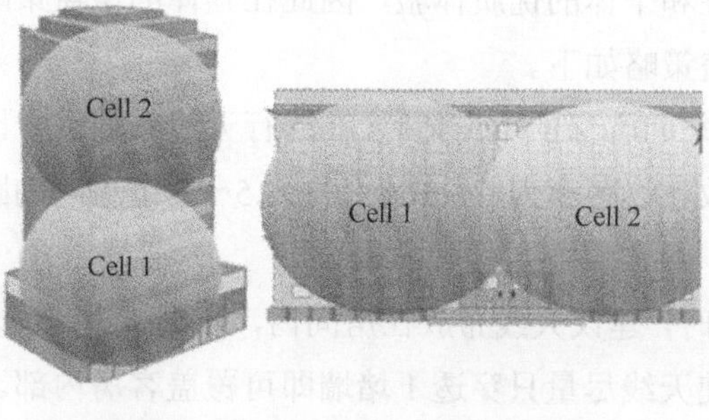

（a）垂直分区　　　　（b）水平分区

图 8.18　分区模式示意图

③ 为保证资源的合理配置和考虑业务的均衡，可将低话务区域（例如停车场）和高话务覆盖区划分为同一个小区。

④ 利用建筑结构，减少小区之间重叠覆盖区，小区规划要结合切换区规划以及邻区规划。

3. 干扰抑制

对于商务写字楼而言，其高层区域通常由于无其他建筑遮挡，会导致大量室外信号聚集在室内，从而引起较为严重的信号干扰。

① 常用的解决办法为加装室内定向吸顶天线以加强室内信号覆盖，即便会有信号从窗户泄漏到室外，但是由于高层的室外一般无用户，因此产生的影响较小。

② 另外一种方案是通过异频组网的方式，楼宇内和室外采用不同的频率进行组网，虽然很大程度上抑制了干扰，但是异频的切换会导致呼叫建立成功率低以及业务中断风险高的问题。在采用异频方案时，通常建议采用低层同频高层异频的折中方案，该方案在避免高层干扰的同时确保低层的室内外切换，如图 8.19 所示。

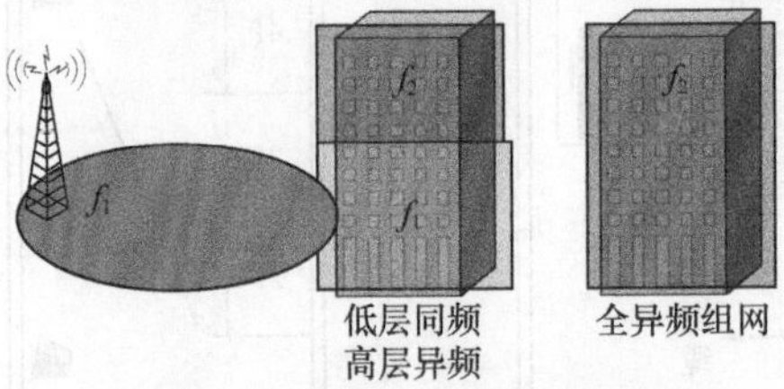

图 8.19 异频组网简要示例图

8.5.2 大型酒店宾馆

大型宾馆酒店主要指四星级以上的宾馆酒店，一般楼层较高，电梯较多。低层为地下停车场、咖啡厅、餐厅和会议室；高层为客房，高端用户比例较大。由于酒店内房间隔墙较多，所以穿透损耗较大。相比于商务写字楼类场景，由于建筑结构及功能使用上都相似，所以在总体覆盖思路上是类似的，但对于酒店类场景在室内覆盖时更注重私密性和个体的优质体验，因此在具体的覆盖策略上会更有针对性。大型酒店宾馆的覆盖策略如下。

① 为保证酒店每间客房的用户体验，在进行天线布放时会比写字楼类场景更密集。通常，天线布放建议距离为 6～10m，即 1.5～2 个房间的距离有一副天线进行覆盖。

② 当客房较大时，建议天线布放在房间内，若不能进房间安装，天线应安装在门口、窗户位置，使天线尽量只穿透 1 堵墙即可覆盖客房内部。

③ 星级酒店建议 1 个房间布放 1 副天线。

④ 对于金属材质的天花板或者吊顶，由于金属材料对无线信号有较大屏蔽作用，因此天线必须外露安装。

⑤ 业主对室内有美观要求的，可以考虑使用美化天线的方式。

8.6　住宅小区类场景

近十几年来，国内房地产事业喷井式的发展促使了多样化的居民住宅建设。根据楼宇分布、楼层高度、结构特点等可分为别墅小区、多层小区、高层/环抱小区、独栋高层等，如图 8.20 所示。

图 8.20　住宅小区类场景示例图

尽管场景多样且复杂，但住宅小区类的覆盖建设都需从以下 4 个核心方面入手。

① 覆盖：住宅小区在建设室内分布系统的同时需要结合室内外综合手段对整个住宅区域进行深度覆盖。具体的方案需根据楼宇的高度、布局和形态等信息进行选取。

② 容量：住宅小区的业务量与用户数量、用户行为相关。需结合小区的住户数量、业务类型进行预测。

③ 切换：避免在人流大的区域设置分区而导致大量用户频繁切换。需要考虑高层、电梯、地下停车场出入口等区域的切换。

④ 外泄：住宅小区内部环境较为复杂，覆盖时需注意信号的外泄，避免对小区以外区域造成影响。需从天线的选型、天线的安装位置等方面考虑。

对于住宅小区而言，由于业主对相关通信设施建设的敏感和对健康问题的担忧，室内分布系统的施工建设通常受限较多，且效果较差。因此，对于此类场景在采用室内分布系统建设的同时会结合大量的室内外综合覆盖方法进行深度覆盖。

8.6.1　别墅等高档小区

别墅小区就建筑特点而言，其高度都较低，一般为 2～3 层，分布较规则且规模较小，楼间距为 20m 以上，一般无电梯但有地下停车场。该类场景高端用户较多，并且对信息化网络资源有较高要求，争取该场景用户也有助于推广运营商品牌价值。别墅高等小区的覆盖策略如下。

① 别墅小区住户由于对周边环境要求较高，对视野范围内可能的辐射污染也比较敏感，因此通常选用路灯天线、广告牌天线等美化天线从地面即可完成别墅区场景低矮建筑风格的覆盖。

② 对于美化天线的布设，一般应设置在小区道路中间位置，兼顾相邻别墅的覆盖，且整体布局上应采用错落式设计，使信号强弱互补，如图 8.21 所示。对于玻璃幕墙结构，天线离窗口距离一般保持在 15m 左右；钢筋混凝土结构，天线离外墙的距离一般保持在 10m 左右。

图 8.21　别墅小区覆盖简要示例

③ 当别墅区域需要深度覆盖时，可以考虑建设室内分布系统保证每套住宅的全覆盖以及地下车库和地下室区域的覆盖。如果采用光纤分布系统进行覆盖，还可降低走线和物业协调的难度。

8.6.2　多层小区

多层小区建筑高度通常不超过 10 层，该类场景多分布于建筑年代稍早的住宅小区。多层小区建筑分布较规则，密度相对较高，楼间距大约 20m，一般无电梯和地下停车场。多层小区的覆盖策略如下。

① 对于室内的覆盖，若住户允许天线入户安装，则可在每户客厅布放全向吸顶天线对整个房间进行覆盖。若天线安装不能入户，则可考虑在用户门口或者走廊进行布放，但由于隔墙、门窗等的损耗，这种方式通常达不到深度覆盖的效果。

② 在室内覆盖不能完全达到要求时，则可考虑采用室内外综合覆盖手段。对于 6 层以下的多层小区，可使用美化型路灯定向天线，满足正对单元的 1～6 层的覆盖

要求，如图 8.22（a）所示。相邻单元可满足 2～5 层的覆盖要求。同时合理的天线口功率设置，能满足居民楼 2～3 个单元范围的覆盖要求。

③ 对于 7～8 层的多层小区，可使用射灯型定向天线经一次穿透进入室内满足 10 层左右的覆盖要求，考虑余量的同时，可满足 9 层覆盖要求，如图 8.22（b）所示。立体路灯天线可对中低层和高层进行分层覆盖，覆盖能力一般能达到 8 层。

④ 若小区地面空间受限，则可将天线安装在低层楼宇外墙，向上覆盖楼宇，但是对于楼间距大、楼层高的情况，效果会不太理想。

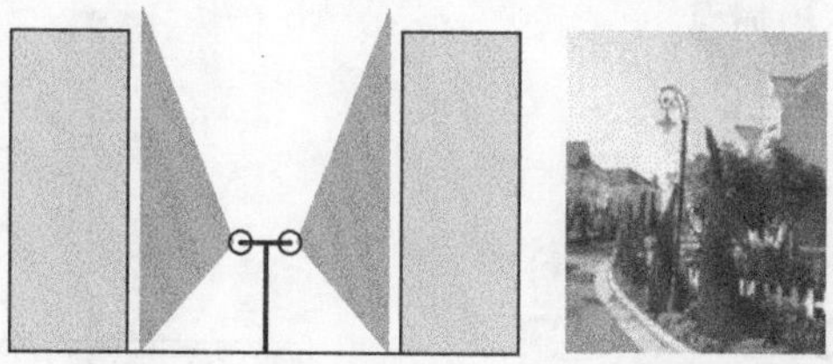

（a）低层覆盖1～5层

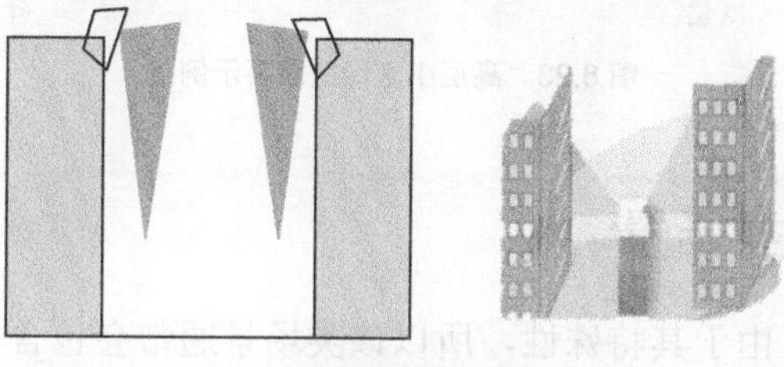

（b）中高层覆盖7层以上

图 8.22　多层小区覆盖简要示例图

8.6.3　高层小区

高层/环抱小区楼层高度不一、功能多样、室内户型结构复杂，建筑规模较大，建筑物布局形式多样，楼间距大，一般在 50～100m，且都具备地下停车场和电梯。高层小区的覆盖策略如下。

① 考虑业主是否允许入户安装，对于不能入户安装的，需考虑在走廊、房门口等地方布放天线。同时辅以多种的室内外一体化覆盖手段完成深度覆盖的需求。

② 中高层室外综合手段通常采用楼顶射灯型定向天线下倾覆盖中高层，地面路灯型全向或定向天线覆盖低层，楼中间采用壁挂美化天线覆盖中层，室内分布天线覆盖电梯厅、电梯、地下室。其适用范围包括高层在外围小区布局、外低中高内阔小区布局以及阶梯型小区布局，如图 8.23 所示。

③ 对于独栋高层建筑，由于周围阻挡较少，对射灯天线上倾或者下倾的方式要谨慎准确地设置以免对别的小区产生干扰。

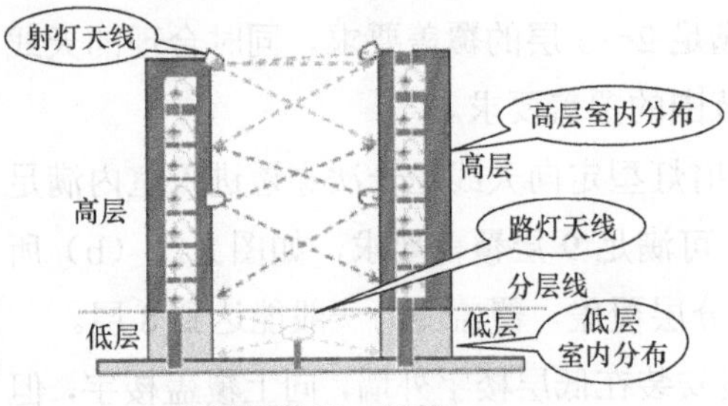

中高层覆盖 16～30 层

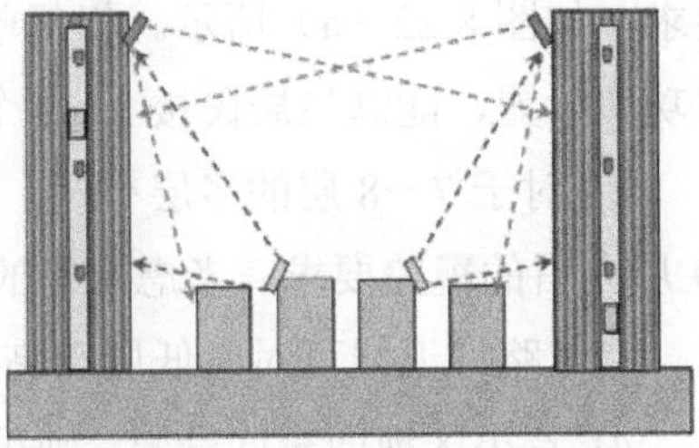
高层在外围

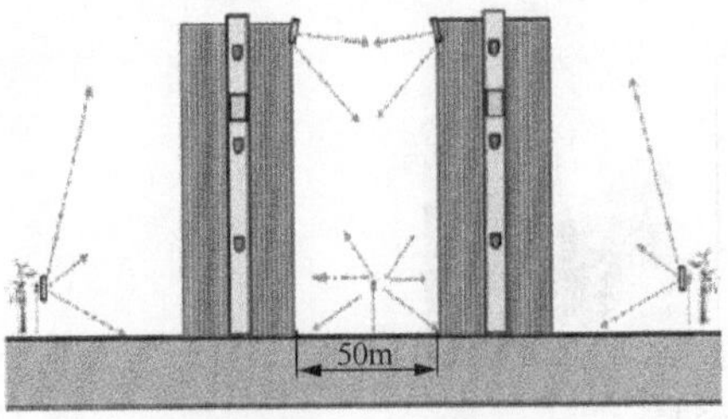

中层覆盖 10～15 层

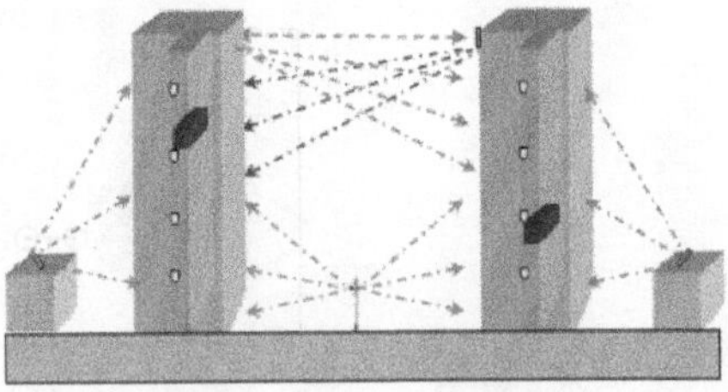
外低中高内开阔小区

图 8.23　高层小区覆盖简要示例图

8.7　学校校园类场景

对于学校校园，由于其特殊性，所以该类场景通常会包含多种功能性建筑。其中教学楼、宿舍楼、行政楼、食堂、图书馆、大礼堂、体育馆等属于室内区域，此区域一般业务量需求比较集中，同时也具有规律的流动性和时间迁移性，如图 8.24 所示。另外，面积较大但是业务量较小的室外区域主要有道路、广场、操场、室外运动区域和草地等场景。根据校园环境的特点进行覆盖建设时需要重点关注覆盖方式和容量规划上的问题。学校校园类场景总体覆盖思路如下。

① 作为一个大型的综合体，校园环境复杂多样，对于室外较为空旷的区域通常用室外宏站即可进行覆盖。但是这种方式对于校园内各种楼宇类建筑很难做到深度覆盖，导致如教学楼、行政楼、图书馆、宿舍楼等区域可能出现大量的弱覆盖现象。因此，为满足这些楼宇类建筑的覆盖要求有必要建设室内分布系统。

② 由于校园内对环境美化的要求及师生对辐射健康等问题的敏感，通常会导致室内分布系统施工建设的困难。为了保证相关区域的深度覆盖要求，需结合室内外一体化的综合覆盖手段，在室内室外的天线布放上都使用美化天线进行相应的伪装以满足学校多样化的场景需求，从而建立分层网络，实现宏微协同立体组网。

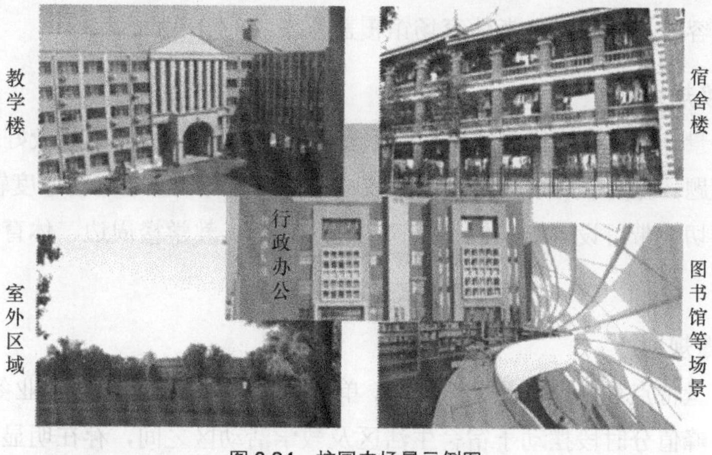

图 8.24　校园内场景示例图

③ 校园内学生人数众多，容量需求大，同时人流及业务需求峰值也分时段摆动于不同的区域，存在明显的话务潮汐现象。所以在容量规划时需要结合学校实际的学生人数、业务发展情况等因素进行动态可配置的资源共享策略。学校校园类场景覆盖策略如下。

1. 功能区域覆盖

① 教学区：教学楼建筑楼层较低，建筑物横向较宽，总体占地面积不大。一般较为老式的楼宇无电梯地下室，周围楼宇的布局及特点一般差别不大。教学楼建筑物一般采用钢筋混泥土框架，房间间隔主要为砖混结构体结构。建筑物阻挡较为严重，穿透损耗较大。需在条件允许的情况下建设室内分布系统并结合室内外协同策略进行深度覆盖。

② 宿舍区：宿舍区建筑较为密集，排列较为规则，学生人数众多且业务量需求集中。需要考虑室内外协同手段满足大容量的深度覆盖需求。由于宿舍楼一般采用钢筋混泥土框架，房间间隔多且为砖混结构体结构，建筑物阻挡严重，穿透损耗大。为保障宿舍楼的深度覆盖要求，可在宿舍楼两侧都安装天线进行覆盖。同时对于较低的宿舍楼（10 层以下），可以采用地面全向天线或定向天线覆盖楼宇下层。对于较高的宿舍楼（10 层以上），可采用壁挂天线架设在楼宇中上层外部进行楼宇间中高层的互打，并合理利用宿舍楼宇的布局特点抑制干扰。

③ 办公楼：学校办公楼结构特点与商业写字楼差别不大。该类型建筑物多为钢筋混泥土结构或钢筋混泥土结构外加玻璃幕墙。通常楼层较高、有电梯地下室。平层内部建筑隔断较多，穿透损耗情况复杂，楼层间穿透损耗也较大。具体覆盖方式可参考商务写字楼覆盖方案（8.5.1 节）。

④ 图书馆：图书馆可容纳人员较多，该类建筑物多为钢筋混泥土结构或钢筋混泥土结构外加玻璃幕墙，层数较少，但内部空旷，天花板挑高通常在 5m 以上。室

分覆盖相对容易，具体可参考体育场馆覆盖方案（8.4.1 节）。

2. 切换规划

学校场景众多，导致相应的切换关系复杂，RRU 共小区方案可较好地解决大量切换区域问题。切换带规划原则为该区域终端密度较低，终端运动速度较慢。因此，学校的主要切换带可设置在学校出入口、宿舍之间、教学楼周边、体育馆、图书馆周边。

3. 容量规划

学校容量特点为用户多且分布密集，单机话务模型高，终端数据业务需求明显。人流及话务峰值分时段摆动于宿舍生活区及教学活动区之间，存在明显的话务潮汐现象。近年来学校用户的数据业务呈现快速增长的趋势，目前的网络应用以网页式浏览和社交应用为主，总体呈现长忙时特性，即全天都存在较大的数据业务需求。

从容量总体上来说，考虑到每年新生的进校和毕业生的离校，校园内用户数总量上保持稳定，只是用户在校园内流动性较大。针对学校类场景业务量忙闲不均，此消彼长的特点，建议在容量允许的条件下共享基带资源以提高资源利用率，通常是校园内各区域 RRU 共用一个 BBU（如图 8.15 所示），在保证较高利用率的同时，又可以应对突发大业务的需求。

8.8 其他类场景

由于室内场景的多样性和复杂性，以上分析的五大类功能场景并不能涵盖所有建筑楼宇的分类。这里总结的其他类场景仍然具有典型特征，主要包含电梯、地下车库、沿街商铺、休闲场所以及工业园区等。其中工业园区与校园场景类似，电梯已在商务楼宇类场景中说明。重点将分析休闲场所、沿街商铺和地下车库的覆盖解决方案。

8.8.1 独立休闲场所

独立休闲场所通常是为用户提供各种休闲娱乐活动的地方，常见的场景包括 KTV 包房、台球厅、健身房、足底理疗厅、咖啡厅、餐厅等，如图 8.25 所示。

独立休闲场所主要考虑覆盖问题，并需要结合场景的位置、布局及结构特点等选取覆盖策略。而其他因素如容量、干扰、切换等均属于次要问题。独立休闲场所一般空间相对封闭，多采用钢筋混泥土框架，房间间隔主要为砖混结构体结构，建筑物阻挡严重，穿透损耗大。对于该类场景的覆盖，首先建议无源采取室内分布系统对场所进行合理覆盖，覆盖场所所有区域。另一种方式是推广使用更为灵活的

Small Cell 覆盖，如图 8.26 所示。

图 8.25　休闲类场景

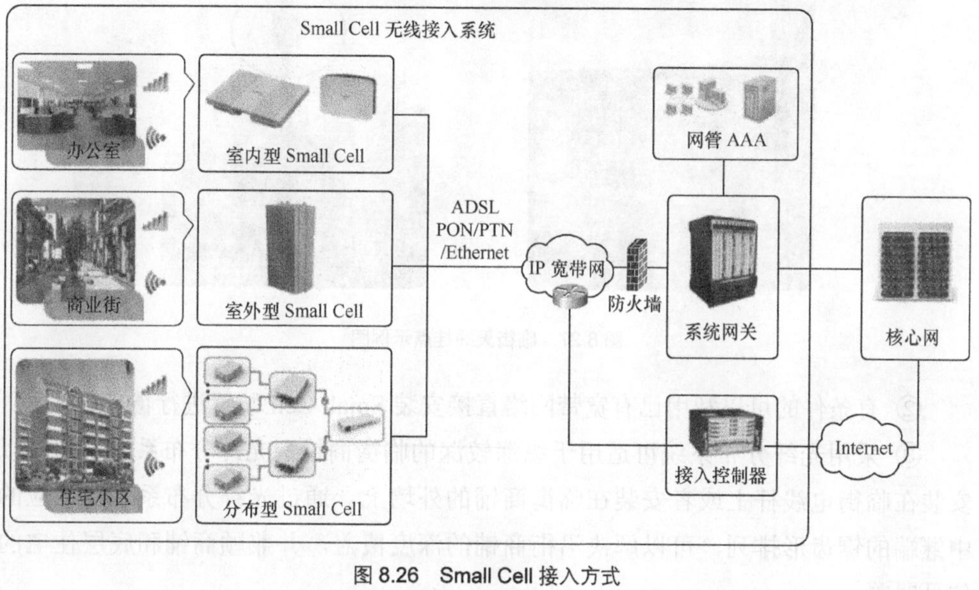

图 8.26　Small Cell 接入方式

① 室分系统覆盖：天线应尽可能安装在房间内，采用暗装方式；如无法进入房间可安装在房间门口外吊顶上或者走廊。

② Small Cell 覆盖：独立休闲场所对美化要求较高，需将 Small Cell 隐蔽安装。采取 Small Cell 方式时，如采用放装型 Small Cell 设备安装，网络结构较为简单。如采用 Small Cell 外接天线的方式，网络结构则与室内无源分布系统类似。

总体而言，采用无源室内分布系统覆盖，技术成熟，但工程实施上通常较繁杂，整体工程造价偏高。采用 Small Cell 方式的网络，其结构相对简单，可以用网线和光纤等多种传输方式，同时 Small Cell 部署灵活快捷，工程实施较无源室内分布系统更易落地，整体工程造价较低。

8.8.2 沿街商铺

相比于各种聚类的大型室内场景，沿街商铺在人员聚集能力上虽然相对较弱，但是由于数量众多，对该类场景进行室内覆盖的建设也是十分必要的。临街商铺大多纵深较大，环境复杂，且受沿街建筑楼宇阻挡，室外信号穿透能力差，传统室内分布实施困难，店内多信号弱区、盲区。因此，在室内覆盖建设上可结合多种方式以获得良好的覆盖效果。

① 对于传统室分建设受限的商铺，可采用室内外综合覆盖手段，天线可以安装在临街电线杆上或者安装在临街商铺的外墙上进行覆盖，如图 8.27 所示。

图 8.27 临街天线挂点示例图

② 有条件的可以利用已有宽带网络直接安装 Small Cell 装置进行覆盖。

③ 采用光纤分布系统可适用于纵深较深的临街商铺，光纤分布系统远端可以安装在临街电线杆上或者安装在临街商铺的外墙上。通过光纤分布系统和相应的中继端的锯齿形排列，可以解决沿街商铺的深度覆盖，并兼顾商铺和底层住宅的信号覆盖。

8.8.3 地下车库

由于各种现代楼宇的建设都会同时开建地下车库，该类场景近年来数量不断增多，且该类场景具有特殊性，这使得在考虑其室内覆盖建设时要更具针对性。地下车库覆盖示例如图 8.28 所示。

① 对于需要和主体建筑物进行一体化覆盖的地下车库，一般视主体建筑物的覆盖技术，将地下车库融入到整体覆盖方案中。

② 对于只需要覆盖地下车库的建筑物，可采用有源分布系统技术，信源采用直放站，布放新型全向吸顶天线、定向壁挂天线等进行覆盖。

③ 地下车库较空旷且以覆盖为主的区域，壁挂天线和吸顶天线均可满足覆盖

要求。

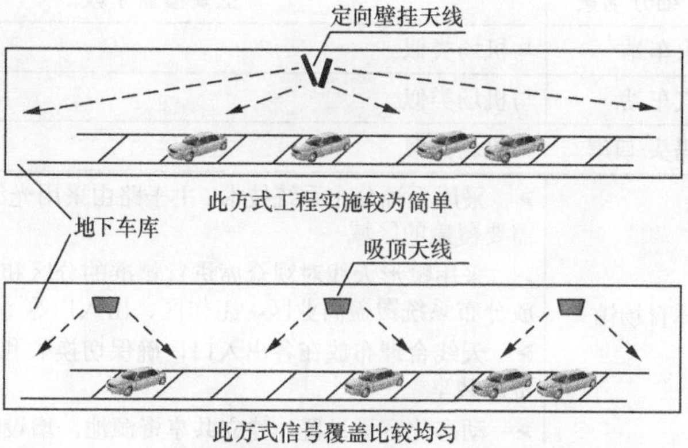

图 8.28　地下车库覆盖示例图

④ 有较大弯道出口的地方，天线一般采用小型板状天线，向外覆盖以尽量保证室内外信号的良好衔接和切换带的合理，其安装位置一般控制在弯道附近。

⑤ 对于较直的地下室进出口，可以结合现场的安装条件，采用板状或者吸顶天线进行覆盖。

8.9　各场景覆盖手段小结

通过对六大类功能场景中典型细分场景的建筑风格、功能特性、用户行为及业务特点等进行分析，同时结合实际工作中丰富的室分工程经验，给出了每一类场景具体的解决方法和参考意见，并通过表 8.1 对所提及的解决措施和建议进行了简要的汇总整理。

表 8.1　　　　各室内场景解决方法汇总表

序号	大场景	细分场景	主要覆盖手段
1	交通枢纽	机场	➢ 采用无源分布系统，主干路由采用光纤，将 RRU 拉远至需要覆盖的区域，BBU 集中放置，主要采用水平分区 ➢ 特定区域考虑双通道 MIMO 建设 ➢ 根据建筑物的特点，选择定向天线、吸顶天线和壁挂天线等进行覆盖 ➢ 预留扩容空间，考虑高峰时段进行容量规划
2		地铁及隧道	➢ 主要采用无源分布系统技术，主干路由采用光纤，将 RRU 拉远至需要覆盖的区域 ➢ 地铁站台、站厅采用常规手段布放分布系统 ➢ 地铁隧道采用泄漏电缆，使用收发分缆技术覆盖

续表

序号	大场景	细分场景	主要覆盖手段
3	交通枢纽	火车站	与机场类似
4		汽车站	与机场类似
5		码头/口岸	与机场类似
6	大型场馆	体育场馆	➢ 采用无源分布系统技术，主干路由采用光纤，将 RRU 拉远至需要覆盖的区域 ➢ 采用赋形天线对观众席进行精准的分区和覆盖，常规手段布放分布系统覆盖商业区、工作区、出入口等 ➢ 天线合理布放在各出入口，确保切换顺利，场馆室内外协同资源共享 ➢ 动态化容量设置，建立共享资源池，增设 WLAN 热点扩容
7		会展中心	➢ 天线布放策略类似体育场馆 ➢ 内部广阔空间需综合考虑垂直化、水平化方式划分小区 ➢ 分布系统建设时考虑高品质建设，避免后续的整改和二次施工
8		公共图书馆	与写字楼类似
9		景区建筑物	与写字楼类似
10		博物馆剧院	与体育场馆类似
11	商务楼宇	写字楼	➢ 采用无源分布系统技术，主干路由采用光纤，将 RRU 拉远至需要覆盖的区域 ➢ 根据建筑物内部特点及物业情况合理布放天线点位，满足各功能区域的覆盖要求
12	住宅小区	别墅小区	重点可考虑采用室外覆盖室内的协同策略
13		多层小区	室分系统结合室内外综合策略，通过地面路灯天线或者楼顶射灯天线进行覆盖
14		高层/环抱小区	类似多层小区
15		独栋高层	类似多层小区，但需控制好信号的外泄和干扰
16	学校校园	学校	➢ 学校作为超大型综合社区，汇聚了众多场景特征 ➢ 采取室内外综合覆盖的策略，将室外基站、无源分布系统等技术相结合，对办公楼、教学楼、宿舍、图书馆、体育馆等进行全方位的深度覆盖 ➢ 充分考虑不同区域的话务潮汐效应，进行动态的容量和区域的划分，学校的容量需求大，可采用新型的信源技术
17	电梯/车库	电梯	➢ 对于高速电梯为防止风压，可采用较高安全性的泄漏电缆实现均匀覆盖 ➢ 低速电梯可采用定向板状天线覆盖电梯厅，如有多部电梯并排，注意天线布放错开楼层

续表

序号	大场景	细分场景	主要覆盖手段
18	电梯/车库	地下车库	➢ 需要和主体建筑物一起覆盖的地下停车场，视主体建筑物的覆盖技术，将地下停车场融入到整体覆盖方案 ➢ 合理使用吸顶天线、板状天线等对车库出入口、弯道、内部空旷空间进行覆盖
19	大型购物中心及聚类市场	高档及大型购物场所	采用无源分布系统技术，主干路由采用光纤，将 RRU 拉远至需要覆盖的区域，采用常规手段布放分布系统进行覆盖，适宜采用新型室分天线
20		大型连锁超市	与高档及大型购物场所类似
21		大型聚类市场	与高档及大型购物场所类似
22	政府/机关/医院	政府机关	与写字楼类似
23		三甲医院	与写字楼类似
24	宾馆酒店	四、五星级酒店	与写字楼类似
25		三星及连锁酒店	与写字楼类似
26	其他	独立休闲场所	采用无源分布系统技术，采用常规手段布放分布系统进行覆盖，如条件允许可考虑使用 Small Cell 单元
27		沿街商铺	采取室内外综合的策略，室分系统无法建设时，通过在沿街杆路或楼宇墙体设置室外天线单元进行覆盖，如条件允许可考虑使用 Small Cell 单元
28		工业园区	与学校类似

参考文献

[1] 吴为. 无线室内分布系统实战必读[M]. 北京：机械工业出版社，2012.

[2] 高泽华，高峰，林海涛，等. 室内分布系统规划与设计——GSM/TD-SCDMA/TD-LTE/ WLAN[M]. 北京：人民邮电出版社，2013.

第 9 章

室内分布系统工程建设管理

通过充分了解室内分布系统工程的各环节构成和作用，以提升实际工程的建设质量和满足用户感知，本章节旨在从工程建设和管理角度进行论述。首先，通过分析工程造价成本因素，提炼实际工程中的各组成要素。其次，采用全过程管理理念，对工程项目的全生命周期的各环节进行把控。最后，就室分工程的建设施工做出明确要求以保障实际工程项目的优质高效建设。

9.1 室内分布系统工程造价成本分析

室分系统作为改善移动通信网络在建筑物内信号覆盖效果的主要解决方案，具有系统组成复杂、工程实施难度高、建设成本浮动大、后期维护优化难等特点。为保障室分工程建设的顺利开展和有序管理，首先应需要充分了解工程项目的各组成要素，本节通过对系统工程总成本造价的各要素分析入手进而对室分工程项目进行了剖析。

为了提高数据分析的准确性，本节相关数据的收集全部来源于大量的工程实际数据，并以省份为单位进行了整理分析。如图 9.1 所示，调研样本共收集（室分单站点工程数据）1906 项，对样本数据有效性进行核查后形成 1546 个样本（包含建筑物 4117 栋），并以此为数据分析基础研究室分工程的建设成本组成及主要费用类型特性。

1 北京(351)
2 山东(88)
3 内蒙古(6)
4 河北(21)
5 新疆(214)
6 陕西(161)
7 宁夏(48)
8 甘肃(7)
9 西藏(11)
10 重庆(204)
11 四川(5)
12 云南(96)
13 海南(98)
14 广西(12)
15 广东(30)
16 福建(38)
17 江西(88)
18 贵州(35)
19 安徽(33)

图 9.1 成本造价分析样本数据分布

9.1.1　工程项目建设成本结构

为了更有效地进行各项成本要素的分析对比，并结合各运营商在室分项目成本管理过程中的实际做法，本节把室分工程项目的建设成本分为三类，即信源投资、室内分布系统投资和其他投资，现阶段这三部分投资均已纳入各运营商室内分布系统工程项目。同时，就当前铁塔公司和运营商的分工而言，室内分布系统是铁塔公司的重点投资内容，而对应信源设备和其他投资预计由各运营商负责。本次分析中对信源设备费用进行简单分析，侧重于室内分布系统成本费用（不含信源）情况的分析，项目建设成本组成情况如图 9.2 所示。

<table>
<tr><td rowspan="8">室分项目建设成本费用组成</td><td>信源投资</td><td>设备费</td><td>BBU、RRU、微蜂窝等设备及附属材料</td></tr>
<tr><td rowspan="6">室内分布系统投资</td><td>设备费</td><td>合路器、干放、耦合器、功分器、天线等</td></tr>
<tr><td>材料费</td><td>馈线、电缆、光纤、辅材等</td></tr>
<tr><td>安装工程费</td><td>人工费、规费、利润、税金等</td></tr>
<tr><td>建设用地及综合赔补费</td><td>进场费、协调费等</td></tr>
<tr><td>其他费</td><td>设计费、监理费、安全生产费等</td></tr>
<tr><td>其他投资</td><td>室分外引等</td><td>RRU、天线等设备、器件及材料</td></tr>
</table>

图 9.2　室分工程项目建设成本组成

图 9.3 在剔除其他投资（室分外引等）后，对各项成本费用占比进行了统计分析。当考虑信源设备时，图 9.3（a）所示数据统计显示信源设备费用占比较高，达到 36%；安装工程费仅次于信源设备费用，占比达到 28%。安装工程费和材料费合计占比达到 44%，基本与设备类费用一致 45%，配比接近 1：1，这也是室分项目与其他类型项目在投资结构方面相比较为不同的特征。

作为本节分析讨论的重点，当不考虑信源设备时，基于图 9.3（b）所示的统计结果，安装工程费占比高达 43%，并高于设备费和材料费的占比总和 39%，在所有样本数据中安装工程费占比超过 50%的站点比例高达 29%。建设用地及综合赔补费（协调费）并没有占很大比例，仅为 0.71%，主要原因为并非所有站点都会发生该项费用，同时部分运营商在发生该项费用时并未 100%列入工程投资。综上分析，在室分工程建设成本中信源设备费和安装工程费比例较高，尤其是安装工程费值得重点关注。

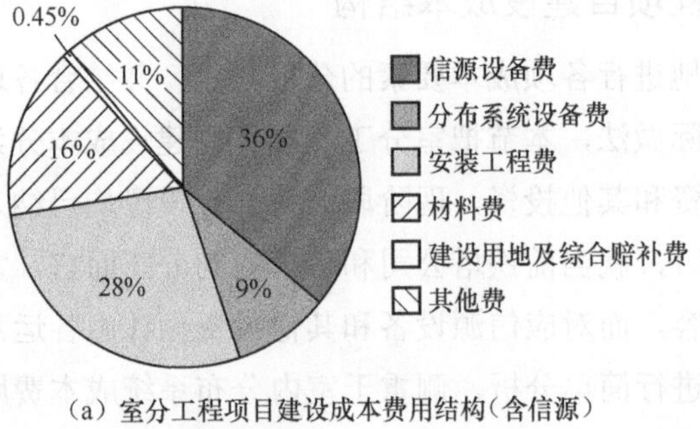

（a）室分工程项目建设成本费用结构（含信源）

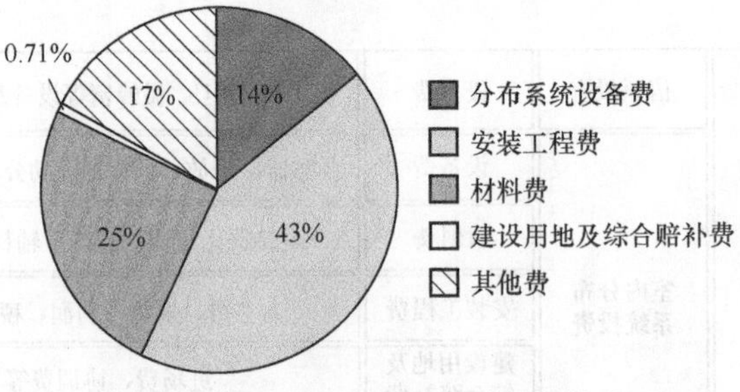

（b）室分工程项目建设成本费用结构（不含信源）

图 9.3　室分工程项目建设成本费用结构

9.1.2　信源设备费用分析

信源设备是室内分布系统的重要关联设备，目前各运营商在建设过程中通常将该部分设备投资纳入室内分布系统工程范围。

目前信源设备主要分为分布式基站（BBU+RRU）、宏蜂窝基站、微蜂窝基站和直放站等类型，近年来随着分布式基站设备的广泛应用，逐渐成为各运营商在室分信源的选择上的主要设备类型。

信源设备成本主要由设备单价和设备配置共同决定，通常设备单价通过运营商集中采购确定，总体趋于稳定水平。同时，当前的各设备厂家也在不断创新信源设备产品，积极引入新技术和新设备类型也是控制信源设备成本的一种有效方式。以国内某运营商 3G 设备为例，近 3 年分布式基站设备采购单价如图 9.4 所示。

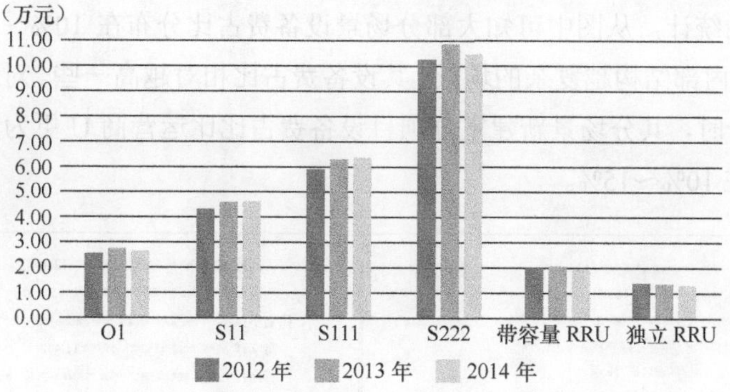

图 9.4　国内某运营商近 3 年信源设备采购价格对比

9.1.3　室内分布系统费用分析

结合室分工程项目中实际产生的成本费用，本节把分布系统费用按照设备费、材料费、安装工程费、建设用地及综合赔补费和其他费用总共五类进行分析阐述。

1. 设备费用分析

室内分布系统设备主要由有源合路器件、无源分配器件和天线等组成。基于前述数据分析可知，设备费用占到室内分布系统（不含信源）总投资比例约为 14%，且安装工程费、材料费和其他费的占比均高于设备费用占比。图 9.5 和图 9.6 基于本次所收集到的样本数据对不同的建设场景和建设方式进行了统计分析。

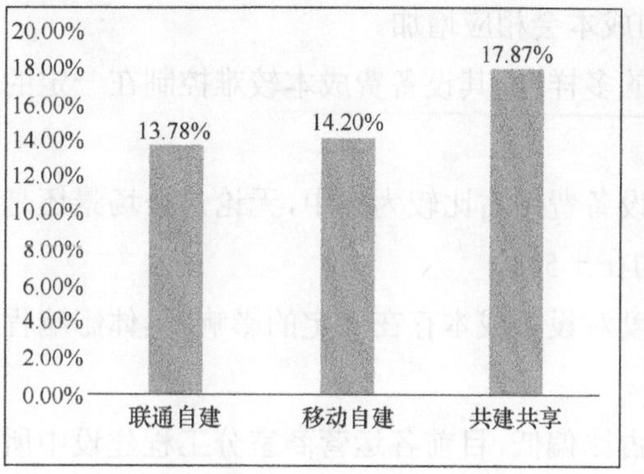

室分工程项目设备费占比分析（按建设方式）

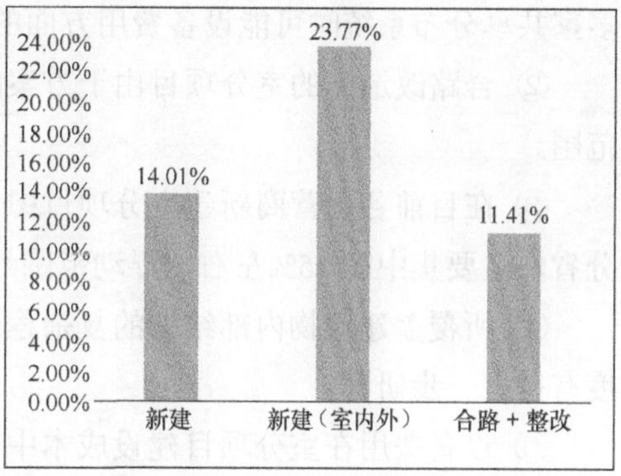

室分工程项目设备费占比分析（按方案类型）

图 9.5　室分工程项目设备费占比分析 1

图 9.5 中的数据展示了在运营商自建室分项目中设备费用占比较为一致，均在 14%左右。但在共建共享室分建设项目中设备费用占比有所增加，达到了 17.87%。另外，对于合路整改类室分工程项目，其设备费用占比则相对较低，为 11.41%；而存在室内外结合情况的室分项目中设备费用相对较高，达到了 23.77%。

当全部按新建场景进行统计时，图 9.6 为对运营商 U（联通）的新建室分项目设备费占比的统计，从图中可知大部分场景设备费占比分布在 10%～15%。总体上来看，建筑物内部结构越复杂的场景，其设备费占比相对越高一些。对运营商 M（移动）进行统计时，其分场景新建室分项目设备费占比比运营商 U 更为集中，各场景基本都分布在 10%～15%。

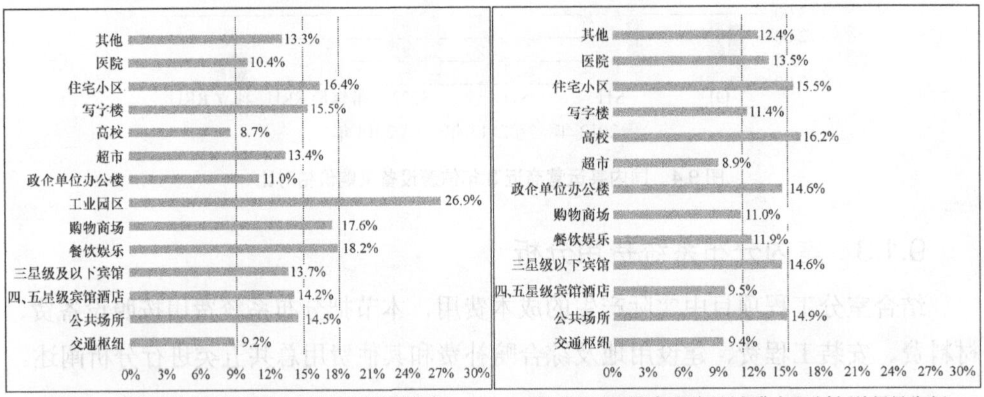

运营商 U 新建室分项目设备费占比分析（按场景分类）　　运营商 M 新建室分项目设备费占比分析（按场景分类）

图 9.6　室分工程项目设备费占比分析 2

综上数据分析，在室内分布系统（不含信源）项目建设成本中，设备费用具有以下特点。

① 共建共享类的室分项目其设备费用占比较独立新建室分项目高，表明在建设多家共享分布系统时可能设备费用方面的成本会相应增加。

② 合路改造类的室分项目由于方案的多样性，其设备费成本较难控制在一定的范围。

③ 在目前各运营商新建室分项目中设备费用占比较为集中，无论是分场景还是分省，主要集中在 15%左右，浮动范围约在±5%。

④ 所覆盖建筑物内部结构的复杂程度对设备成本存在一定的影响，具体影响程度有待进一步研究。

⑤ 设备费用在室分项目建设成本中占比偏低，目前各运营商室分工程建设中所遇到的设备器件质量、性能、寿命等问题可能与此相关。

2. 材料费用分析

材料费是指施工过程中耗费的构成工程实体的原材料、辅助材料、构配件、零件、半成品的费用，是确保各类室分设备正常工作的必要组件。基于前述分析可知，材料费用占室内分布系统（不含信源）总投资的比例约为 25%。图 9.7 和图 9.8 为基于本次数据样本对不同的建设场景和建设方式的相关统计分析。

如图 9.7 所示，在运营商自建室分系统中移动项目材料费用占比较高，达到了

30.12%。联通项目材料费占比为 23.98%，低于总体水平（25%）。共建共享室分建设项目中材料费用占比适中。另外，在合路整改类室分工程项目中材料费用占比相对较低，为 20.65%。而新建室分及室内外项目材料费占比差异较小，在 25%左右。

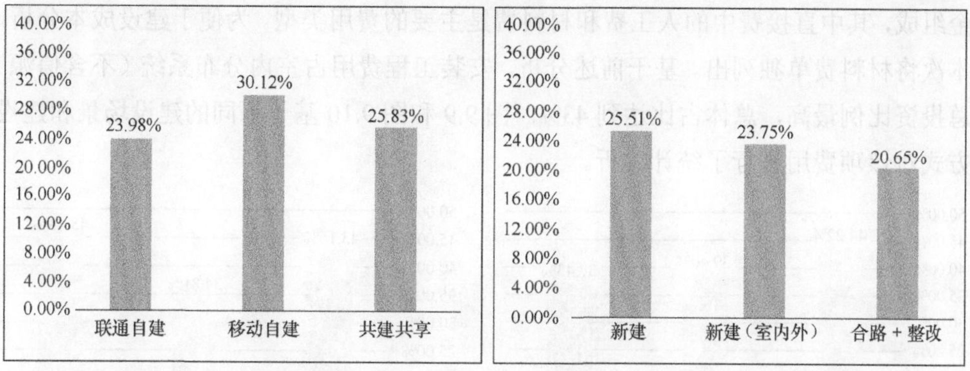

室分工程项目材料费占比分析（按建设方式）　　室分工程项目材料费占比分析（按方案类型）

图 9.7　室分工程项目材料费占比分析 1

图 9.8 全部按照新建场景进行统计时，运营商 U 的新建室分工程项目材料费占比大部分分布在 20%～25%。材料费占比最高达到 33.4%，最低 16.2%。相比之下，运营商 M 在分场景新建室分工程的材料费占比上较运营商 U 更为分散，整体占比水平偏高，大部分场景材料费集中在 30%以上。

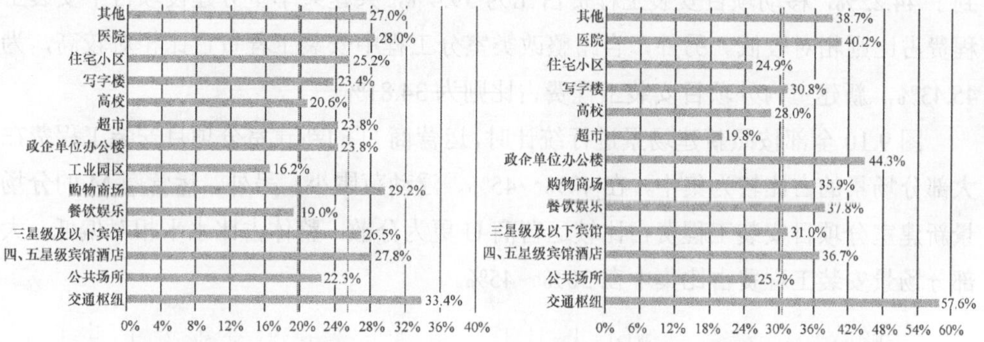

运管商 U 新建室分项目材料费占比分析（按场景分类）　　运管商 M 新建室分项目材料费占比分析（按场景分类）

图 9.8　室分工程项目材料费占比分析 2

综上数据分析，在室内分布系统（不含信源）项目建设成本中，材料费具有以下特点。

① 在目前各运营商新建室分项目中材料费用占比较为集中，主要集中在 25%～30%并有±5%的浮动范围。

② 合路改造类项目由于方案的多样性，其材料成本较难控制在一定的范围。

③ 材料费在室分项目建设成本中约占 1/4，与运营商关联度较大，建议在承建

室内分布系统时重点关注，适当均衡在室分材料方面的投资成本。

3．安装工程费分析

安装工程费指工程实施过程中发生的各项费用，由直接费、间接费、利润和税金组成，其中直接费中的人工费和材料费是主要的费用类型。为便于建设成本分析，本次将材料费单独列出。基于前述分析，安装工程费用占室内分布系统（不含信源）总投资比例最高，总体占比达到43%。图9.9和图9.10基于不同的建设场景和建设方式对该项费用进行了统计分析。

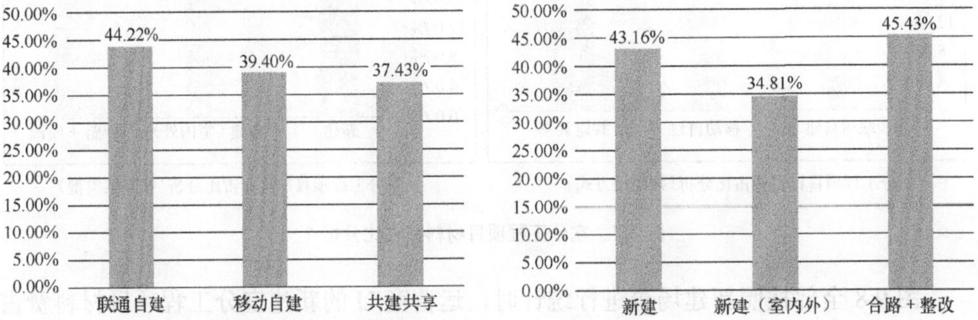

室分工程项目安装工程费占比分析（按建设方式）　　室分工程项目安装工程费占比分析（按方案类型）

图9.9　室分工程项目安装工程费占比分析1

如图9.9所示，在运营商自建室分中联通项目安装工程费占比相对高一些，达到了44.22%，移动项目安装工程费占比为39.4%，共建共享室分建设项目中安装工程费占比则相对较低。另外，合路整改类室分工程中安装工程费占比相对较高，为45.43%，新建室内外项目安装工程费占比则为34.81%。

图9.10全部按照新建场景进行统计时，运营商U的新建室分项目安装工程费在大部分场景的占比较为集中，在40%～45%，浮动范围小。另外，运营商M的分场景新建室分项目安装工程费占比较运营商U更为分散，整体占比水平相对偏低，大部分场景安装工程费占比集中在30%～45%。

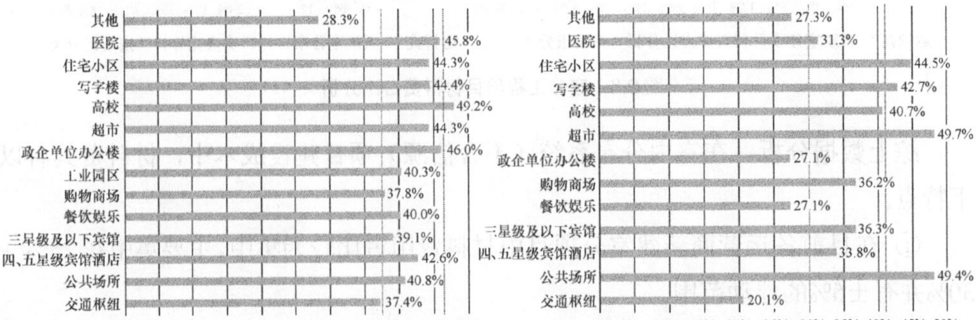

运管商U新建室分项目安装工程费占比分析（按场景分类）　　运管商M新建室分项目安装工程费占比分析（按场景分类）

图9.10　室分工程项目安装工程费占比分析2

综上数据分析，在室内分布系统（不含信源）项目建设成本中，安装工程费作为最重要的组成部分，其简要特点如下。

① 在目前各运营商新建室分项目中安装工程费用占比较为集中。

② 当前各运营商室分项目的安装工程费总体占比差异不大，建议在承建室内分布系统时仍需将安装工程费成本控制在一个合理的空间。

4．建设用地及综合赔补费分析

建设用地及综合赔补费指按照《中华人民共和国土地管理法》等规定，建设项目征用土地或租用土地应支付的费用。对于各运营室分项目，该费用主要指建设单位在建设项目期间租用建筑设施、场地的费用；以及为项目施工造成所在地企事业单位或居民的生产、生活干扰而支付的补偿费用。在室分项目建设中通常称为物业协调费、进场费等。由于该项费用为不可预知的费用，是否需要发生、费用发生额度基本很难控制，通过对本次采集样本的数据分析，也未能发现其明显特征。图 9.11 对该费用的占比情况做了分省统计，仅供参考。

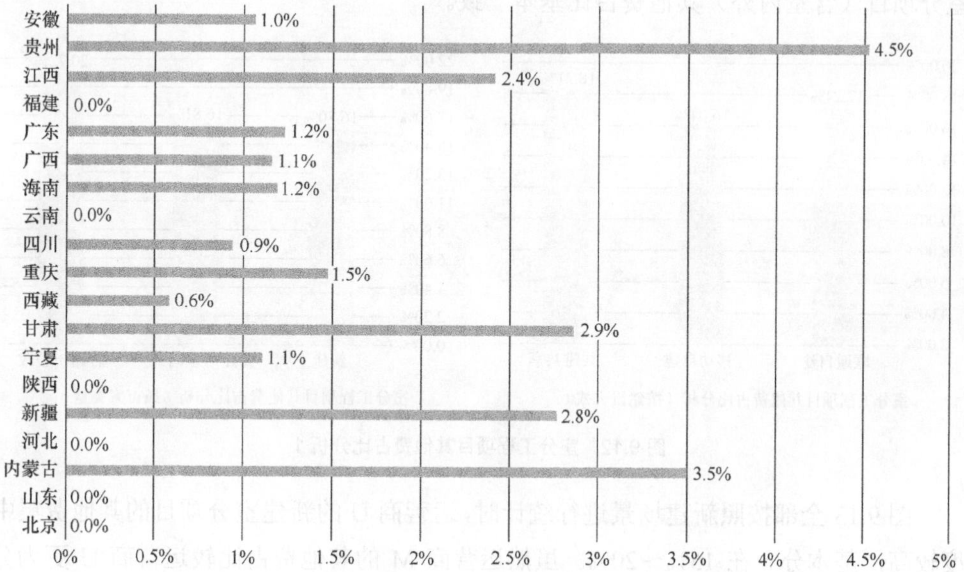

图 9.11　室分工程项目协调费占比分析

虽然该费用存在诸多不可控因素，但各运营商在实际工程建设中为了有效控制该费用的支出，还是采取了相应的管理措施，具体如下。

① 运营商制定明确的协调费管理办法，针对不同区域属性和覆盖场景取定协调费标准上限。在工程实际操作中直接按标准计列对应费用；对超出该标准的情况需提请相应的审批流程方可支出。

② 协调费包含在室分工程服务商集成费中，应在分布系统投资中考虑，不再额

外计列，直接由服务商承担该项费用支出。

③ 对于部分建设场景，协调费和租赁费（场地）会统一谈判，该部分费用则会纳入运维成本统一解决。

5．其他费用分析

其他费指应在工程项目的建设投资中开支的固定资产其他费用、无形资产费用以及其他资产费用，是除建筑安装工程费用和设备购置费以外的一些费用。其他费通常由建设用地及综合赔补费、可行性研究费、勘察设计费、监理费、安全生产费等费用组成，为便于建设成本分析，已将建设用地及综合赔补费在上节单独列出。基于前述分析，其他费用占室内分布系统（不含信源）总投资比例不高，占比约为总体的17%。图9.12和图9.13按不同的建设场景和建设方式对该项费用占比进行了统计分析。

如图9.12所示，在运营商各类建设方式中其他费占比较为均衡，浮动范围约为2%。相比较而言，合路整改类室分项目中其他费占比相对较高，为20.72%。新建室分项目（含室内外）其他费占比基本一致。

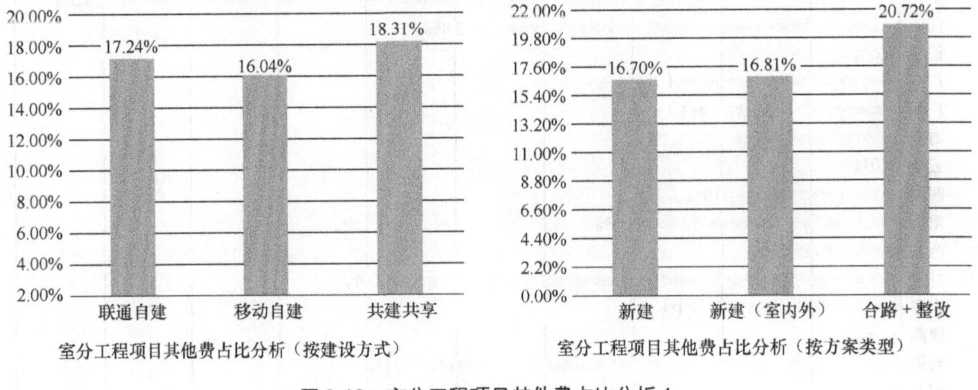

图9.12　室分工程项目其他费占比分析1

图9.13全部按照新建场景进行统计时，运营商U的新建室分项目的其他费集中度较高，基本分布在15%～20%。虽然运营商M的其他费占比较运营商U更为分散，但大部分场景其他费也仍然是集中在15%～20%。

综上数据分析，在室内分布系统（不含信源）项目建设成本中，其他费成本较为稳定，其简要特点如下。

① 各运营商室分项目中其他费占比较为稳定，基本集中在15%～20%。

② 合路改造类的室分项目其他费占比相对高约5%。

③ 其他费用在室分项目建设成本中约在20%以下，各运营商差异较小，在承建室内分布系统时应重点关注，尽可能统一相关取费要求。

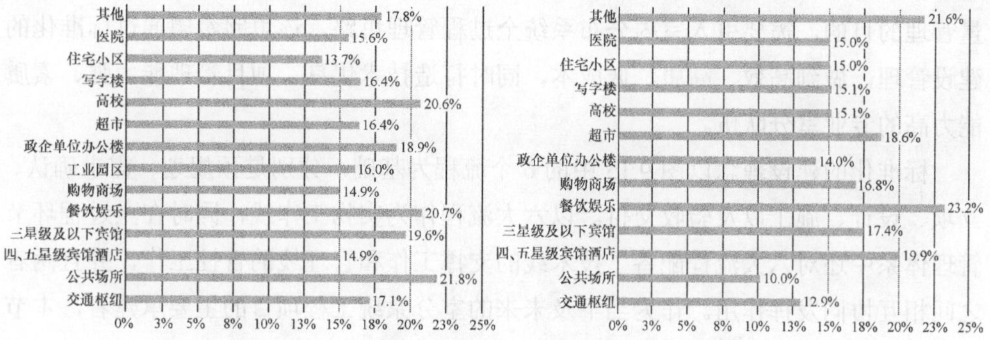

运管商 U 新建室分项目其他费占比分析（按场景分类）　运管商 M 新建室分项目其他费占比分析（按场景分类）

图 9.13　室分工程项目其他费占比分析 2

9.1.4　成本分析小结

综上所述，对室内分布系统（不含信源）工程项目建设成本费用占比归纳如图 9.14 所示。

室分项目建设成本费用组成
信源投资
设备费
36%
室内分布系统投资
设备费
15%
±5%
材料费
30%
±10%
安装工程费
40%
±10%
建设用地及综合赔补费
<5%
其他费
17.5%
±2.5%
其他投资
室分外引等
成本费用占比情况

图 9.14　室分工程项目建设成本费用占比

从铁塔公司承建各运营商室内分布系统工程建设的需求出发，在项目成本费用管理方面有以下建议供参考。

① 设备（器件）成本费用应全力保障，是未来室分产品可靠性的重要保障。

② 安装工程费和材料费为高占比费用，应加强集中管控和标准化，确保质量。

③ 其他费占比稳定，应加强各费用项计取的规范性，避免不必要的成本支出。

④ 对各项费用统一管理，形成系统的成本造价核算办法和依据。

9.2　室内分布系统工程全过程管理

尽管室分工程项目的造价成本分析充分展现了各环节要素在实际工程中的影响程度，但是为了指导并规范实际工程建设的开展，达到全局把控、环节监控以及质量管理的目的，需要引入室内分布系统全过程管理思路。该思路希望通过标准化的建设管理，做到高效、高质、低成本，同时打造技术优良、项目管理能力强、素质能力高的专业室分队伍。

标准化的建设理念以图 9.15 中的 6 个流程为基础，分别是预规划、需求确认、立项、设计、施工以及验收交付。以六大流程作为实物工作线，同时在全过程环节管理体系中还对六大流程配备了技术线的支撑工作和管理线的管控工作，并且两者之间相互协同发挥作用。作为当下及未来的室分系统工程项目的主要承建者，本节将以铁塔公司为例对室分工程各流程环节进行梳理和分析说明。

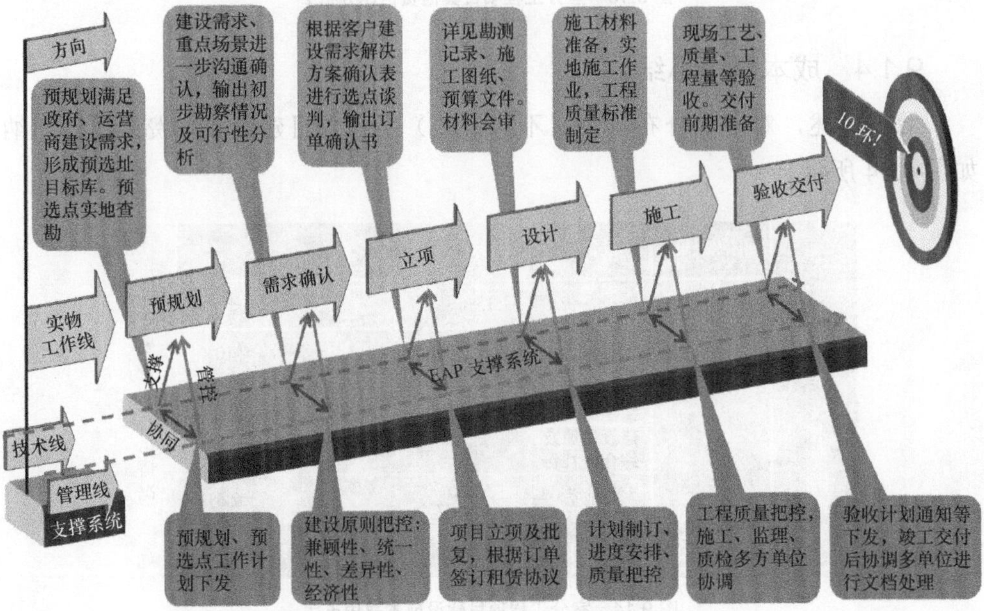

图 9.15　室内分布系统工程全过程管理流程

9.2.1　预规划阶段

1. 工作内容及要求

（1）预规划要求

① 铁塔各级分公司需积极组织网络建设需求分析，主动开展站址预规划工作，实现站址的需求预判和先行匹配的工作目标。

② 在开展预规划工作时，铁塔公司事先获取政府主导的新规划重点区域信息以及运营商规划建设需求进行统一的规划和网络现状的分析。

③ 站址预规划的开展，需要在多维度层面进行考量（如：站址建设优先级预判、建设场景重要性、政府重点区域等）。同时预规划需遵循运营商网络结构、覆盖指标、服务质量等要求，并尽量推动多家共建共享。最后可借助先进的网络仿真规划工具

进行方案的验证和优化，提升预规划的实操性。

④ 需将预规划的站址信息录入预选址目标库，提交选址人员进行选址勘察。

（2）预选址要求

① 依据运营商客户的基础设施发展规划和铁塔公司自身项目预规划，有效地开展预选点工作，针对拟建站点位置（特别是大型建筑、地铁等重点场景）进行实地查勘。

② 铁塔选点人员需要定期回访、维系备选点业主关系，根据业主意向变化情况更新和维护站址储备库。

③ 为提高工作效率和加强协同合作力度，站址储备库应向客户开放，客户可参考储备站点提出建设需求。

2．职责划分

预规划阶段具体工作职责划分如表 9.1 所示。

表 9.1　　　预规划阶段工作职责划分

序号		工作说明	责任分工				
			项目规划人员	项目经理	客户经理	选点经理	结果文件
1	预规划	① 科学分析及预判客户潜在建设需求，遵循利旧改造、共建共享、新建共用、新建独用预留资源的次序筛选预规划站址 ② 形成预选址目标库	负责	参与	参与	参与	《预选址目标库》
2	预选址	① 根据预选址目标库中的优先级顺序，分批进行现场查勘，达成选址意向 ② 形成及更新《站址储备库》	参与	—	—	负责	《站址储备库》

9.2.2　需求确认阶段

1．工作内容及要求

完成预规划的前期准备和形成备选站址库后，对于实际工程中的站址确认而言，还必须紧密结合市场情况、服务于客户。优先考虑高话务场所，重点覆盖地铁、机场、车站等交通枢纽以及大型场馆、大型楼宇（写字楼、四星级（含）以上的酒店、宾馆）等建筑；同时还要考虑政府部门、机关事业单位以及一些重点或业务需求较大的企业。对于站址室分施工可行性及业主意见也需要提前明确，避免后期纠纷。除此之外，选址需求确认环节的开展还需要基于以下四大指导性原则。

① 兼顾性原则：建设的室内分布系统能同时满足当前的3G、4G网络覆盖要求，同时根据实际情况来考虑是否需建设WLAN。

② 统一性原则：考虑室内分布系统与室外基站的协同规划协调发展，且室内分布系统的选点着重关注新建室内分布系统的大型场景。

③ 差异性原则：室内分布系统的建设应根据各地区域经济、业务发展以及当地通信市场竞争情况，更有针对性地选取差异化的建设及选点策略。

④ 经济性原则：室内分布系统的建设应根据覆盖需求和投资效益，寻求成本和质量的最佳平衡点。

2. 职责划分

需求确认阶段工作职责划分见表9.2。

表9.2　　需求确认阶段工作职责划分

序号	工作说明		责任分工			结果文件
			客户经理	选点经理	电信运营企业	
1	需求收集与整合	① 与业主谈判协调。收集整合各家运营商进驻需求 ② 结合《预选点储备库》中室分系统信息对收集的站点需求进行分析、整合，最终确认新建站点	负责	—	参与	《客户建设需求表》
2	初步查勘	已确认的室分系统站点进行初步查勘。结合室分系统资源库，对该站点配套设施具体资源的规格、数量和容量进行可行性分析	—	参与	—	《初勘记录》
3	形成解决方案	根据初步查勘情况和可行性分析报告编制解决方案	负责	协助	—	《可行性研究报告》
4	需求确认	与运营商对室分需求方案及各自选定系统进行商务和技术方面确认	负责	—	参与	《客户建设需求确认书》

9.2.3　立项阶段

1. 工作内容及要求

立项阶段主要是根据前期的建设确认表需求，并遵循相关的选点原则进行项目立项及订单签订工作。立项工作中对站址选点的确认工作主要如下。

① 室分站点勘测前，设计单位需严格按网络覆盖的要求进行选点综合考虑。

② 站点选点应取得物业同意和物业租赁合同，相关选点人员应进行充分沟通。

③ 站点选点应该考虑和分析传输接入资源，确保传输接入的顺利。

④ 站点选点过程中应充分考虑网络及设备安全的问题。

2．职责划分

立项阶段工作职责划分可见表 9.3。

表 9.3　　立项阶段工作职责划分

序号	工作说明		责任分工			结果文件
			选点经理	客户经理	电信运营企业	
1	选点谈判	根据《客户建设需求解决方案确认表》进行站点选点谈判	负责	—	—	《选点记录》《物业图纸》
2	客户建设需求订单确认	与电信运营企业协商，确定需求，签订《客户建设需求订单确认书》	协助	负责	参与	《客户建设需求订单确认表》
3	项目立项	输入订单，进行项目立项及批复	—	负责	—	立项批复文件
4	签订租赁协议	根据《客户建设需求订单确认表》，进行租赁协议签订	负责	—	—	《站址租赁协议》

9.2.4　设计阶段

设计阶段工作总体分为施工设计阶段和设计图纸审核阶段。施工设计阶段的工作内容主要包括前期科学合理的勘察计划的制订、现场勘察工作的协调安排及对设计出图的具体要求。

1．施工设计阶段

（1）工作内容及要求

施工设计出图阶段的要求通常包括以下几点。

① 根据勘察计划及时响应，勘察站点的覆盖目标位置、范围及人流。

② 结合覆盖目标的平面图及内部结构图。充分掌握相关的管线分布走向、天花结构、材料、主设备、电源及室内天线等安装位置。

③ 填写勘察记录表并签字确认，对现场情况进行影像资料留存，最后进行施工图编制。

（2）职责划分

施工设计阶段具体工作职责划分可见表 9.4。

表 9.4　　施工设计阶段工作职责划分

序号	工作说明		责任分工				
			项目经理	选点经理	设计单位	地勘单位	结果文件
1	制订勘察计划	根据选点成功的站点，分批次拟订勘察计划	负责	协助	—	—	
2	现场勘察	① 对建设物进行记录，包括但不限于经纬度、人口流、建筑面积、单层面积、层高等 ② 形成勘察记录	组织	协助	参与	参与	《现场勘查记录》
3	设计编制	① 根据勘察记录、建设需求等编制施工图设计 ② 根据施工图设计编制设计预算 ③ 提交设计文件	监督	—	负责	—	全套设计文件

2．设计图审核阶段

（1）工作内容及要求

在进入设计图会审阶段后，重点将聚焦于施工图纸的审核、设计预算审核及修改方案出版3个层面，具体要求如下。

① 设计图纸审核：检查施工图纸中的实际勘测数据是否完整准确、真实可靠；检查各设计参数（如：天线分布、系统结构、设备材料清单等）是否设计符合规范要求，是否设计合理。

② 设计预算审核：重点检查设计预算的工作量计算是否真实有效；重点检查设计预算中的各子项是否存在虚列、多列的现象，重点关注各项间接费用如措施费等；重点检查设计预算总额是否满足投资控制要求。

③ 设计方案修改：监督方案修改质量，保障修改方案按照审核结果进行，出版后即可先进行施工，以保障施工进度计划的完成。

（2）职责划分

设计图审核阶段具体工作职责划分可见表9.5。

表 9.5　　设计图审核阶段工作职责划分

序号	工作说明		责任分工		
			项目经理	维护人员	设计单位
1	施工图纸审核	① 对施工图纸进行审核 ② 可实施性、经济性、安全性、适应性等方面提出技术修改意见 ③ 对所有确定进行修改部分进行记录，并确定方案修订时限	组织	参与	参与
2	预算文件审核	① 据勘察记录审核工作量 ② 根据施工图纸各项参数审核预算各子目的准确性	组织	—	参与
3	修正图纸出版	在时限内完成修正版图纸的出版	监督	—	负责

9.2.5　施工阶段

1. 工作内容及要求

作为实际工程建设中十分重要的施工阶段，工程质量关键点的控制是需要重点关注的。主要包括对馈线布放、无源器件安装、天线安装以及配套电源接续等的施工技术规范以及相关材料质量控制的要求。具体内容可见表 9.3。

2. 职责划分

施工阶段具体工作职责划分可见表 9.6。

表 9.6　　施工阶段工作职责划分

序号	环节	工作说明		责任分工			
				项目经理	监理单位	设计单位	施工单位
1	施工交底	施工单位对现场情况进行熟悉		组织	参与	参与	参与
2	施工前期	施工前资料审核	① 施工组织设计方案审核 ② 仪器、仪表审核 ③ 开工报告审核 ④ 应急预案审核 ⑤ 人员资质报备	负责	配合	协助	协助
3		施工前材料准备	① 物资采购 ② 材料抽检	审批	配合	—	参与
4	施工进场	施工及安全交底		监督	协助		协助
5		关系协调		负责	协助	—	

续表

序号	环节	工作说明	责任分工			
			项目经理	监理单位	设计单位	施工单位
6	施工作业	馈线布放	监督	检查	—	负责
7		无源器件安装	监督	检查	—	
8		天线安装	监督	检查	—	
9		配套电源接续	监督	检查	—	
10	施工结束	工作现场清理	监督	监督	—	负责

9.2.6 验收交付阶段

工程验收和工程交付共同组成室分工程全过程管理体系中的最后一个环节，其作用是在站点正式投入运营之前完成对整体工程的最终质量把控以及相关的资产交付使用手续。

1. 工程验收

（1）工作内容及要求

作为正式的工程验收环节，验收工作对验收准备、验收实施及遗留问题整改 3 个方面有以下要求。

① 准备阶段：监理单位根据验收项目清单协助建设单位编制相关验收计划（包含验收日期、车辆安排、路线）。铁塔公司建设维护部门根据《验收清单》及《验收计划》下发初验通知，确定好集合地点、人员数量、出发时间，以及车辆安排等信息，通知对象包括三大电信运营商、代维公司、施工单位及监理单位以做好验收准备工作。

② 实施阶段：实地验收时要求测试环境、测试工具及测试方法应按照国家相关规定执行。测试过程应由建设单位、监理单位、施工单位、供货单位的相关技术人员共同参与。现场验收标准严格按照验收规范执行，测试由施工单位按各电信运营企业指标实施完成。同时，监理单位根据现场监理记录对文件进行核查，特别对竣工图纸、施工工艺、工程量等进行仔细审查。

③ 问题整改：对工程验收中存在的遗留问题做好记录，根据现场存在问题编制《监理工程师通知单》，发送施工单位进行整改。完成预验收后，监理单位需编制《预验收报告》提交建设维护部归档。

（2）职责划分

工程验收阶段具体工作职责划分可见表 9.7。

表 9.7　　验收阶段工作职责划分

序号	环节	工 作 说 明		责任分工		
				项目经理	监理单位	施工单位
1	工程验收	验收准备	① 预验收项目清单 ② 编制预验收计划 ③ 通知预验收	监督	负责	协助
2	工程验收	验收实施	① 现场工艺验收 ② 现场工程量确认 ③ 施工与设计一致性	监督	组织	参与
3	工程验收	遗留问题整改	① 遗留问题整改计划 ② 跟踪问题整改进度 ③ 遗留问题验收	监督	组织	参与

2. 工程交付

（1）工作内容及要求

通过工程验收的站点，在进行工程交付时需要重点关注以下 5 个方面的工作要求。

① 资产登记：对于建设完成后形成固定资产的，需进行资产管理。资产主要包括主设备、合路器、功分器等。在录入系统并生成资产标签后，由监理分发给施工单位粘贴在各固定资产外壳明显位置。

② 竣工决算：初步竣工决算表需包含站点基础信息（如：站点地址、基站类型、使用企业、站点业主）。所有固定资产按单站填写资产标签，并标清固定资产价值，对于无法行成固定资产的投资（如工程费、设计费等），则作为分摊价值计入初步竣工决算表。同时，标明所有采购合同，并将相应的资产及分摊费用计入对应的采购合同。

③ 转固：初步竣工决算表由维护部门、财务部门审核并签字确认后，再由财务部门完成转固工作。

④ 站点移交：站点交付表主要用于站点向使用电信运营企业交付，确保双方在交付时站点的完整性，交付后，如电信运营企业在其他施工中对本工程的器件材料造成损伤，则损伤部分的修复工作由该电信运营企业负责。因此除双方在交付表中签字确认外，还需对重点及易受损部位进行影像资料存档，避免交付后因维修责任问题发生纠纷。

⑤ 资料移交：完成全部实物移交后，再将相关资料纸质版及电子版分别移交给电信运营企业和维护部门。

（2）职责划分

工程交付阶段具体工作职责划分可见表 9.8。

表 9.8　　交付阶段工作职责划分

序号	工作说明		责任分工				
			项目经理	维护人员	财务部门	监理单位	施工单位
1	进行资产登记	将所有资产（室分分布系统及其配套设备）进行资产登记，形成资产标签	资产登记	协助	审核	协助	协助进行资产标签粘贴
2	编制初步竣工决算表	完成竣工验收后，编写初步竣工决算表	编制	审核确认	审核确认	协助编制	不参与
3	资产转固	根据初步竣工决算表进行资产转固	协助完成	不参与	完成资产转固	协助完成	不参与
4	编制站点交付表	① 根据站点类型，填写站点交付表，对交付资产的各项情况（各项指标完整度、数量等）进行填报 ② 对竣工验收后的站点情况进行影像资料留存	编制表格	不参与	不参与	协助完成	不参与
5	交付电信运营企业	① 将站点实物交付电信运营企业，并要求在对实物点验后在站点交付表中签字确认 ② 将站点外门钥匙交付电信运营企业各一套 ③ 将站点外门钥匙交付维护部门，并由维护部门接手维护，建设部门进入保修阶段	交付电信运营企业使用，交付维护部门维护	接手项目维护工作	不参与	协助交付	进入保修阶段

9.3　室分工程施工建设要求

室分造价成本分析与全过程管理体系对建设需求的各个环节进行了详尽的分析阐述。然而，为了保障实际工程项目的优质建设，必须对其中的施工建设环节给予足够的重视，以确保严格遵循施工中安装设备和器件的标准规范和操作程序，严控工程质量关，从而保证交付运营后的实际效果。同时，避免后续二次整修产生的重复投资以及节约投入运营后的维护成本。

对于室分施工建设环节而言，通常会涉及到线缆类施工建设、器件设备类施工建设以及其他相关类的施工建设。

9.3.1　线缆类施工建设要求

1．天线

① 天线的安装位置、设备型号必须符合工程设计要求。全向吸顶天线或壁挂天线应用固定件将其牢固安装在天花板或墙壁上。定向板状天线应采用壁挂安装方式或定向天线支架安装方式，天线主瓣方向正对目标覆盖区，且尽量远离消防喷淋头。吸顶式天线安装必须牢固可靠，并保证天线水平安装在天花板下时，不破坏室内整体环境，而当天线安装在天花板吊顶内时，应预留维护口。

② 全向天线安装时应保证天线垂直，垂直度各向偏差不得超过±1°；定向天线的方向角应符合施工图设计要求，安装方向偏差不超过天线半功率角的±5%。天线周围 1m 内不宜有体积大的阻碍物。天线安装应远离附近的金属体，以减少对信号的阻挡。不得将天线安装在金属吊顶内。

③ 天线放置的整体布局要求合理美观。安装天线的过程中佩戴干净手套操作，以保证天线、天花板等设施的清洁干净。室外天线的接头需使用防水胶带，并用塑料黑胶带进行缠绕，同时胶带应做到平整、少皱、美观，安装完天线后应把天线擦拭干净，如图 9.16 所示。

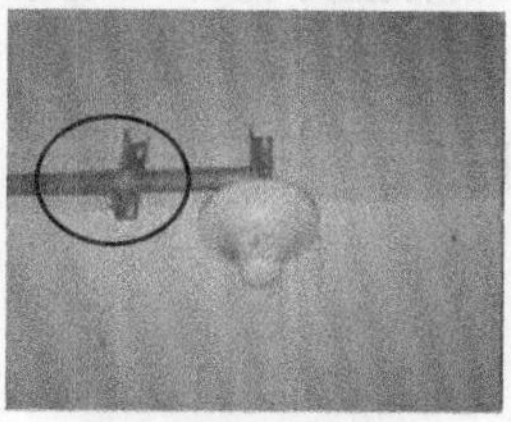

天线支撑件结实牢固

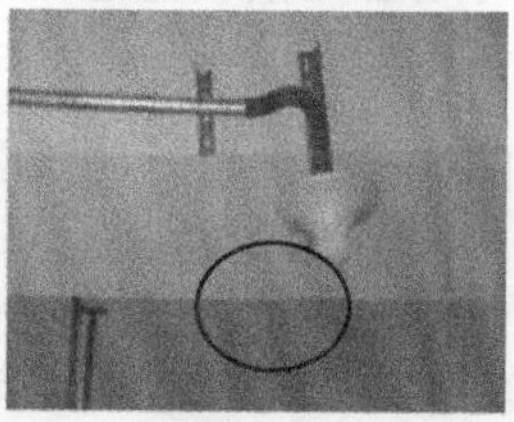

天线垂直放置无物体在下方阻挡

安放位置美观，不破坏整体环境

图 9.16　天线施工技术规范示例图

2．馈线

① 对于馈线的布放，若馈线在线井和天花板中布放时，需用扎带固定，且与设备相连的馈线或者跳线用馈线夹进行固定。而对于不在机房、线井和天花吊顶中布放的馈线，通常套用 PVC 管。

② 馈线相关的所有走线管要求布放整齐、美观，转弯处需使用 PVC 软管连接。馈线所经过的线井应为电气管井，即弱电井，不能使用风管或水管管井。馈线走线应尽量避免强电高压管道和消防管道，以确保无强电、强磁的干扰。

③ 馈线的连接头必须安装牢固，各连接部位处端口接触性能良好。连接头制作需使用专业做头工具，保证接头没有松动，馈线芯及外皮没有毛刺，拧紧时要固定住下部拧上部，接头驻波比应小于 1.3，并做防水密封处理。

④ 馈线在经过楼板或墙洞时，对应的穿线孔四周需有保护框固定，同时需对进

出口孔洞采用能放水和阻燃的材料进行密封，并进行防雷接地处理。馈线施工技术规范示例如图 9.17 所示。

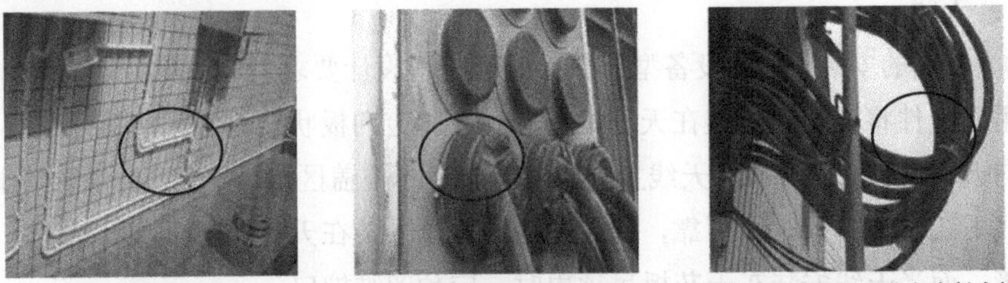

馈线布放整齐　　馈线进出口墙孔进行封堵　　馈线弯曲角圆滑，曲率半径合格

图 9.17　馈线施工技术规范示例图

3. 光纤

① 光纤属于纤细易断线缆，通常在光纤布放时需要由专业人员进行操作。并且在走线槽道内应加套管保护，无套管等保护时应用活扣扎带进行绑扎。

② 在进行光纤绑扎时，不宜扎得过紧以免损坏光纤。绑扎的部位应垫胶管保护，防止测压。同时，绑扎后的光纤走线在槽道内应顺直，避免出现打圈、折弯等现象。敷设完成的光纤需注意不要被重物或其他重量较大的线缆叠压。

③ 实际布设中预留的光纤可通过光接续盒进行放置，或者盘好整齐、固定地进行安放。

④ 光接头在保证接触良好的情况下要进行防潮防水处理。

4. 电源线

① 电源线须穿过质量和规格符合条件的铁管或 PVC 管后布放，以保障线缆安全可靠地供电传输。

② 直流电源线和交流电源线宜分开敷设，避免绑在同一线束内，同时在接入设备前还需配有保护装置。芯线间和芯线与地间的绝缘电阻应不小于 1MΩ。

③ 电源线与电源分配柜接线端子连接，应采用铜鼻子与接线端子连接，并且用螺丝加固，接触良好。

④ 电源线两端线鼻子的焊接（或压接）应牢固、端正、可靠，电器接触良好。同时，电源线接线端子处应加热缩套管或缠绕至少两层绝缘胶带，不应将裸线和线鼻子鼻身露于外部。

5. 五类线

① 五类线应避免与强电、高压管道、消防管道等一起布放，确保其不受强电、强磁等源体的干扰。

② 五类线走线绑扎时需要用尼龙扎带进行牢固绑扎。在管道内和吊顶内隐蔽走

线位置绑扎的间距不应大于 40cm，在管道开放处和明线布放时，绑扎的间距不应大于 30cm。对于不能在管道、走线井内布放的五类线，应套用 PVC 管并尽可能靠墙牢固布放，同时 PVC 管不能有交叉现象。

③ 五类线的布放长度一般不应超过 100m。同时，尽量避免五类线与电源线平行铺设，如果需平行铺设，应满足隔离要求。

④ 五类线水晶头（RJ45）接头压制做工需满足设计、施工要求。

6．GPS 天线

① GPS 天线安装时，建议运营商使用各自的 GPS 天线收取同步信号，不建议合用。要求 GPS 安装位置周围没有高大建筑物阻挡，距离楼顶小型附属建筑应尽量远。

② 卫星出现在赤道的概率大于其他地点，对于北半球，应尽量将天线放置在安装地点的南边净空方位，且尽量保证安装卫星天线的平面可使用面积较大。如周围有高大建筑物或山峰等遮挡物体，需保证在南向上，天线顶部与遮挡物顶部任意连线与该天线垂直向上的中轴线之间夹角不小于 60°。

③ 为避免反射波的影响，天线尽量远离周围尺寸大于 200mm 的金属物 1.5m 以上，在条件许可时尽量大于 2m。

④ 避免放置于基站射频天线主瓣的近距离辐射区域，不要位于微波天线的微波信号下方、高压电缆下方以及电视发射塔的强辐射下。选取周边没有大功率的发射设备，没有同频干扰或强电磁干扰为最佳安装位置。GPS 天线施工技术规范示例如图 9.18 所示。

9.3.2　器件设备类施工建设要求

1．信源设备

① 室内分布系统涉及的信号源设备通常包括宏基站、微基站、家庭基站、基带处理单元（BBU）、射频拉远单元（RRU）等。具体的安装需要根据实际情况选取挂墙安装、机房地面安装及楼顶天面安装等方式。

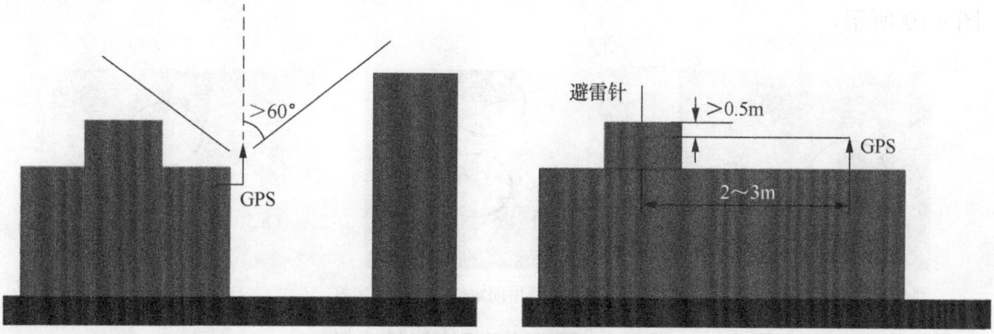

图 9.18　GPS 天线施工技术规范示例图

② 在设备安装前，需确认设备安装符合工程设计图纸的规定。对于体积较小的信源设备采用挂式安装时，首先保证室内空间足够，以便于设备的搬运、安装及后期的维护。同时室内墙壁承载体需足够坚固且已充分干燥；对于室外挂装的信源，需配套遮阳板防止日晒雨淋对设备的损坏；对于体积较大的宏站信源需专门机房安装，同时考虑机房空间、承重、供电、传输等问题。

③ 为保障良好的工程施工质量，在设备的安装过程中还需重点关注的问题有：安装位置是否有强电、强磁、强腐蚀设备的干扰；各机房内部是否有给水、排水、煤气及消防管道通过；机架上各种零件是否脱落或损坏，机架表面油漆是否完好，各种标志是否正确、清晰、齐全，机架安装是否采取防震加固措施；机房的空气调节设施是否能达到维持机房所要求的温/湿度条件，照明设施是否完备等。

2．有源设备

① 有源设备安装位置符合设计方案要求，设备尽量安装在馈线走线井内，安装位置应便于调测、维护和散热需要，并确保无强电、强磁和强腐蚀性设备的干扰。

② 严格按照设备说明书安装，设备应有明确标志，安装时应用相应的安装件进行固定。要求所有的设备单元安装正确、牢固，无损伤、无掉漆的现象。

③ 有源设备接地须符合国家规范要求。

3．无源设备

① 无源器件/设备需用扎带、固定件固定牢固，不允许悬空无固定放置。

② 在处理无源设备连接的馈线时，要保证量好馈线长度后再锯掉多余馈线。同时对于较短的连线要先量好以后再做，避免因为不易连接而打急弯，在锯掉过长的线后，也不能盘在器件周围。总体来说，对于无源设备的放置以及设备连接的处理尽量做到一次成功，减少后期不必要的施工调整。

③ 无源设备/器件的接头应牢固可靠，电气性能良好，严禁接触液体，并防止端口进入灰尘。同时，无源设备/器件安装过程中应有清晰明确的标签，并且在施工完成后，所有的设备和器件要做好清洁，保持干净。无源器件施工技术规范示例如图 9.19 所示。

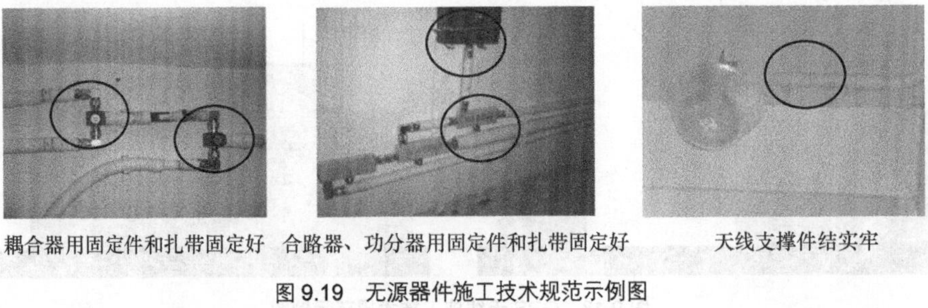

耦合器用固定件和扎带固定好　合路器、功分器用固定件和扎带固定好　天线支撑件结实牢

图 9.19　无源器件施工技术规范示例图

9.3.3 其他建设施工要求

1. 标签

在安装过程中，室内分布系统的每一个设备、电源开关箱以及馈线两端都应有明显的标签，以方便后期的管理和维护工作。

① 每个设备和每根电缆两端的标签都需要根据设计文件的标识注明设备的名称、编号和电缆的走向。

② 标签需统一打印。内容包括每个器件的名称、线的方向和长度，馈线每隔 2～5m 贴一张承建商（铁塔公司或者各家运营商）的标签，标签可通过透明胶带加固或尼龙扎带捆扎加固。

③ 各种设备标签的编号格式如下：

终止端：FROM 设备名 n—mF

起始端：TO 设备名 n—mF

注：以上 n 表示设备的编号，m 表示该设备安装的楼层。

举例说明：安装在 7 层编号为 2 的天线，它的标签如下。

天线 ANT2—7F

若有一段馈线，起始点是安装在 9 层编号为 2 的耦合器 T2—9F，终止点为装在 10 层编号为 3 的天线 ANT3—10F，则此段馈线的标签如下。

起始端标签：	TO ANT3(20m)—10F
终止端标签：	FROM T2(20m)—9F

表 9.9 列出了部分标识与具体器件设备的对应关系。

表 9.9 标识简要对照表

器件设备	标识
天线	ANT n — mF
功分器	PS n — mF
耦合器	T n — mF
合路器	CB n — mF
负载	LD n — mF
衰减器	AT n — mF
干放	RP n — mF
直放站	ZP n — mF

续表

器件设备	标　识
射频有源天线	PT n — mF
有源功分器	PPS n — mF
主机单元（光纤分布）	HS n — mF
远端单元（光纤分布）	RS n — mF
光纤有源天线	OT n — mF
光路功分器	OPS n — mF

④ 设备的标签应贴在设备正面容易看见的地方，对于室内天线，标签的贴放应保持美观，且不会影响天线的安装效果。

⑤ 馈线的标签尽量用扎带牢固地固定在馈线上，不宜直接贴在馈线上。

⑥ 标签纸应用 25mm×50mm 黄底黑字的有承建商（铁塔公司或者运营商）标志的标签。

2. 线缆走道与走线管

（1）线缆走道

① 线缆走道需平直组装，避免扭曲和歪斜。

② 通过与地面平行的方式组装沿墙水平电缆走道，与地面垂直方式组装沿墙垂直电缆走道。

③ 线缆走道的侧旁支撑、终端加固角钢、吊挂、立柱等器件的安装应牢固、端正、平直。

④ 所有支撑加固用的膨胀螺栓余留长度应一致，油漆铁件的漆色应一致。

（2）走线管

① 当布放的射频同轴电缆不在机房、线井和天花吊顶中时，应套用 PVC 走线管进行保护。并且要求所有走线管布放整齐美观，同时在转弯处要使用转弯接头连接。

② 走线管应尽量靠墙布放，通常用线码或馈线夹固定，其间距标准应能保证走线不出现交叉和空中飞线的现象。

③ 若走线管无法靠墙布放（如地下停车场），则可用扎带将该走线管与其他线管绑扎后一起走线。

参考文献

[1] 广州杰赛通信规划设计院. 室分工程成本造价分析与产品定价策略建议（广州杰赛通信规划设计院内部材料）. 2014.

[2] 吴为. 无线室内分布系统实战必读[M]. 北京：机械工业出版社，2012.

[3] 广州杰赛通信规划设计院. 室内分布改造指导原则（广州杰赛通信规划设计院内部材料）. 2014.

第 10 章
室内分布系统新技术及趋势

传统室内分布系统由于施工建设理念落后、技术水平限制等原因，一直存在弱覆盖、高成本、低回报的问题。为了提升用户感知，建设优质网络，就需要不断创新多样化的室内分布系统深度解决方案来提升网络建设效率、优化网络性能以及提高整体网络的投资回报率。本章通过对新型 DAS 系统、Small Cell 技术、室内外综合覆盖手段、CATV 多网融合技术以及 Wi-Fi 技术的探讨，分析了室内分布系统未来发展新趋势。

10.1　新型 DAS

相比于传统无源室分系统、有源室分系统、简单光纤分布系统以及泄漏电缆分布系统，近年来所形成的主流新技术室分系统的架构已有了长足的改进。目前的系统架构技术是基于三层级的分布式光纤分布系统（另也称作数字微功率侵入式多业务室分系统），如图 10.1 所示。第一主单元是主机设备，主要用于连接信源接收射频信号并转化为光信号。然后由光纤连接第二主单元近端扩展设备，扩展设备主要是用于进行光电信号转换。第二主单元与第三主单元远端射频设备之间多使用五类线进行连接，远端射频设备主要负责把电信号转换为射频信号，并对信号进行放大、调制等工作，其供电通常由扩展设备提供，最后射频单元会通过室内已布放的天线进行信号的收发工作。此外，在没有远端射频单元的场景，还可以直接使用同轴电缆实现快速无源室分系统的末端建设和布局。作为当下主流技术架构的三层级光纤分布系统，其发展得到了国内外大型通信设备的推崇，比如国外知名的主流厂商 TE Connectivity 和 Zinewave 都在大力发展这种三层级架构的系统，打造了广泛应用的 InterReach 系列和 Zinewave 3000 系列，而国内的华为、中兴、京信也推出了自己的 LampSite 系列、Qcell 系列和 C-DAS 系统。

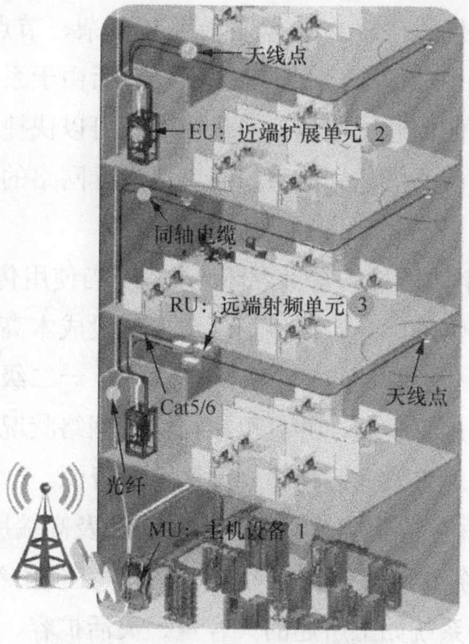

图 10.1　新型 DAS（三层级架构）

10.1.1　技术特征/优势

作为当前主流的三层级新型室分系统，其简化的架构、高度集成的功能模块设计以及各种技术手段的应用都促进了实际工程的快速实施和高效的交付。

① 多业务支持：支持多制式网络信号如 GSM、CDMA、LTE 及 WLAN 等同时接入室内环境，以满足深度覆盖和多样化的室内通信要求，提升用户感知。

② 易于搭建：三级分布式架构，简化安装过程。光纤连接主单元和扩展单元减少损耗，已有网线或者光纤连接扩展单元和远端单元节省传输成本。同时，三层级联方式有利于后续网络的拓展和结构调整。

③ 降低投资运维成本：设备数量减少，易施工协调，建设周期缩短。并且所有设备可进行联网监控，方便快速准确定位，节省运维成本。同时促进了资产的可视化管理。

④ 配置方便：系统参数设置可通过软件远程完成，减少多次进场调试。方便网络优化调整及系统升级调测。

10.1.2　适用场景

作为一种优化创新的室内覆盖技术手段，目前新型 DAS 的应用主要集中在业务量较大的室内场景，如购物中心、写字楼、机场等。

① 购物中心类场景通常平层面积大、室内较空旷，人流量大，功能区多，高端用户较多，话务高峰随功能区、时间变化。同时该类场景覆盖和容量需求高，并且

需控制外泄和干扰，若使用传统 DAS 会面临结构复杂、节点多、施工及维护困难、不可监控等问题。如图 10.2 所示，改用新型 DAS 后由于系统架构的简化使施工建设带来的影响大幅度降低，通过增加功能化模块还可以快捷地实现远程扩容和新网络制式的平滑演进。最后，搭建好的系统还可以进行网络的实时监控，以保障用户的体验。

② 高档酒店及写字楼场景通常室内环境复杂，当使用传统室分系统时，会面临馈线走线布局的困难和烦琐，导致传输损耗大、建设成本高。另外，难以扩容和监控也是传统室分系统的一大弊端。采用新型 DAS 后，一二级主单元中光纤的使用在减少损耗的同时方便了施工安装，并且可根据实际网络状况，灵活快速地进行远程的小区分裂和合并以应对突发业务和整合闲散网络资源。

③ 机场由于其特殊性，集中了大量的漫游用户及高端用户，并且话务密度大、流动性强，同时数据业务和用户体验也有较高要求。在使用新型 DAS 对机场航站楼进行覆盖后，凭借新型系统如上所述的大容量、灵活扩容、可监控以及易安装的特点使网络质量获得提升、话务吸收得到改善，还进一步促进了业务管理的精细化。新型 DAS 应用优势如图 10.2 所示。

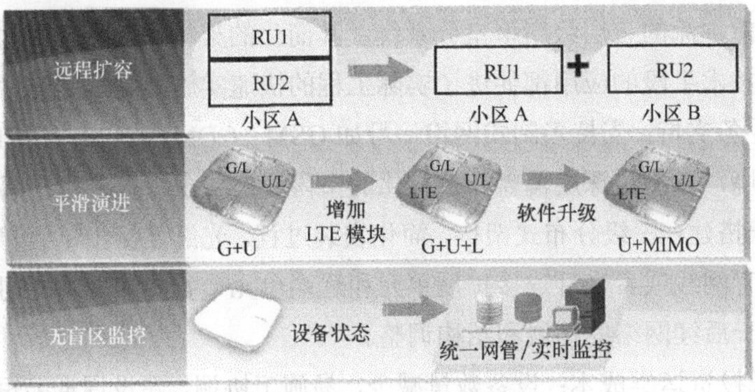

图 10.2　新型 DAS 应用优势

10.1.3　发展趋势

相比于传统室分系统，新型 DAS 在设备使用数量、网络建设、网络后期维护以及业务融合上都更具优势。然而，新型 DAS 在成本控制和技术成熟度上都需要进一步提升。因此，大规模的新型 DAS 推广使用还需要一定时间进行技术完善和进一步降低成本。

10.2　Small Cell 技术

业界兴起的 Small Cell（亦被称为小基站）技术代表了一种工作在授权频谱的低

功率无线接入节点，其覆盖范围通常为 10～200m（相比之下，宏蜂窝的覆盖范围可以达到数公里）。近年来，随着 Small Cell 的发展，其产品形态也比较灵活，可分为家用 Femtocell（2×50mW）、室外 Picocell（2×1W）、室内 Picocell（2×125mW）以及 Microcell（2×5W）。Small Cell 的不同产品形态可以满足于各类应用场景的需求。比如，室外吸热（室外型 Picocell）、室外补盲（Microcell）及企业级室内覆盖（室内型 Picocell）等。

Small Cell 作为宏蜂窝的补充，能够使运营商以更低的代价为用户提供更好的无线宽带语音及数据业务。随着 LTE 网络容量的不断提升以及大带宽、高速率、低时延的特点，在 LTE 网络中引入 Small Cell 可以大大提升网络容量，优化网络覆盖，为用户提供更好的使用体验。相比宏基站，Small Cell 拥有灵活、快速部署的优点，可以有效地解决热点吸收、盲点覆盖、弱覆盖场景以及室内深度覆盖等网络问题，实现优质网络的建设。

另外，Small Cell 的大规模使用还有利于移动数据流量的分流，以减轻流量压力并提高无线频谱资源利用率。同时，如图 10.3 所示，Small Cell 还可与宏蜂窝在多个层面组成异构网络（HetNet），通过宏微协同技术以及抗干扰技术的联合使用，使网络容量实现数倍甚至更高幅度的提升，从而缓解无线网络的容量压力。

图 10.3　Small Cell 异构网络示意图

10.2.1　技术优势/特征

Small Cell 技术的应用有效地增强了信号的覆盖效果、提升了用户感知，使原本只属于固定宽带的业务延伸到了移动终端，让用户可以享受到更流畅、更丰富的移动数据业务，极大地增强了用户黏性。下面对 Small Cell 相关的技术特征进行了简要的分析。

① 模块化设计：基于不同技术标准（如 Femtocell、Picocell、Microcell）形成的模块化产品使得 Small Cell 能快速灵活地满足不同运营商的网络建设需求。

② 接入/切换控制：要求设置合适的接入模式以满足对 Small Cell 接入终端的控制，同时内置信息鉴权模块实现运营对 Small Cell 的监控和远程权限管理。通过在 Small Cell 中设置相应的邻区列表，保证 Small Cell 向宏蜂窝的顺利切换。

③ 波束成形：波束成形技术使得 RF SON 及上行 MIMO、实时流量负载均衡成为可能。

④ 安装便利化：承载于 IP 网路进行自动网路搭建和规划的 Small Cell 技术，进场施工容易，以宽带改造之名就不会像传统室分系统建设面临强烈的居民抵触。同时，利用现有宽带资源，即插即用，无需穿墙打孔，无破坏性施工，也无基础性施工（电力、防雷等）。

⑤ 投资维护低：Small Cell 无需站址选取、少维护、低能耗和低投入大大降低网络部署投资，同时可以有效减轻宏蜂窝网络负荷。Small Cell 采用扁平化架构，有利于平滑演进和适应未来的通信制式，可最大化地保护运营商的投资。

综上所述，Small Cell 自身的技术特征和业务融合优势，近年来正越来越受到运营商的青睐，在帮助运营商解决高速数据业务增长需求与网络容量承载能力之间矛盾的同时，还大大提高了运营商的差异化竞争力。

10.2.2 适用场景

Small Cell 由于成本低、覆盖好、安装便捷以及接口丰富等特点可以快速部署在各种典型的小区住宅场景、企业场景、市区场景以及乡村/郊区场景（如图 10.3 所示）。另外，Small Cell 高精度小覆盖范围的特点，特别适合室内没有 GPS 信号定位的位置应用，如大型商场的商铺定位、博物馆导航等。

Small Cell 还可用作分布式数据平台进行业务数据发布，如发布企业广告、商品打折信息。Small Cell 还可与家庭网关、企业网关、企业信息机之类的设备集成，成为全新的业务融合平台，真正实现互联网、TV、固定和移动的多重播放平台。

另外，Small Cell 现阶段对各种业务的融合以及对未来技术演进的适应性，促使了日后超大型综合性异构网络的形成。Small Cell 可以基于不同的用户类型、服务类型、服务质量要求和网络拥塞情况在不同制式的网络间进行无缝切换，并进一步融合物联网、智能家居、RFID、NFC、高清电视盒、视频监控、企业广播平台等，向多模、智能、融合、云化、社交化、集成化、自动化的方向发展，成为全覆盖的超级异构网络。

10.2.3 发展趋势

对于 Small Cell 的发展趋势而言，以下将从市场趋势和技术趋势两个层面进行分析。

就市场趋势分析，Small Cell 在新兴市场的迅速发展引起了广泛的关注。据海外权威咨询公司 Informa 的数据显示，Small Cell 的部署在 2013 年已逐步开始，并在 2014 年进行了较大范围的开展。2013—2016 年，全球 Small Cells 的建设量将从 1100 万台增长到 9200 万台，3 年间超过 8 倍的增速，智能建筑统一规划建设时所预留的网络端口也将促使 Small Cells 保持强劲的增长势头。同时，其他权威行业咨询机构如 Infonetics 公司、Mobile Experts 公司及 Juniper Research 公司等也都公开发布了相似数据的关于 Small Cells 的发展趋势报告。

就技术演进趋势而言，主要包含以下 4 个方面。

① Small Cells 是通过室内宽带进行典型接入的，当使用 Small Cell 技术方案时，通常 Small Cell 设备也同时集成了 Wi-Fi 功能，使得 Wi-Fi 无需额外的建设成本。业界的大量研究从 QoS、切换、安全性等多个角度对 Wi-Fi 和 Small Cell 进行了比较，最终达成的共识是 Wi-Fi 和 Small Cell 的融合是最符合终端用户利益的方案。Wi-Fi 和 Small Cell 的融合产品，不仅可以扩大服务终端范围，实现更好的数据分流，还可以实现更好的切换体验，并通过共享站点或回传等降低建设成本，甚至有望衍生出新的商业模式。

② 预计 Small Cell 网络和终端的协同也是未来技术发展趋势之一，终端通过信息上报增加网络对用户状态等相关信息的了解，从而最终实现改善用户体验、降低信令开销、节省终端能耗的目的。

③ 基于本地化的可管控业务架构也是未来潜在的发展方向。Small Cell 引入业务本地化的架构，根据业务属性、用户位置等决策，将适合进行本地化的业务通过 Small Cell 直接在接入网内进行传送，支持同一基站下或相邻基站之间的直接通信，从而大大节省传输资源，降低端到端的通信时延。

④ 智能快速的自组网（Self-Organizing Network，SON）技术同样也是未来技术突破的重点方向。创新的 SON 技术有助于简化宽带连接后的网络自动规划进程，如扰码自动分配、邻区列表自动创建、发射功率自动调整等。

10.3 室内外综合覆盖

网络在 4G 时代的加速更新，要求在网络建设过程中避免传统的重复建设和多次改造的模式，以节约投资和保证服务质量。面对网络架构、功能及业务的深刻变化，需要创新思维，探索新的建网思路，为此，提出了室内外综合覆盖的理念要求。

① 室内多网外协同设计，将一定区域室内外无线信号覆盖作为一个整体，统筹规划、分步实施。

② 兼顾无线信号覆盖、质量和系统容量，考虑网络发展。既满足当前业务需求，又可持续改造升级。

③ 优化现有室外宏站和室分资源配置，提高投资效率。同时考虑物业和传输等客观条件，及实施的可行性。

10.3.1 技术特征/优势

为了解决单纯室内覆盖建设投资收益低、协调难度高、建设工程复杂等问题。室内外综合覆盖方案以室内分布系统为主导，优先采用分布式基站设备，通过拉远部署等方式，并在此基础上结合其他的手段进行室内外一体化覆盖。比如，使用种类繁多的美化天线（室内装饰天线）在不引起业主注意的情况下对室内空间进行深度覆盖、同时还可以使用射灯天线、空调美化天线等进行楼间的互打，利用灯杆天线进行低层覆盖，以及通过室分外引等技术覆盖邻近街道（如图 10.4 所示）。

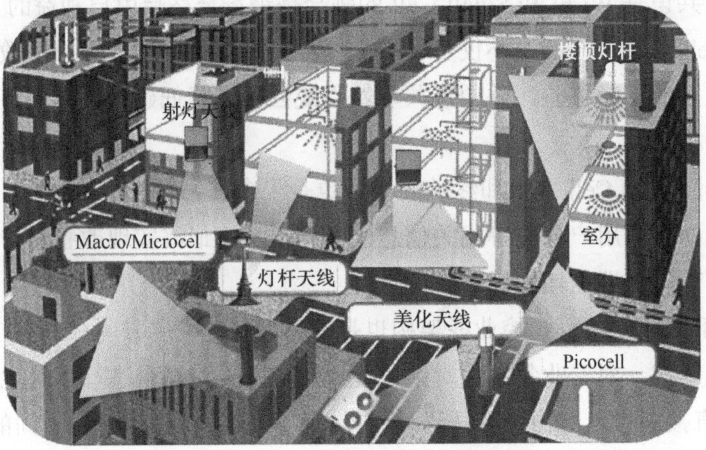

图 10.4 室内外综合技术手段示例图

采用楼间互打方式，能有效改善住户房间的覆盖，通常需要协调物业进行施工，对于无安装位置的楼宇不能采用此方案，可实施性相对较低，且对隔断多的房间以及电梯和地下室等场景覆盖较弱。

对于美化灯杆方式，能有效改善低层（7 层及以下）住房内的覆盖，但是对于隔断较多的房间、电梯及地下室仍然存在弱覆盖问题。同时，需要注意实际施工中应采购与小区环境一致的美化灯杆从而避免引起小区居民注意。

室分外引方案可利用现有室分资源对覆盖弱区进行覆盖，见效快速。但是注意引出点的数量与覆盖效果、协调难度直接相关。具体实施中也需要与物业进行协调。

在技术手段多样化的同时，相比于传统室分建设，室内外综合覆盖同样具有成本优势。以国内某省会典型室分住宅小区深度覆盖的改造方案为例，在覆盖相同区域时，对比传统的单一室分系统方案和室内外综合覆盖，综合方案由于融合了前面提到的美化天线入户、射灯天线楼间对打、灯杆天线低层覆盖、室分外引周边街道覆盖等多种手段，因此其在很大程度上节省了传统室分系统中的信源设备的投资、有源器件的投资、楼间分布系统的投资以及施工建设布局上的投资。同时综合方案也有效地减少了进入物业施工、入户施工等的协调费用，相关数据如表 10.1 所示。

表 10.1　　传统室分系统方案对比室内外综合覆盖

项目名称	覆盖方式	场景	楼宇栋数	覆盖面积	需要安装的设备费	建筑安装工程费	其他费用	建设期利息	总投资	每栋造价/万元	每平米造价/元
A 小区	室内分布	住宅小区	13	60000	150821	88300	7661	5799	252582	1.9	4.2
	室内外综合覆盖（小区覆盖）	住宅小区	13	60000	66214	35361	3358	910	105842	0.8	1.8

采用室内外综合覆盖建设方案后，不仅每平米造价从传统室分系统建设的 4.2 元降低到每平米 1.8 元（降比达 57%）。同时还使覆盖率有 20%～30%的提升，获得了双赢的结果。

10.3.2　适用场景

作为室内覆盖建设非常重要的居民住宅小区场景，由于其数量最多，环境最为复杂，一直存在室内弱覆盖的问题。然而，传统室内分布系统由于施工协调难、技术手段受限等原因，导致在该类场景的建设过程中传统室分系统常年投资回收效率低下、用户感知缺乏且建设速度缓慢。想比而言，室内外综合覆盖技术手段正好以低成本、深覆盖和快建设的特点，为如何改善该类场景的室内通信环境提供了一种行之有效的探索方案。为了有效增强不同类型居民小区的深度覆盖率，提升用户感知，通常会应用不同的室内外综合覆盖策略。以下将以单排单栋小区、多排多栋小区、环抱式小区以及别墅群小区为例进行分析。

（1）单排单栋小区

该类建筑物远高于周围建筑，周围建筑对该楼中高层无遮挡，因此大楼中高层会收到远近多个基站的信号，从而形成恶劣的网络环境，信号复杂、切换频繁，严重影响通话质量。

采用室内外覆盖方案时，因住宅属私人区域，天线不可能安装到房间内，且住宅建筑结构比写字楼更加复杂，墙体隔断多，信号衰减更大，即便将天线安装在楼层走廊内，房间内的信号覆盖质量也难以保证。由于室内覆盖主要解决建筑内电梯、地下室等信号盲区，所以可考虑室外定向天线从下向上辐射建筑中高层，以及中高层的外围房间。应当注意的是，为控制室外天线的覆盖范围，不能向水平方向辐射，且应选择合适的上倾角和安装位置。

图 10.5　各类型小区示例图

（2）多排多栋小区

该类小区多栋不相连的高层建筑构成，建筑间距较大。小区内因大楼间相互遮挡，形成很多网络覆盖的阴影区，造成内部网络信号的不连续覆盖。小区外部与单排单栋（多栋）建筑网络环境相同。

此类小区用户多、网络信号差，天线难以安装到用户室内。由于楼宇间距相对较大，须严格控制天线的覆盖范围，避免室外天线的辐射信号泄漏到小区外。对于电梯和地下停车场，可使用传统室内分布系统进行覆盖。对于平层，可建设室外分布系统，使用室外全向天线覆盖小区低层，天线高度根据实际情况选择，可选高度一般为1～5m。对于小区中高层，通常使用室外定向天线，通过合理调整上倾角可在保证高层覆盖质量的同时避免对宏站的干扰。

（3）环保式小区

该类小区通常由多栋相互连接或间距很小的建筑群组成环形，内部较封闭。小区内部通常是网络覆盖盲区，外部网络环境与单排单栋（多栋）建筑网络环境相似。

对于电梯、地下室等楼内公共区域及邻近天线的房间的覆盖还应优先选择采用室内分布系统解决。其余房间的覆盖则由室外天线完成。由于楼宇间距较小，内部环境封闭，无线信号不易外泄，因此可在小区内侧楼顶安装室外定向天线，向下辐射覆盖对面大楼的内侧。小区外侧的信号覆盖仍可通过周边宏站信号或周边向上辐射的室外定向天线完成。

（4）别墅群

该类小区遵循一定的规律规则排列，且每栋建筑规模较小，一般只容纳 1～2 户人家，密度低。楼距一般在 20m 以上，楼层高度低，一般 4 层以下且多为砖混结构板楼。由于天线无法入户安装，主要通过住宅区域内的一些美化天线进行隐蔽式覆盖。

10.3.3 发展趋势

随着更多业务发生在室内，以及移动通信网络从话音承载为主转向高速的数据承载为主的趋势，使室内深度覆盖的重要性进一步提升。然而由于建筑物特性、通信建设受物业阻挠、用户对室内覆盖更加挑剔等因素影响，室内覆盖问题越来越复杂，室内覆盖需求高和建设难的矛盾越来越突出。另一方面，从当前网络建设投资占比来看，室内投资已占据相当大的比例，一些大型城市的室内投资甚至远超室外站点投资，如北京联通 2014 年 2G/3G 网络室外站的投资约 2 亿元人民币，而室内分布系统投资则高达 8 亿元人民币。但是实际中室内分布系统分流的话务量非常有限，导致实际的投资收益情况很不理想。因此，运营商也意识到了室内、室外独立建设模式的诸多弊端，充分认识到真正需要的是全方位的室内覆盖和室内外一体化的建设，而非单独的室内分布系统。

因此近 2～3 年来，室内外综合覆盖手段在解决各种复杂的室内覆盖问题的过程中越来越获得推崇。在后续的技术发展过程中，室内外综合覆盖手段将从目前的典型试点应用发展到规模应用。并根据实际的网络建设需要，高效优质地解决各种大型住宅小区、高档商务区、城中村等复杂场景室内信号的深度覆盖问题。同时有助于缓解基站建设和室内覆盖难点以及充分吸收室内通信业务。

10.4 CATV 多网融合室内深度覆盖解决方案

近年来，尽管各种技术手段以及大量的人力物力资源已经投入到室内覆盖的建设中，但是随着用户感知需求度的提升和对高速数据业务的需求，室内深度覆盖不足的问题受到大量的用户投诉，尤其是作为室内弱覆盖场景的重点关注的居民区、酒店宾馆等场所。该类场景由于物业协调困难、业主反对等原因，使得内部铺设射频电缆困难，且室分天线也无法入户安装，导致大量的室内覆盖问题。同时，对于高速率的 3G、4G 网络而言又由于其信号频段较高，传播损耗较大，因此在室内多隔断且结构复杂的场景中更难实现深度覆盖来满足用户需求。

然而，得益于已广泛布设于住户室内或者酒店客房的 CATV 线缆，移动通信的室内分布信号覆盖可以利用 CATV 进行合路传输来实现。如图 10.6 所示，CATV 无线信号覆盖系统包括常规直放站和 RRU 作为信源，传输线路中的分合路器，以及作为近端机的有线电视CATV无源分配器和作为远端机的入户终端。移动通信信号与CATV信号在近端机中实现信号的合路、滤波、变频等处理后通过分合路器将混合信号传输至用户室内，在入户终端将移动通信信号和CATV信号分离开来，CATV信号直接传送到电视，而对移动通信信号的射频进行放大，通过内部的天线实现无线通信信号的入户覆盖。

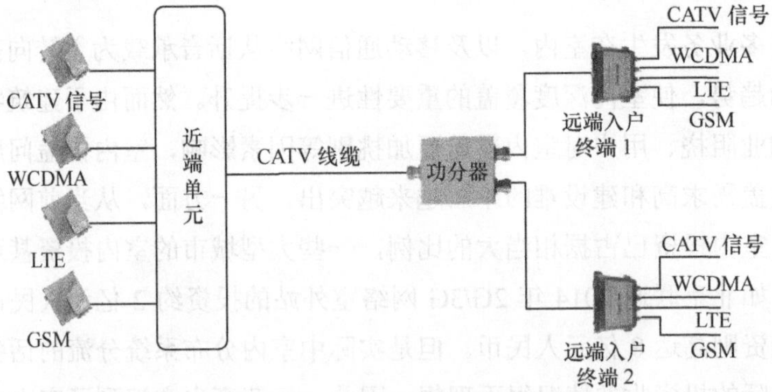

图 10.6 CATV 多网融合解决方案示例

10.4.1 技术特征/优势

作为一种融合创新的室内通信方式，CATV方式在替代传统室分系统的工程实施中具有易安装、低成本、高质量等特性，同时也需要注意在多网融合过程中一些技术手段的使用。

① CATV室内入户的普遍性，使得基于CATV网络合路的室分系统信号覆盖，可以对低覆盖、低场强、低接通率、高掉话率等室内覆盖难点提供有效的解决方案。同时，低廉的设备成本、简易的工程施工对缩短工期也有很大帮助。在解决高层问题、室内走线困难以及室内深度覆盖等问题上也具有较大的优势。

② 基于多网的CATV共揽传输解决方案，在适配高速率的3G、4G业务场景时，为克服高频段的网络信号在CATV线缆传输中的高损耗，系统可以使用降频传输，即在传输过程中把高频率的3G、4G信号移频到较低的频段以减小损耗。并在传输环节之后对信号进行还原放大。该种技术方案以低损耗的方式保障了高业务场景的信号覆盖，在多网传输接入的同时可以不受CATV器件的频段限制，使系统可以支持一拖多的组网方式，适合大范围推广使用。

③ 对于高频段信号在不使用降频技术的前提下，需将CATV同轴网络中的分支器和分配器改为宽频分支器/分配器，即将通过的频率从80～1000MHz扩展到80MHz～2.5GHz。另外，以频段为2.3GHz的TDD-LTE信号为例，CATV的75Ω同轴网络对其的信号衰减为45dB/100m。因此，通常要求3G、4G等高频段信号和CATV信号共同轴传输的室内型终端需要有足够低的灵敏度。

10.4.2　适用场景

在采用 CATV 室内融合组网的实际工程中，近端机可以从直放站（楼内未见室分）或者 RRU（楼内已建室分）获取移动通信的信源，并和有线电视信号进行合路共 CATV 传输。信号达到室内后由远端单元分离 CATV 信号和放大移动通信信号。图 10.7 为远端单元简要入户示意图。根据某沿海城市一酒店采用 CATV 方案后的测试数据显示，对 TD-SCDMA 的 RSCP 和 TD-LTE 的 RSRP 都具有 20dBm 以上的覆盖效果提升。

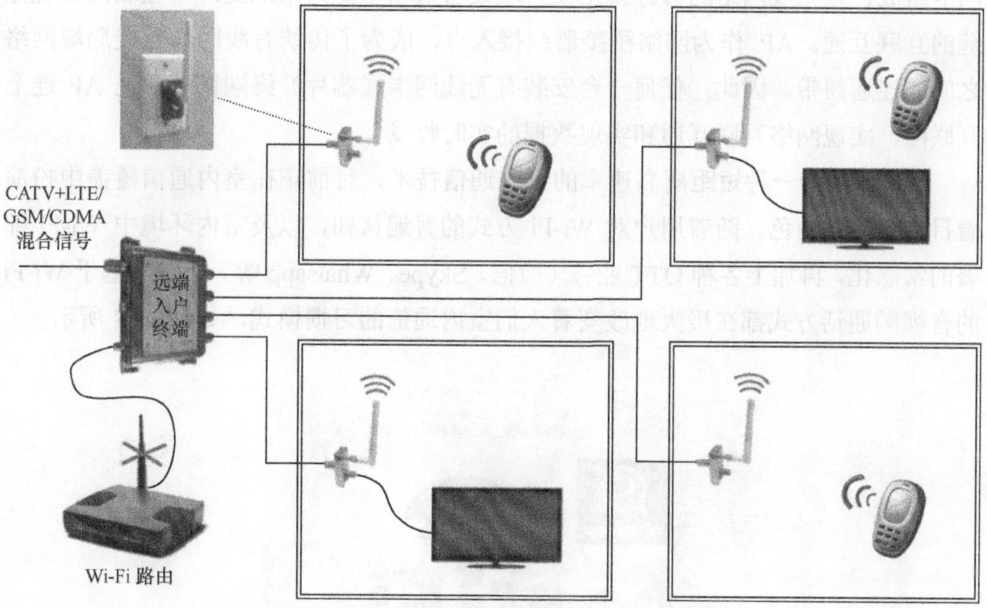

图 10.7　远端入户单元简要示例图

10.4.3　发展趋势

随着三网融合的不断深入，试点工作的逐步扩大，接入网已经进入全面发展的崭新阶段。虽然光进铜退是演进的主旋律，但是基于 CATV 多网融合的室内覆盖方案有效地利用现有已成熟的 CATV 入户资源，最大限度地扩展了其他业务种类，避免了新建室分系统造成的协调施工难、建设成本高、投资回收低以及监控维护难的问题。因此，作为一种创新和行之有效的手段，CATV 多网融合方案也获得了越来越多的关注，并将得到逐步的推广使用，同时也促进了电信网络和广电网络的充分合作，产生了良好的社会和经济效益。

10.5 Wi-Fi 强劲趋势

Wi-Fi（Wireless Fidelity）是一个基于 IEEE 802.11 系列标准的无线网路通信技术品牌，由 Wi-Fi 联盟（Wi-Fi Alliance）所持有，其目的是改善基于 IEEE 802.11 标准的无线网路产品之间的互通性。

Wi-Fi 作为一种无线网络的实现技术，它可以将个人电脑、智能手持设备等终端以无线方式互相连接。基于 Wi-Fi 的无线网络主要由 AP（Access Point）和无线网卡组成，该无线网络的目标就是使终端设备可以不受约束地随时与互联网实现无缝的互联互通。AP 作为网络桥接器或接入点，成为了传统有线网与无线局域网络之间的连通纽带。因此，任何一台安装有无线网卡（芯片）终端都可通过 AP 连上互联网，实现网络互联互通和实现数据的实时收发。

Wi-Fi 作为一种短距离高速率的无线通信技术，目前正在室内通信覆盖中扮演着日益重要的角色。随着用户对 Wi-Fi 方式的普遍认知，以及室内环境中 Wi-Fi 部署的常态化，再加上各种 OTT 业务（微信、Skype、Whatsapp 等）提供的基于 Wi-Fi 的音视频通话方式都在极大地改变着人们室内通信的习惯模式，如图 10.8 所示。

图 10.8 基于 Wi-Fi 的 OTT 应用业务

10.5.1 技术特征/优势

Wi-Fi 作为一种短距离高速率的无线通信技术，在室内应用中具有低成本、易部署、自适应等诸多优势。

① Wi-Fi 在不同环境中能达到的 100～300m 的通信距离，已经能够满足绝大部分的室内通信覆盖场景。再加上 Wi-Fi 自适应速率机制可以根据不同的网络环境把 54Mbit/s（IEEE 802.11b）的速率自动调整到 27Mbit/s、2Mbit/s、1Mbit/s 等以保证网络的可靠性和稳定性。

② Wi-Fi 作为基础设施建设的地位逐步增加，在各种室内建筑的前期工程中就

已经广泛部署。同时，Wi-Fi 网络还可以很方便地随着用户数的增加而逐步扩展，一旦用户数量增加，只需增加无线 AP，不需要重新布线。无论从网络建设的前期还是后期都节约了大量的投资成本和时间成本。

③ 基于 IEEE 802.11 标准规定的 Wi-Fi 通信可提供更为健康的安全保障。IEEE 802.11 规定的发射功率不超过 100mW，Wi-Fi 发射的实际功率通常为 60mW～70mW。相比之下，手机的发射功率在 1mW～20mW，对于手持式对讲机功率可高达 5W。

④ Wi-Fi 技术在 OSI 参考模型的数据链路层上与以太网完全一致，使得利用已有的有线接入资源进行后续的高速数据传输和多业务集成更为方便快捷。另一方面，Wi-Fi 的普遍部署特性以及较低的进入门槛也为基于 Wi-Fi 的通信应用提供了便利的开发环境，在丰富技术手段的同时还提升了用户体验。

10.5.2　适应场景

从 Wi-Fi 的实际应用场景来看，目前包含三大类型，分别为企业应用、家庭应用和商业应用。

① 随着现代企业对信息化的日益重视，企业内部大力建设 Wi-Fi 网络，使其成为了有线网络的有效补充，使移动化办公成为可能，并且增强和加快了信息处理速率，最终提升了企业运营效率。

② Wi-Fi 应用于家庭，使得家庭中日益增多的电子数码产品及各种电气设备都可以通过无线连接通入网络并进行统一管理，从而促进了室内智能家居系统的构建，极大地提升了家居生活的便利性和舒适性。

③ Wi-Fi 组网大规模的商业应用，不仅在各场景应用中弥补了室内外覆盖的盲点，同时也为用户带来了高速率的使用体验。在某些业务需求高发的场所，还为 3G、4G 网络起到分流的作用，在保障用户感知的同时维护了整体网络的运营。

10.5.3　发展趋势

随着全球互联网行业的迅猛发展、Wi-Fi 的大量普及，全球 Wi-Fi 渗透率在发达国家已经达到 90%以上，国内 Wi-Fi 渗透率预计在 2020 年也将达到 85%以上。室内场景下 Wi-Fi 的高渗透率预示着在未来 10 年之内完全基于 Wi-Fi 技术的室内通信业务将可能形成主流并得到大力拓展。对于室内用户，通常的通信业务需求包含了音视频通话、游戏娱乐以及新闻阅读等服务，根据国内 Wi-Fi 速率的统计情况（2013 迅雷迅速榜数据，如图 10.9 所示），室内 Wi-Fi 最低平均速率 500KByte/s（西部地区）都已经能够满足绝大多数的室内应用业务需求。

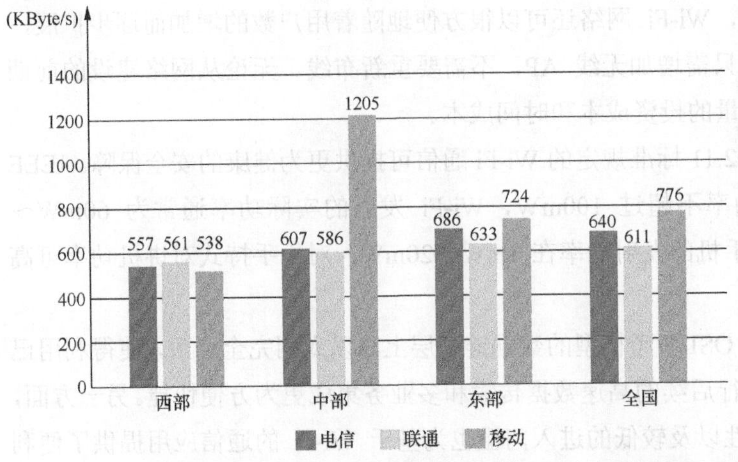

各区域所包含省级单位		
西部	中部	东部
四川	山西	北京
重庆	吉林	天津
贵州	黑龙江	河北
云南	安徽	辽宁
西藏	江西	上海
陕西	河南	江苏
甘肃	湖南	浙江
青海	湖北	福建
宁夏		山东
新疆		广东
广西		海南
内蒙古		

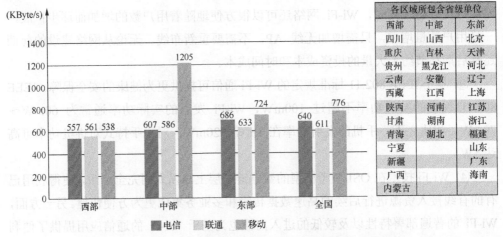

图 10.9 全国 Wi-Fi 速率分区域统计（2013 年迅雷迅速榜数据）

因此，随着 Wi-Fi 进一步的建设和发展，速率的增加和大范围的普及已经不是难题，强势的 Wi-Fi 通信技术或将最终主导室内通信的发展。传统室分系统将有可能面临严重的边缘化，如图 10.10 所示，权威咨询公司 SNS Research 的数据从流量占比的预测结果也反映出了这样一种演进趋势，数据显示到 2020 年传统室分系统在室内通信场景中所吸收的业务量份额已严重下降，而 Wi-Fi 和 Small Cells 的总占比却在急速上升。

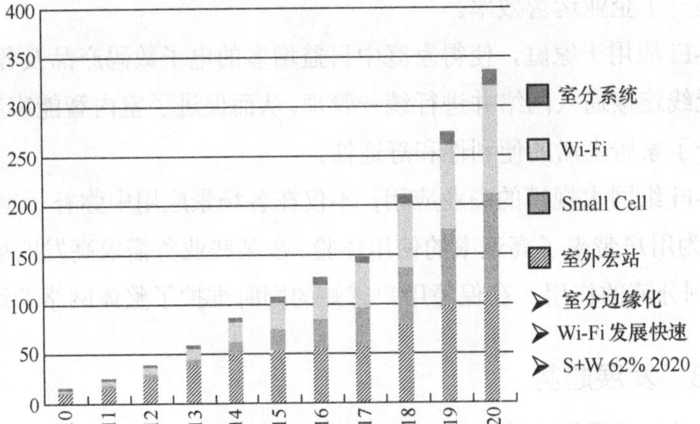

图 10.10 移动通信室内网络数据流量统计预测

参考文献

[1] 广州杰赛通信规划设计院. 室分系统技术研讨材料（广州杰赛通信规划设计院内部材料）. 2014.

[2] 广州杰赛通信规划设计院. 室分工程成本造价分析与产品定价策略建议（广

州杰赛通信规划设计院内部材料）. 2014.

[3] 广州杰赛通信规划设计院. 无线局域网设计与优化[M]. 北京：人民邮电出版社，2015.

[4] 广州杰赛通信规划设计院. 室内外综合覆盖课题（广州杰赛通信规划设计院内部材料）. 2014.

[5] 申建华，李春旭，谭伟. 全面认识 Small Cell[J]. 中兴通信技术（简讯），2013（12）.

[6] 李晓阳，Wi-Fi 技术及其应用与发展[J]. 信息技术，2012（2）.